Volker Klenk, Daniel J. Hanke Hg.

Corporate Transparency

Volker Klenk,
Daniel J. Hanke Hg.

Corporate Transparency

Wie Unternehmen im Glashaus-Zeitalter
Wettbewerbsvorteile erzielen

Frankfurter Allgemeine Buch

Bibliografische Information der Deutschen Nationalbibliothek
Die Deutsche Nationalbibliothek verzeichnet diese Publikation
in der Deutschen Nationalbibliografie; detaillierte bibliografische
Daten sind im Internet über http://dnb.d-nb.de abrufbar.

Volker Klenk, Daniel J. Hanke Hg.

Corporate Transparency
Wie Unternehmen im Glashaus-Zeitalter
Wettbewerbsvorteile erzielen

F.A.Z.-Institut für Management-,
Markt- und Medieninformationen GmbH,
Frankfurt am Main 2009

ISBN 978-3-89981-210-7

Frankfurter Allgemeine Buch

Copyright	F.A.Z.-Institut für Management-, Markt- und Medieninformationen GmbH Mainzer Landstraße 199 60326 Frankfurt am Main
Gestaltung/Satz	
Umschlag	F.A.Z., Verlagsgrafik
Satz Innen	Ernst Bernsmann, Nicole Bergmann
Druck	Messedruck Leipzig GmbH, Leipzig

Printed in Germany

Inhalt

II Praxis

Geleitwort

Transparenz und Vertrauen spielen für Unternehmen eine immer bedeutendere Rolle. Der Korruptionsskandal bei Siemens zeigt, neben den negativen Auswirkungen auf die Reputation des Unternehmens, dass die mediale Öffentlichkeit gegenüber Korruption und ethischem Fehlverhalten sensibler geworden ist. Die neue Siemens-Geschäftsführung musste große Anstrengungen unternehmen, das ramponierte Image des Konzerns wieder aufzupolieren und die Geschäftspraktiken zu verändern. Der neue Siemens-Vorstandschef Peter Löscher betont: Er wolle nur noch saubere Geschäfte. Es blieb ihm auch nichts anderes übrig, als einen vollkommenen Neustart für das Traditionsunternehmen zu wagen.

Die Themen Transparenz, verantwortliches Handeln und Compliance müssen Teil der Unternehmenskultur sein. Denn jeder Skandal in großen Wirtschaftsunternehmen zerstört Vertrauen der Öffentlichkeit in unser Wirtschaftssystem, in die Integrität der Unternehmen und ihrer handelnden Personen.

Die Erfolge bei der Korruptionsbekämpfung in den letzten Jahren geben Anlass zur Hoffnung, auch wenn es noch viel zu tun gibt. Die Schlupfwinkel für Korruption werden immer kleiner und weniger, eine Entwicklung, die sich schon im Global Corruption Report 2003 von Transparency International widerspiegelte. Die Bekämpfung von unethischem und intransparentem Verhalten konnte mit Hilfe internationaler Initiativen wie der 1997 unterschriebenen Konvention gegen die Bestechung ausländischer Amtsträger der Organisation für wirtschaftliche Zusammenarbeit und Entwicklung (OECD) und der UN-Konvention gegen Korruption von 2004 verbessert werden.

Diese internationalen Abkommen setzten auch ein klares Zeichen an die Privatwirtschaft, dass Korruption und Bestechlichkeit nicht tolerierbar sind. Trotz aller Verbesserungen gehen Schätzungen der Weltbank davon aus, dass Korruption der Weltwirtschaft einen jährlichen Schaden von 1 Billion US-Dollar zufügt und immer noch die Entwicklung vieler Staaten massiv behindert. Trotzdem ist in den vergangenen Jahren viel erreicht und verbessert worden, wenn man beispielsweise bedenkt, dass es noch bis 1999 nach deutschem Recht erlaubt war, Beamte anderer Staaten zu bestechen und diese Zahlungen sogar von der Steuer abzusetzen.

Die 1999 von Transparency International erarbeiteten „Business Principles against Bribery" waren als eine Ergänzung zur OECD-Konvention von 1997 gedacht, um nicht nur die Durchsetzung und Verfolgung von Bestechlichkeit im Amt durch Staaten zu erreichen, sondern das Thema auch in der Privatwirtschaft zu verankern. Ein Schlüssel zum Erfolg der Business Principles war die Ausgewogenheit zwischen einem Compliance-Element und einem auf Werten und Freiwilligkeit basierenden Ansatz. Sie wurden als „Werkzeug" für Unternehmen entwickelt, sich einerseits selbst auf Bestechlichkeit zu überprüfen und andererseits ein eigenes Benchmarking für bereits bestehende Maßnahmen durchzuführen.

Dabei wurde berücksichtigt, dass ein reiner Compliance-Ansatz zu kurz greift beziehungsweise gerade für global agierende Unternehmen Schwierigkeiten mit sich bringt, die durch unterschiedliche und komplexe nationale Regulierungen und Gesetzgebungen entstehen. Eine transparente und auf Freiwilligkeit gegründete Unternehmenskultur bietet gegen Bestechlichkeit und Korruption langfristig einen effektiven Schutz, wenn es gelingt, sie zu einem Teil der Unternehmenswerte zu machen – ein oftmals langwieriger und kostenintensiver Veränderungsprozess, der sich aber lohnt.

Transparenz wird in den letzten Jahren immer stärker von verschiedenen Stakeholdern der Unternehmen eingefordert. Die Einsicht, dass langfristiges und verantwortungsvolles Handeln sowie Transparenz dem Unternehmen nutzt, setzt sich immer stärker durch. Am Thema Unternehmensverantwortung (Corporate Responsibility) kommt heute kein börsennotiertes Unternehmen mehr vorbei. Der Druck ihrer Beteiligungsgruppen, „Best Practices" zu erarbeiten und einzuhalten, ist einfach zu groß geworden. Die Übernahme von gesellschaftlicher Verantwortung, die Hinwendung zu Nachhaltigkeit und immer aufwendigere Reportings zeigen, dass das Thema Verantwortung, Offenheit und Transparenz in den Unternehmensstrategien Einzug gehalten hat.

Transparenz und Offenheit von Unternehmen sollen und können kein Selbstzweck sein. Es gibt immer auch Grenzen von Transparenz, wenn es beispielsweise um die Wahrung von Geschäftsgeheimnissen gegenüber Wettbewerbern geht. Die Regeln und Gesetze, gerade auch was Korruption angeht, müssen selbstverständlich eingehalten werden. Das ist vollkommen alternativlos und bei Nichteinhaltung drohen langfristiger Vertrauensverlust und Imageschaden, wie es nicht nur bei Siemens international zu beobachten war.

Freiwillige Unternehmensethik wird in Zukunft eine bedeutende komplementäre Rolle spielen. Es kann nicht mehr das Prinzip gelten, „wenn ich nicht besteche, dann tut es ein anderes Unternehmen und erzielt damit einen Wettbewerbsvorteil". Diese Aussagen haben sich in der jüngeren Vergangenheit als Mythos und als Ausreden entpuppt.

Die Überwachung durch Medien, Nichtregierungsorganisationen und andere Stakeholder des Unternehmens wird die Vertuschung solcher illegaler Praktiken international weiter eindämmen.

Obwohl die großen Unternehmensskandale fast immer verschärfte gesetzliche Regeln nach sich ziehen, liegt die Zukunft der Unternehmenskultur und Wertschöpfung in einer aktiven freiwilligen Öffnung. Es geht darum, Koalitionen zu bilden, damit Unternehmen nicht den Eindruck haben, die „Dummen" zu sein und Wettbewerbsnachteile zu haben, wenn sie sich nach innen und nach außen transparent zeigen. Die gegenwärtige Krise lenkt den Fokus der Unternehmen zunächst vielleicht auf andere Themen – wenn sie auch den Blick auf die Unzulänglichkeit des gegenwärtigen globalen Regierungssystems schärfen –, aber Vertrauen und Transparenz als Teil der Unternehmensbewertung werden nicht wieder von der Agenda der Stakeholder verschwinden.

Das vorliegende Buch leistet einen wertvollen Beitrag dazu, Transparenz und Vertrauen auf Unternehmensseite aus verschiedenen Blickwinkeln zu beleuchten und zu untersuchen. Die Beiträge aus theoretischer und praktischer Sicht helfen dabei, sich den Chancen und Risiken, die das Thema mit sich bringt, ganzheitlich zu nähern.

Peter Eigen
Gründer Transparency International
Chairman Extractive Industries Transparency Initiative (EITI)

Vorwort der Herausgeber

„Sagen Sie nichts, was Sie nicht auf der Titelseite der F.A.Z. lesen möchten!" So lautet eine alte Regel der Kommunikationsberatung. In Zeiten, in denen Mitarbeiter twittern, CEOs bloggen und Bild-Leserreporter ihre Fotos aus den entlegensten Winkeln der Welt schicken, greift diese Regel zu kurz. Selbst dann, wenn man „F.A.Z." durch „Google" ersetzt. In Zukunft wird es nicht mehr darum gehen, Dinge, die nicht entdeckt werden sollen, nicht zu sagen. Im Glashaus-Zeitalter geht es darum, Dinge, die nicht entdeckt werden sollen, nicht zu tun. Das Axiom dazu lautet: „Jedes unternehmerische Handeln ist öffentlich." Denn wir leben, arbeiten, kommunizieren in Zeiten, in denen unternehmerische Transparenz nicht mehr nur von kritischen Journalisten gefordert wird, sondern auch von Kunden und Lieferanten, Politikern und Gewerkschaften, Verbraucherschützern und Aktionären. „Command and control"-Kommunikation war gestern. Morgen sind Firmen erfolgreich, die Transparenz nicht nur als Kommunikationsthema begreifen, sondern auch in die Unternehmensstrategie und -kultur integrieren. Denn es geht nicht mehr nur darum, transparent zu kommunizieren. Es geht darum, transparent zu sein.

Was genau verstehen wir unter „Corporate Transparency"? Auf Basis des 2004 entwickelten Glashaus-Axioms und der intensiven Beschäftigung mit dem Thema auf der Website www.transparenz.net seit 2007 entstand folgende Definition: „Freiwillige unternehmerische Transparenz, die über gesetzliche Transparenz- und Publizitätspflichten hinausgeht, ist eine zeitgemäße strategische Option zur Konfliktreduktion und Steigerung des Unternehmenswertes, denn sie ist eine entscheidende Voraussetzung für die Gewinnung, Wiederherstellung oder Festigung von Vertrauen. Im Rahmen ihrer Transparenzstrategie stellen Unternehmen ihren Stakeholdern durch adäquate pro-aktive Kommunikation möglichst frühzeitig wahre, relevante, verständliche und umfassende Informationen zur Verfügung zu den strategischen Zielen und Kennzahlen, zu laufenden Vorgängen sowie zu Entscheidungen und Entscheidungsprozessen. Diese sollen die jeweiligen Stakeholder befähigen, im Rahmen ihrer Beziehungen zum Unternehmen, fundierte Entscheidungen zu treffen" (siehe auch S. 18f.). Diese Definition und der einleitende Beitrag von Volker Klenk zu diesem Buch wurden zu Beginn allen Autoren zur Verfügung gestellt. So konnten wir sicherstellen, dass alle Mitwirkenden dasselbe Verständnis der durchaus komplexen Thematik teilen und ein fokussiertes Gesamtbild entstehen konnte.

Dieses Buch ist in diesem Kontext die erste Publikation zu unternehmerischer Transparenz im deutschsprachigen Raum. Abgesehen von einigen Fachbüchern zur transparenten Finanzberichterstattung von Aktiengesellschaften fehlte eine angemessene Auseinandersetzung zu freiwilliger unternehmerischer Transparenz. Und das, obwohl die spektakulären Wirtschaftsskandale der vergangenen Jahre ganz deutlich gezeigt haben: Wer Transparenz nicht rechtzeitig freiwillig lebt, wird gejagt, geächtet, angeprangert und ausgegrenzt.

Unserer Einschätzung nach wird Transparenz als Erfolgsfaktor – auch innerhalb der Kommunikationsbranche – sträflich unterschätzt. Das ist ein strategischer Fehler, der sich bitter rächen kann. Denn Transparenz hat viel zu tun mit den Themenfeldern Issues-, Risiko- und Reputationsmanagement, gesellschaftsorientierter Unternehmensführung (CSR), Corporate Governance und Compliance. Alle diese Themen tangieren Fragen zu Transparenz. Ohne verbindliche Antworten im Rahmen einer Transparenzstrategie scheitern viele Unternehmen auf diesen Themenfeldern. Kommunikationsberater und die Leiter der Unternehmenskommunikation stehen dabei vor großen Herausforderungen – als Mahner, Moderatoren und Macher.

Dieses Buch beleuchtet im ersten Teil die theoretischen Konstrukte, Facetten, Issues, Trends und Rahmenbedingungen von unternehmerischer Transparenz: Wie agieren Unternehmen erfolgreich im Glashaus? Welchen Einfluss hat Transparenz auf die Bekämpfung von Wirtschaftskriminalität und welchen auf Krisenprävention sowie Compliance-Management? Wie sieht die Unternehmensberichterstattung von morgen aus und wie verhalten sich organisatorische Transparenz und Vertrauen zueinander? Und schließlich: Welchen Einfluss haben Unternehmenswerte auf den Erfolgsfaktor Transparenz?

Im zweiten Teil kommen dann die Praktiker zu Wort: erfahrene Kommunikationsmanager von namhaften Unternehmen. Ihre Beiträge ergänzen den theoretischen Teil um konkrete Erfahrungen mit unternehmerischer Transparenz. Es werden Siege und Niederlagen beschrieben, Kommunikationsinstrumente und Transparenzstrategien, Best Cases und „Holzwege". Der renommierte PR-Blogger Klaus Eck sowie die Londoner Consultants James Thellusson und Tim Kitchen runden den Praxisteil mit ihren Beiträgen zur radikalen Transparenz des Internets und der Rolle von Transparenz im Social Marketing in Großbritannien ab.

Aus beiden Teilen des Buches wird deutlich, dass es bei aller Wichtigkeit und Aktualität des Themas um zwei Dinge *nicht* geht: Es geht nicht um die maximale Transparenz und es geht nicht um Transparenz als Selbstzweck. Denn erstens ist Transparenz keine Frage der

Maximierung, sondern der Optimierung. Und zweitens ist Transparenz nicht mehr und nicht weniger Mittel zum Zweck, um Vertrauenskapital aufzubauen und darüber eine gewünschte Reputation für eine Marke oder ein Unternehmen zu erreichen. Die Kausalkette lautet wie folgt: Transparenz ist eine zunehmend wichtigere Dimension, um bei diversen Stakeholdergruppen Vertrauen zu schaffen. Vertrauen ist die Voraussetzung für eine kraftvolle Reputation. Die wiederum muss einen messbaren Beitrag zum Unternehmenserfolg leisten. Sie wirkt dabei im Übrigen nicht nur nach außen, sondern in ganz erheblichem Maße auch ins Unternehmen hinein. Eine hohe Transparenz von Führungskräften gegenüber ihren Mitarbeitern und zwischen Abteilungen ist ein Effizienztreiber par excellence. Fehler werden schneller erkannt und behoben, Prozesse beschleunigt, Wissen eher geteilt. Das reduziert Kosten, steigert Qualität und Geschwindigkeit.

Durch „Corporate Transparency" erhoffen wir uns Aufmerksamkeit, Aufklärung und Austausch zu diesem erfolgskritischen Thema. Das Buch wendet sich nicht nur an die Kommunikationsverantwortlichen in Unternehmen und Agenturen. Auch Vorstand und Management erhalten wertvolle Anregungen für ihre Diskussionen rund um das Für und Wider von unternehmerischer Transparenz. Topmanager bekommen vor allem konkrete Vorstellungen davon, was von ihnen künftig erwartet wird. Denn das Buch skizziert die Realitäten, Gefahren und Chancen im Zeitalter der Transparenz. Wer sich darüber hinaus mit dem Thema beschäftigen möchte, findet weitere Informationen unter www.transparenz.net.

Schließlich möchten wir uns bei den Autorinnen und Autoren für ihre wertvollen Beiträge bedanken sowie für die fruchtbaren Diskussionen, neuen Perspektiven und klugen Anmerkungen. Unser besonderer Dank gilt Peter Eigen, der sich bereit erklärt hat, das Geleitwort zu diesem Buch zu schreiben. Als Gründer und langjähriger Vorsitzender von Transparency International steht er wie kein anderer für das Thema Transparenz und für die wichtige Rolle von Transparenz als Mittel im Kampf gegen Korruption.

Dr. Volker Klenk   Daniel J. Hanke
Frankfurt am Main, im August 2009

I

Theorie

Corporate Transparency:
Erfolgreich Handeln im Glashaus

Volker Klenk

Die Rufe nach „mehr Transparenz" werden immer lauter. Seit Jahren schon. Von Politikern, Mitarbeitern, Journalisten, Börsenaufsichten, Aktionären, Analysten, Gewerkschaften, Verbrauchern und natürlich von den unzähligen NGOs wie Transparency International, Greenpeace oder Foodwatch. Oft geht es dabei nur um Lippenbekenntnisse. Oft auch nur um Missverständnisse. Denn der gemeinte Gegenstand und die Relevanz von Transparenz für die beteiligten Akteure können dabei so unterschiedlich sein wie Offenbach und Peking.

Deshalb gilt es zunächst, das Thema Transparenz einzugrenzen. Es geht hier nicht um Transparenz der Kirchen, des politischen Systems oder des Kulturbetriebes, sondern um die Bedingungen und den Nutzen von Transparenz über das unternehmerische Handeln (Corporate Transparency). Welchem Zweck dient Transparenz von Unternehmen? Zu welchen Handlungs- und Themenfeldern sollen sie wie viel Transparenz wem gegenüber herstellen? Wo sind die Grenzen von Transparenz? Mit welchen Mitteln soll sie hergestellt werden? Wie stellt ein Unternehmen sicher, dass sich alle Mitarbeiter oder auch Lieferanten entlang der gesamten Supply Chain an die Transparenzregeln halten?

Schon diese wenigen pragmatischen Fragen zeigen: Transparenz als (Erfolgs-)Faktor für Unternehmen ist ein multidimensionales Thema. Doch Unternehmen kommen nicht umhin, sich damit gründlich auseinanderzusetzen. Denn sie sitzen im Glashaus, ob sie wollen oder nicht.

Die Richtungsentscheidungen zu Transparenz müssen auf der Ebene der Unternehmensleitung getroffen werden. Die planerische und operative Verantwortung fällt in der Regel in das Aufgabengebiet der Abteilung Unternehmenskommunikation (Corporate Communications). Die Kommunikationsverantwortlichen stehen dann im Rahmen ihrer Aufgabe, die Unternehmensreputation zu steuern, vor der Herausforderung, die Transparenzstrategie sinnvoll und effizient zu verzahnen mit Bereichen wie Risiko- und Issues Management, Corporate Social Responsibility (CSR), Corporate Governance und den Compliance-Prozessen. Transparenz ist damit ein bereichsübergreifendes Schnittstellenthema.

Transparenz ist Mittel zum Zweck

Die Probleme beginnen häufig schon mit der Frage, warum ein Unternehmen transparent sein möchte oder sein sollte. „Wir sind besonders transparent, weil Offenheit einer unserer sieben Werte ist", argumentiert ein Unternehmen. Ein anderes: „Wir haben uns geöffnet, weil wir immer mehr Anfragen bekommen haben." Beide Beispiele sind Originalzitate, beide greifen zu kurz. Denn bei der Frage, ob ein Unternehmen zu bestimmten Themen Transparenz herstellen sollte oder ob nicht, darf nicht die Transparenz im Vordergrund stehen. Es geht im Kern dieser Fragestellungen nicht um Transparenz als Selbstzweck. Sondern darum, ob Transparenz ein probates Mittel ist, um Vertrauenskapital aufzubauen und darüber eine gewünschte Reputation für eine Marke oder ein Unternehmen zu erreichen. Die Kausalkette lautet wie folgt: Transparenz ist eine zunehmend wichtigere Dimension, um bei diversen Stakeholdergruppen Vertrauen zu schaffen. Vertrauen ist die Voraussetzung für eine kraftvolle Reputation, die wiederum einen messbaren Beitrag leisten muss zum Unternehmenserfolg. Nach der Clausewitzschen Strategiedefinition ist Transparenz das Mittel, Vertrauen der Weg, Reputation das Ziel und der unternehmerische Erfolg der Zweck.

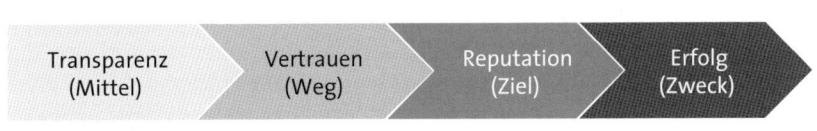

Abbildung 1: Kausalkette für Transparenz als Erfolgsfaktor.

Das Mittel zum Zweck Transparenz und seine gestiegene Relevanz bei der Vertrauensbildung spielt in der Unternehmens- und Kommunikationsplanung vielfach eine noch unterentwickelte Rolle. Nur wenige Unternehmen steuern diese Wirkungszusammenhänge langfristig, strategisch. Häufig beugen sich Unternehmen lediglich situativ dem öffentlichen Druck eines Akteurs und stellen zu einem Aspekt ihres unternehmerischen Handelns Transparenz her. Ohne Überzeugung, ohne strategischen Rahmen. Und dabei verkennen sie auch noch die Wirksamkeit dieses reaktiven Handelns. Denn erzwungene Transparenz, oder Transparenz aus Unterwerfung, wirkt nicht vertrauensbildend, wie der Vertrauensforscher Guido Möllering vom Max-Planck-Institut analysiert.[2] Insofern kann nur freiwillige Transparenz (Unforced Corporate Transparency) zielführend sein im Sinne eines aktiven Reputationsmanagements.

Definition Corporate Transparency

Auf diesen konzeptionellen Vorüberlegungen basierend wird hier Corporate Transparency wie folgt definiert: „Freiwillige unternehmerische Transparenz, die über gesetzliche Transparenz- und Publizitätspflichten hinausgeht, ist eine zeitgemäße strategische Option zur Konfliktreduktion und Steigerung des Unternehmenswertes, denn sie ist eine entscheidende Voraussetzung für die Gewinnung, Wiederherstellung oder Festigung von Vertrauen. Im Rahmen ihrer Transparenzstrategie stellen Unternehmen ihren Stakeholdern durch adäquate proaktive Kommunikation möglichst frühzeitig wahre, relevante, verständliche und umfassende Informationen zur Verfügung zu den strategischen Zielen und Kennzahlen, zu laufenden Vorgängen sowie zu Entscheidungen und Entscheidungsprozessen. Diese sollen die jeweiligen Stakeholder befähigen, im Rahmen ihrer Beziehungen zum Unternehmen, fundierte Entscheidungen zu treffen."[3]

Naturgemäß hat Transparenz nicht für alle Unternehmen in allen Branchen und Märkten gleich hohe Relevanz. Daher ist freiwillige Transparenz eine strategische Option und kein Muss. Sie stellt kein Allheilmittel dar für die Lösung der internationalen Finanzkrise. Für Unternehmen geht es nicht darum, möglichst viele Informationen an möglichst viele Zielgruppen zu verbreiten. Denn zu viele Informationen können zu weniger Verständnis führen und damit zu einem Vertrauensverlust beitragen[4] oder sie können zu einer Ermüdung des Interesses durch Übersättigung führen (Stakeholder Fatique Syndrome).[5] Vielmehr besteht die Herausforderung gerade darin, relevante Informationen in einer zielgruppenadäquaten Art zum richtigen Zeitpunkt bereitzustellen. Auch die Forderung nach „totaler Transparenz" von Unternehmen ist in vielerlei Hinsicht undurchdacht. Eine solche Transparenz wäre gar dysfunktional, weil sie bedeutende Interaktionen verhindern und Spielräume einengen würde. Unternehmen brauchen bei Themen wie Übernahmen und Neuausrichtung Phasen der Intransparenz, da sonst der Erfolg der unternehmerischen Entscheidungen gefährdet werden kann.[6] Radikale Transparenz, wie sie 2005 beispielsweise in einer Titelgeschichte des US-Magazins Wired postuliert wurde, bei der Firmen Geheimnisse mit Konkurrenten teilen, über kommende Produkte bloggen und eigene Fehlschläge zugeben, wird nur in Ausnahmefällen eine erfolgversprechende Option darstellen. Aber zwischen „wir sagen gar nichts" und einer „radikalen Transparenz" liegt ein bedeutendes Aktionsfeld zur Konfliktreduktion und Wertsteigerung. Die Route und die Leitplanken müssen in jedem Unternehmen, abgeleitet von den übergeordneten Unternehmenszielen, analytisch herausgearbeitet und umgesetzt werden.

Viele Manager beklagen beispielsweise, dass die Kritik an ihrem Handeln ungerechtfertigt sei, dass diejenigen, die Kritik üben, die komplexen Zusammenhänge und Zielkonflikte gar nicht verstehen würden. Ziel der unternehmerischen Transparenz muss es in solchen Fällen sein, den kritischen Gruppen diese komplexen Zusammenhänge transparent zu machen, damit sie ein besseres Verständnis von den Themen, Herausforderungen und Issues des Unternehmens aufbauen können. Das kann im Einzelfall zu Vielstimmigkeit und mehr Pluralismus führen, birgt aber die Chance, vertrauensvolle Beziehungen aufzubauen.

Bedeutung Unternehmensreputation

Jedes Unternehmen muss sich im Wettbewerb behaupten und nachhaltig profitabel wirtschaften. Eine gute Reputation hat dabei positive Auswirkungen auf allen zentralen Handlungsebenen und Märkten: dem Absatzmarkt, Personalmarkt, Lieferantenmarkt, Kapitalmarkt sowie Politik und Gesellschaft. Unter Reputation versteht man dabei die generelle Einschätzung eines Unternehmens durch die verschiedenen Stakeholder. Sie umfasst sowohl kognitive als auch emotionale Bestandteile. Wichtig dabei: Reputationsurteile basieren auf direkten Erfahrungen und auf verarbeiteten Kommunikationsbotschaften.[7] Die positiven Effekte einer begehrenswerten Reputation sind in Theorie

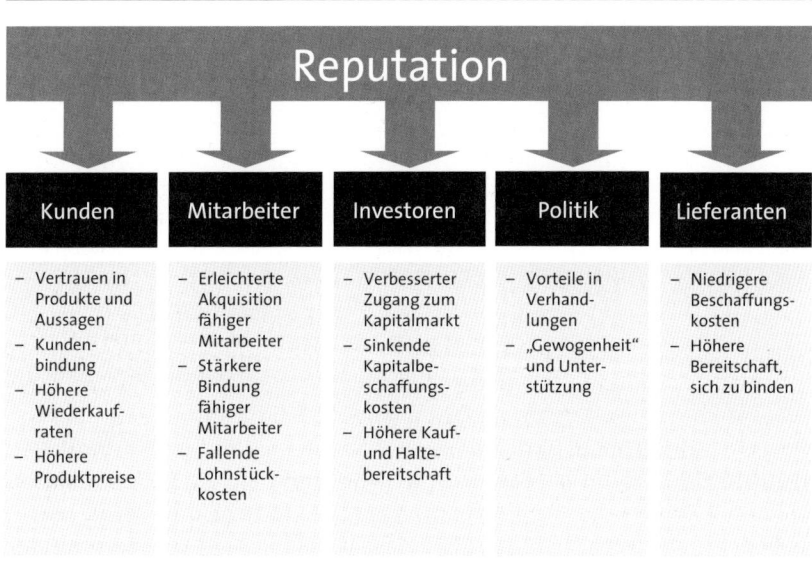

Reputation				
Kunden	Mitarbeiter	Investoren	Politik	Lieferanten
– Vertrauen in Produkte und Aussagen – Kundenbindung – Höhere Wiederkaufraten – Höhere Produktpreise	– Erleichterte Akquisition fähiger Mitarbeiter – Stärkere Bindung fähiger Mitarbeiter – Fallende Lohnstückkosten	– Verbesserter Zugang zum Kapitalmarkt – Sinkende Kapitalbeschaffungskosten – Höhere Kauf- und Haltebereitschaft	– Vorteile in Verhandlungen – „Gewogenheit" und Unterstützung	– Niedrigere Beschaffungskosten – Höhere Bereitschaft, sich zu binden

Abbildung 2: Positive Auswirkungen einer guten Reputation.[8]

und Praxis vielfach beschrieben und dokumentiert worden.[9] Viele Unternehmen gehen in ihren strategischen Planungen daher zu Recht davon aus, dass es eine direkte Korrelation gibt zwischen Unternehmensreputation und Rendite.

Jedes Unternehmen muss daher seine Reputation aktiv gestalten und steuern. Denn eine gute Reputation ist im Sinne Michael Porters eine „Wechselbarriere" für alle Stakeholdergruppen und stärkt so die strategische Position des Unternehmens im Wettbewerbsumfeld. Hinzu kommt die wachsende Bedeutung von Markenimages und Unternehmensreputation als Wert in den Bilanzen. Diese immateriellen Werte müssen nach internationalen Rechnungslegungsvorschriften längst bilanziert werden. Die Ertragswertmethode zur Ermittlung von Markenwerten macht die Relevanz von Reputation besonders deutlich, denn hierbei werden die künftig zu erwartenden Erträge aus der jeweiligen Marke berechnet. Die Aufgabe von Reputationsmanagement lautet daher: den immateriellen Firmenwert schaffen, messen und sichern durch planmäßige und nachhaltige Unternehmenskommunikation.

Hürde: Keine Reputation ohne Vertrauen

Um eine möglichst wertvolle, ziel- und zweckorientierte Reputation zu erlangen, muss eine ganz entscheidende Hürde überwunden werden: Es muss Vertrauen entstehen zwischen dem Unternehmen und seinen Stakeholdern. Ohne Vertrauen keine gewünschte positive Reputation. Vertrauen ist Voraussetzung für Transaktionen, Kommunikation, Kooperation und das Fundament für produktive Beziehungen. „Alle Transaktionen, deren einzelwirtschaftliche Ergebnisse von den Reaktionen anderer Menschen abhängen und die nicht vertraglich abgesichert werden können, benötigen Vertrauen oder vergleichbare Faktoren." Fehlt Vertrauen in Beziehungen, steigen die Transaktionskosten. Geht das Vertrauen in Unternehmen verloren, drohen signifikante wirtschaftliche Nachteile. Daher ist der Aufbau von Vertrauen als Investitionsprozess zu verstehen. In der Regel ist Vertrauensbildung eine bedeutende Teilaufgabe im Rahmen des Reputationsmanagements.

Große Unternehmerpersönlichkeiten haben den Wert von Vertrauen intuitiv erkannt, längst bevor seine Bedeutung wissenschaftlich nachgewiesen wurde. So hat beispielsweise Robert Bosch erklärt: „Immer habe ich nach dem Grundsatz gehandelt, lieber Geld verlieren als Vertrauen. Die Unantastbarkeit meiner Versprechungen, der Glaube an den Wert meiner Ware und an mein Wort standen mir höher als ein vorübergehender Gewinn."

Ebenso wie Transparenz ist Vertrauen ein komplexes, multidimensionales Konstrukt. Der Soziologe Niklas Luhmann hat es in den 1960er Jahren analytisch seziert und beschrieben. Danach ist Vertrauen ein „Mechanismus zur Reduktion sozialer Komplexität" und wird durch eine „riskante Vorleistung" begründet. Dort wo die rationale Abwägung von Informationen nicht möglich ist, sei es aufgrund unüberschaubarer Komplexität, wegen Zeitmangels zur Auswertung oder weil Informationen gänzlich fehlen, befähigt Vertrauen dennoch zu einer auf Intuition gestützten Entscheidung.[11] Eine Definition im konkreten Kontext von Vertrauen zwischen Unternehmen lautet wie folgt: „Vertrauen ist die Bereitschaft einer Partei, verletzlich zu sein gegenüber der anderen Partei, basierend auf der Zuversicht, dass die andere Partei kompetent und zuverlässig ist, Anstand besitzt und mit Wohlwollen handelt."[12]

Die Notwendigkeit zu vertrauen, also riskante Vorleistungen zu erbringen, hat in den vergangenen Jahrzehnten stetig zugenommen. Alle am Wirtschaftsleben beteiligten Akteure sind heute in viel höherem Maße dazu verdammt, sich gegenseitig zu vertrauen. Noch vor 100 Jahren konnten sich die Menschen in ihrer Region *persönliches* Vertrauen gegenseitig entgegenbringen. Dem Bürgermeister, den Bauern in der Umgebung oder den Handwerkern am Ort *konnte* man vertrauen. Einem CEO eines internationalen Unternehmens *muss* man vertrauen. Distanz, Größe, Komplexität, Internationalität, Globalisierung führen dazu, dass Vertrauensbildung heute vielfach nur noch im Rahmen eines medial vermittelten Kommunikationsprozesses stattfindet. Direkte Kenntnis und Nachprüfbarkeit sind häufig unmöglich. Vertrauen wird so zur strukturellen Notwendigkeit. Menschen vertrauen nicht mehr in Menschen, sondern sie müssen ein Ersatzvertrauen in soziale Systeme ausbilden (Systemvertrauen).[13] Für Unternehmen heißt das: Stakeholder bilden Vertrauen in das System Unternehmen und seine Regeln und Prozesse. Sie haben dabei zukunftsgerichtete Erwartungen, die stark von vergangenen Erfahrungen geprägt sind.[14]

Wichtig sind hier auch die Reputationsmechanismen und der direkte Zusammenhang zwischen den Kategorien Vertrauen und Reputation. „Reputation reflektiert den Informationsstand Dritter gegenüber, wie vertrauenswürdig sich ein Akteur in der Vergangenheit verhalten hat, und sagt somit auch etwas über seine Kreditwürdigkeit als ‚Debitor' sozialen Kapitals aus. Mit der Qualität seiner Reputation wächst die Wahrscheinlichkeit, dass andere Akteure ihm Vertrauen schenken sowie sein potenziell verfügbares Sozialkapital."[15]

Das Dilemma:
Vertrauensverlust in Wirtschaft und Unternehmen

Vertrauen ist somit eine entscheidende Größe in der beschriebenen Kausalkette. Langzeitstudien[16] belegen jedoch seit Jahrzehnten einen schleichenden Vertrauensverlust in den westlichen Demokratien in die großen Institutionen unserer Gesellschaft: Kirche, Politik und Wirtschaft. In den 1980er Jahren wurden diese Phänomene mit Wertewandel auch der breiten Öffentlichkeit bekannt und viel diskutiert. Der allgemeine Negativtrend wurde seither nicht gestoppt. Eine Gallup-Umfrage in 65 Ländern im Jahr 2006 ergab, dass 61 Prozent der Befragten Politiker für unehrlich und 38 Prozent der Befragten Unternehmenslenker für unethisch halten.[17] Unternehmen stellt dieses generell sinkende Vertrauen breiter Bevölkerungsschichten in die Wirtschaft vor immer größere Herausforderungen. Die Folge: Um das sinkende „Vor-Vertrauen" zu überwinden, müssen immer höhere Investitionen getätigt werden.

Die Gründe für den Vertrauensverlust und auch den Zynismus, mit dem inzwischen viele Menschen vor allem großen Unternehmen und ihren Managern begegnen, sind nur teilweise von diesen selbst verursacht. Viele sind grenzübergreifende Metatrends, die die Unternehmen und Unternehmer nicht beeinflussen können, die sie aber verstehen und berücksichtigen müssen. Zu den Ursachen gehören Hang zu Größe und Gigantismus, der Trend zu Anonymisierung sowie die Tendenz zur Beschleunigung und ein allgemeiner Werteverlust. Besonders kritisch zu bewerten ist zweifellos der Vertrauensmissbrauch von Führungspersönlichkeiten der Wirtschaft.[18] Nicht ohne Grund schwingt für viele Bürger beim Begriff „Manager" das Adjektiv „unmoralisch" gleich mit. Ursachen sind Fälle wie die des Ex-Daimler-Chrysler-CEOs Jürgen Schrempp. Er steht für viele exemplarisch für eine Managerkaste, die ihre eigenen Vergütungen exorbitant steigern – trotz sinkendem Aktienkurs und Wertvernichtung. Oder Klaus Zumwinkel, der Ex-CEO der Deutschen Post, der auf der Höhe seiner Machtfülle der Steuerhinterziehung überführt und verurteilt wurde. Solche Enthüllungen und Skandale graben sich tief in das Gedächtnis der Öffentlichkeit und hinterlassen dort ihre Langzeitspuren. Neben kriminellen und moralischen Verfehlungen führt auch das schlichte Versagen von Führungskräften zu weiterem Vertrauensverlust. Dazu gehören mangelnde Professionalität, fehlende persönliche Integrität (wenn es um persönliche Gewinnmaximierung geht auf Kosten der Aktionäre) oder unterentwickelte Sensibilität (in der persönlichen und öffentlichen Kommunikation, im Timing, im Verständnis für Sorgen von Mitarbeitern).[19]

Als weiteren Grund für den zunehmenden Vertrauensverlust in die Wirtschaft nennt Günter Bentele Medienlogik und Medienökonomie: Der immer härter werdende Wettbewerb zwischen Medienkategorien und -konzernen führt zu grundlegenden Veränderungen im Mediensystem. Folgen sind unter anderem sinkende journalistische Qualität, Hang zu banaler Visualisierung und Unterhaltungsorientierung, Geschwindigkeit vor Genauigkeit sowie die gestiegene Aufmerksamkeit der Medien gegenüber kommunikativen Diskrepanzen (Skandalen).[20] Um Reichweite und Auflage zu steigern, sind Medien immer „geiler" auf skandalträchtige Headlines und Storys – auch bei unsicherer Quellenlage. Diese Tendenzen im Mediensystem erhöhen das Risiko für die Unternehmensreputation erheblich.

Diskrepanzen sind Vertrauenskiller

Diskrepanzen werden durch Kommunikation oder unternehmerisches Handeln intentional oder nichtintentional erzeugt. Oder sie sind im Unternehmen latent vorhanden. Nach Bentele lassen sich folgende typische Diskrepanzen unterscheiden:[21]

- Diskrepanz zwischen Informationen und den Sachverhalten dazu (Lügen),
- Diskrepanzen zwischen Handlungen,
- Diskrepanz zwischen Wort und Tat,
- Diskrepanzen zwischen Aussagen derselben Akteure zu unterschiedlichen Zeitpunkten,
- Diskrepanzen zwischen Aussagen unterschiedlicher Akteure,
- Diskrepanzen zwischen allgemein anerkannten rechtlichen und/oder moralischen Normen und tatsächlichem Verhalten/Handeln.

Diskrepanzen werden von Medien aufgegriffen, verstärkt und oftmals auch erst erzeugt. Das entspricht ihrer inneren Logik (Kontrolle, Auflage/Reichweite) und Nachrichtenwerten wie Negativismus, Konflikt oder auch aktuelle Instrumentalisierung.

Die Folgen bei Wahrnehmung von Diskrepanzen durch die Vertrauenden lassen sich häufig schon mit gesundem Menschenverstand erahnen. Muss ein treuer Mercedes-Fahrer mit seiner neuen E-Klasse mehrfach pro Jahr in die Werkstatt wegen Qualitätsmängeln, so steigt seine Bereitschaft, beim nächsten Mal einen BMW zu erwerben. Ebenso verhaltensrelevant sind Diskrepanzen für einen Aktionär, der den Aussagen des CEOs auf der Hauptversammlung vertraut, wonach Akquisitionen derzeit keine strategische Option seien. Beschreibt der CFO desselben Unternehmens wenige Wochen später in einem Interview, dass Akquisitionen auf der Agenda stünden, wird der Aktionär das Vertrauen in die leitenden Vorstände verlieren und die Aktie verkaufen.

Erodierendes Vertrauen in ein Unternehmen oder eine Marke führt häufig zu Kaufzurückhaltung und zu vielen kritischen Fragen, die früher nicht gestellt wurden. Es kann intern eine Negativspirale auslösen, zu Resignation unter den eigenen Mitarbeitern führen, bis hin zu innerer Kündigung. Die Beispiele verdeutlichen, dass Unternehmensleitung und Kommunikationsmanagement gemeinsam akribisch daran arbeiten müssen, dass es nicht zu kommunikativen Diskrepanzen kommt, die das Vertrauensverhältnis zwischen Stakeholdern und Unternehmen zerrütten.

Fehlendes Vertrauen, oder Misstrauen, durchbricht die gewünschte Wirkungskette hin zur Steigerung des Unternehmenswertes. Denn wenn das Vertrauen in Unternehmen und Marken erodiert, bleiben die Investitionen in Reputationsmaßnahmen wirkungslos. Oder Wirkungen müssen sehr teuer erkauft werden.

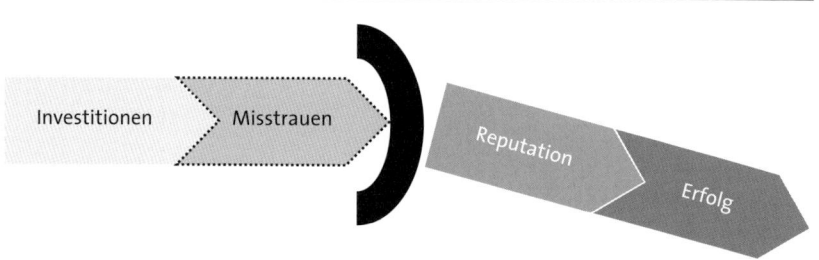

Abbildung 3: Investitionen in reputationsbildende Maßnahmen verpuffen, wenn die Vertrauensbasis fehlt.

Vertrauen ist ein äußerst fragiles Konstrukt. Es kann schnell, in Extremfällen gar über Nacht, wieder verlorengehen. Die Rückgewinnung von Vertrauen ist schwieriger und dauert wesentlich länger. Für Unternehmen stehen heute daher folgende Fragen auf der Tagesordnung: Wie kann man Vertrauen in Unternehmen (soziale Systeme) erhalten und verfestigen? Wie Vertrauen (zurück)gewinnen? Bei der Beantwortung dieser Fragen kommt Transparenz als Mittel zum Zweck ins Spiel.

Für viele neu: Unternehmen sitzen im Glashaus

Das makroökonomische Umfeld hat sich in nur zwei Dekaden relevant verändert. Im Zuge der Globalisierung sind Unternehmen einem nie gekannten Wettbewerbsdruck ausgesetzt. Und sie müssen gleichzeitig ihre Rolle in vernetzten Anspruchsgesellschaften neu definieren. Diese drei Veränderungen lassen sich mit jeweils wenigen Stichworten skizzieren:

Globalisierung: Globaler Handel, globaler Kapitalmarkt, soziale/ökonomische Spannungen, NGOs als gesellschaftliche Sittenwächter (Fünfte Gewalt), Agenda 21, Forderung nach Nachhaltigkeit, UN-Initiativen wie Global Compact und Global Reporting Initiative (GRI).

Wettbewerbsdruck: Internet und Web 2.0 als dramatische Beschleuniger, immer kürzere Innovationszyklen, Angleichung Produktqualität, Demokratisierung der Information, mündige Verbraucher, China und Indien bedrängen USA und Europa.

Neue Rolle für Unternehmen: Wenig regulierter transnationaler Machtfaktor, Forderung nach Corporate Governance und Transparenz sowie nach größerer sozialer und gesellschaftlicher Verantwortung.

Die Ansprüche an Unternehmen sind erheblich gestiegen. Immer mehr Anspruchsgruppen möchten immer mehr von Unternehmen wissen und in vielen Fällen sogar deren Handlungen mit beeinflussen. Denn unternehmerisches Handeln und Interaktionen mit Individuen in einem Teil der Erde haben Auswirkungen in anderen Regionen. Der Informationsfluss und Probleme machen längst nicht mehr Halt an Landesgrenzen. Dies erhöht den Druck auf Unternehmen, ihr transnationales Handeln systematischer und besser zu steuern. Immer neue Standards zu Themen wie Menschenrechte oder Umweltschutz werden erlassen und müssen eingehalten werden. Regierungen und Börsenaufsichtsbehörden erlassen immer neue Transparenz-Vorgaben, die erfüllt werden müssen.[22] Die Forderungen nach immer größerer unternehmerischer Transparenz haben in diesem Kontext als eigenständiges Kraftfeld in den vergangenen Jahren eine enorme Eigendynamik entwickelt. Gefordert wird ein „Glasnost der Wirtschaft".[23]

Unternehmen sitzen daher längst im Glashaus – verhalten sich vielfach aber nicht so. Dadurch entstehen Konflikte und Reibungsverluste. Gelernt und weitgehend akzeptiert sind die Aufpasserrolle und die des Regulators von Medien und Regierungen gegenüber Unternehmen. Doch längst haben sich weitere kritische Akteure und Kontrolleure dazugesellt. So wurden Modemarken und Sportartikelhersteller wie Nike und Adidas von NGOs wegen ihrer Kinderarbeit an den Pranger gestellt. Die WestLB wurde von Greenpeace angegriffen wegen der Finanzierung einer Pipeline im südamerikanischen Regenwald. Der amerikanische Medienkolumnist Jeff Jarvis machte in seinem Blog der ganzen Welt die Qualitäts- und Servicemisere des Computergiganten Dell transparent. Ex-Google-Mitarbeiter machen ihrem Unmut über ihren ehemaligen Arbeitgeber im eigenen Blog Luft (xooglers.blogspot.com). Konzerne, die ihre Gewinne im globalen Schwester- und Töchtergeflecht verstecken, um nirgends mehr Steuern bezahlen zu müssen, werden von ihren eigenen Kunden und Mitarbeitern als asozial angeprangert. Auf Meinungsportalen wie ciao.com oder consumerist.com werden mittelmäßige Produkte mit null Punkten abgewertet und Qualitätsprobleme an die Öffentlichkeit gezerrt. Verbraucher, früher allein auf sich gestellt, organisieren, verbünden und vernetzen sich heute im Internet zu von Werte getriebenen Gruppen, die Unternehmen entlang ihrer gesamten Wertschöpfungsketten kritisch durchleuchten, analysieren und bewerten. Sie lernen voneinander, informieren sich gegenseitig, machen öffentlich, klagen an, fordern Veränderungen und machen Druck durch vergleichende Aufklärung und Kaufboykotte. Fondsmanager verlangen nach einer glaubhaften Nachhaltigkeitsstrategie und drohen den Unternehmen damit, ihre Aktien ansonsten aus dem Portfolio zu werfen. Handelskonzerne wie Tesco in Großbritannien oder Rewe in Deutschland verlangen von ihren Lieferanten Rechenschaft über ihr Risikomanagement, Supply-Change-Management und ihren „CO_2-Fußabdruck". Bei ungenügenden Standards und Intransparenz droht die Auslistung aus dem Regal.

Mit diesen neuen Realitäten im Visier ist das Glashaus-Axiom entstanden. Es lautet: „Jedes unternehmerische Handeln ist öffentlich."[24] Wie schon die fünf Axiome der Metakommunikation des Kommunikationswissenschaftlers Paul Watzlawick, das bekannteste davon lautet „Man kann nicht nicht kommunizieren", ist es nicht diskutierbar. Unternehmer, Unternehmen und Marken werden heute permanent argwöhnisch beobachtet von kritischen Öffentlichkeiten wie Kunden, Lieferanten, Analysten, Politikern, Journalisten, NGOs und Mitarbeitern. Sie alle fordern in einem bislang unbekannten Ausmaß Transparenz und umfangreiche Rechenschaft über umweltschonendes, sozialverträgliches und gesellschaftlich verantwortliches Handeln. Kommen Marken und Unternehmen diesen Forderungen nicht nach, machen die Stakeholdergruppen Druck und erzwingen Transparenz und verantwortliches Handeln. Dieser globale Trend ist unumkehrbar. Wer dem Glashaus-Axiom nicht Rechnung trägt, läuft Gefahr, gejagt, angeklagt und geoutet zu werden. Mit negativen Folgen für die Reputation.

Unternehmen sind gezwungen, ihre Werte und ihr Verhalten neu zu bestimmen. Der Blick auf die Transparenz-Treiber macht deutlich, wie komplex die Problemstellungen für Unternehmen sein können. Bei den Treibern handelt es sich manchmal um Einzelpersonen, zum Beispiel einen kritischen Blogger wie Jeff Jarvis, manchmal um mächtige Organisationen wie Greenpeace oder die Weltgesundheitsorganisation WHO. Mal ist es nur einer, mal sind es viele Treiber. Nicht selten schließen sie sich zusammen, um ein Ziel zu erreichen. Und sie stellen in der Regel mit Hilfe der Medien eine kritische Öffentlichkeit her, um den Druck auf ein Unternehmen oder eine Branche zu erhöhen.

Am Beispiel von NGOs als Transparenz-Treiber lässt sich illustrieren, welches Konfliktpotential in den Themen steckt, mit denen sich die Unternehmenslenker im 21. Jahrhundert auseinandersetzen müssen. So gibt es weltweit geschätzt 60.000 NGOs, die sich schwerpunktmäßig für Brennpunktthemen engagieren wie Umwelt, Gesundheit, Armut, Verbraucherschutz, soziale Gerechtigkeit, kulturelle Vielfalt, Gleichberechtigung, Produktsicherheit, gerechte Entlohnung, fairer Handel, Menschenrechte, Kinderarbeit oder Nachhaltigkeit. Unternehmen, die sich einer kritischen Auseinandersetzung zu diesen Themen verweigern oder gar zur Verschlechterung in solchen Bereichen beitragen, werden von NGOs in die Öffentlichkeit gezogen und angeprangert.

Viele Führungskräfte ignorieren diese Entwicklungen. Für sie gleichen Forderungen nach Transparenz einem Affront oder gar einer Bedrohung. „Augen zu und durch", scheint bei manchen die Devise. Andere hegen die Hoffnung, dass es sich dabei nur um eine kurzfristige Erscheinung handelt. Mittelfristig werde die Forderung nach Transparenz schon wieder anderen Themen weichen. Doch diese Einschätzung ist trügerisch und falsch. Die Kommunikationsverantwortlichen in Unternehmen sehen dies realistischer. Ihrer Ansicht nach stehen „Forderungen nach Transparenz und aktive Stakeholder" an vierter Stelle der wichtigsten Herausforderungen für das Kommunikationsmanagement der Zukunft.[25] Auch die für Compliance zuständigen Führungskräfte in deutschen Großunternehmen sehen den Handlungsbedarf. In einer Studie vom Frühjahr 2008 gaben 66 Prozent der befragten Compliance-Manager an, dass ihr Unternehmen Nachholbedarf bei Transparenz habe und die (aktuellen) Diskussionen um Transparenz in Politik und Medien zu einer nachhaltigen Veränderung in den Unternehmen führte.[26]

Der Schluss liegt auf der Hand, dass der Druck, diese Risikokategorie zu managen, nicht nachlassen wird. Mit Corporate Transparency verhält es sich vielmehr wie mit der aufkommenden Öko-Bewegung in den 1970er und 1980er Jahren. Damals gab es auch Firmen, die dachten, die Ökowelle werde wieder abebben und die „grünen Spinner" würden bald wieder von der Bildfläche verschwinden. Welch ein Irrtum. Selbst eine tiefgreifende Rezession kann den Trend in Richtung Transparenz nicht mehr stoppen, höchstens verlangsamen. Für mehr Transparenz wird der Druck auf Branchen wie Banken und Versicherungen, die Auslöser der weltweiten Finanzkrise, sogar erheblich zunehmen, mit teilweise drastischen regulatorischen Auswirkungen.

Vertrauensbildender Erfolgsfaktor: Freiwillige Transparenz

Wenn Vertrauen das eigentliche Schmiermittel für erfolgreiches Reputationsmanagement und Wirtschaften ist, dann muss man sich fragen, wie es heute erhalten, gefestigt oder auch wieder neu aufgebaut werden kann. Vertrauensbildung darf dabei keinesfalls eindimensional betrachtet werden. Bentele hat bereits in den 1990er Jahren in seinen Analysen zu öffentlichem Vertrauen die entscheidenden Faktoren für Vertrauensbildung diagnostiziert und herausgearbeitet. Vertrauen entsteht danach im Zusammenspiel von mehreren Faktoren: Sachkompetenz, Problemlösungskompetenz, Authentizität, konsistentes Kommunikationsverhalten, Verlässlichkeit und Kommunikationsadäquatheit. Ergänzend wies er bereits damals darauf hin, dass auch Transparenz von Institutionen und deren Kommunikationsverhalten sowie gesellschaftliche Verantwortung wichtige Faktoren im Vertrauensprozess sein können.[27]

Über die Bedeutsamkeit von Transparenz als vertrauensbildende Dimension gab es lange nur Plausibilitätsüberlegungen und wissenschaftliche Befunde aus den angrenzenden Gebieten Vertrauens- und Reputationsforschung. Erst 2006 entwickelte Brad Rawlins von der Brigham Young University in Utah eine Studie, die erstmals den empirischen Beweis für den Zusammenhang von Transparenz und Vertrauen erbrachte. Er führte dazu eine Befragung unter 361 Mitarbeitern eines Pharmaunternehmens durch. Um Vertrauen zu operationalisieren, fokussierte er auf drei Dimensionen: Integrität (ist das Unternehmen fair und gerecht?), Goodwill (sorgt sich das Unternehmen um mich?) und Kompetenz (hat das Unternehmen die Fähigkeit, das zu leisten, was es vorgibt?). Die Fragen nach der wahrgenommenen Transparenz des Unternehmens durch seine Mitarbeiter wurden mit vier Fragekategorien ermittelt: zur Verfügung gestellte Informationen (sind sie wahr, umfassend, verlässlich?), Einbindung von Stakeholdern (in Bezug auf die Art der Information, die sie wollen und brauchen), Verantwortung (für das, was das Unternehmen macht und sagt, einschließlich Fehlern) sowie Geheimniskrämerei (misst das Gegenteil von Offenheit und sollte insofern negativ korrelieren mit Transparenz). In dieser Studie konnte Rawlins einen signifikant positiven

Zusammenhang nachweisen zwischen Transparenz und Vertrauen. Je transparenter die Mitarbeiter ihren Arbeitgeber einstuften, desto größer war ihr Vertrauen in die Organisation. Als stärkster Transparenzfaktor erwies sich in dieser Studie die Kategorie Verantwortung.[28] Ein weiterer Beleg dafür, dass die vielfältigen Bestrebungen von Unternehmen in Bezug auf Corporate Responsibility tatsächlich dazu geeignet sind, Vertrauen zu schaffen und die Reputation zu verbessern.

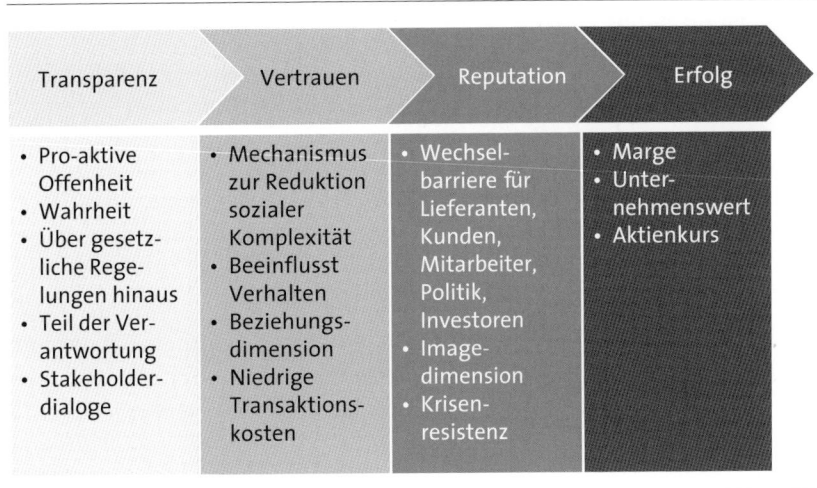

Abbildung 4: Empirisch belegte Kausalkette für den Erfolgsfaktor Transparenz.

Anlässe für Einstieg in Transparenz

Die Gründe und die Motivation für Unternehmen, sich in den nächsten Jahren mit freiwilliger Transparenz auseinanderzusetzen, werden ganz unterschiedlicher Natur sein. Die einen werden erkennen, dass die Fortsetzung ihrer Intransparenz zu einer unkalkulierbaren Risikodimension anwachsen würde (Risiko-Imperativ). Ein Paradebeispiel für die vielerorts schlummernden Risiken durch Intransparenz in Unternehmen oder ganzen Branchen waren die Private-Equity-Unternehmen in Deutschland: In den Jahren vor Franz Müntefering Heuschrecken-Vergleich im Jahr 2005 hatte es diese Branche versäumt, ihr Geschäftsmodell sowie ihre Traditionen, Erfolge und Ziele einer breiteren Öffentlichkeit und der Politik gegenüber transparent zu machen. Eine Fehlentscheidung, wie sich zeigte, denn dadurch konnten der SPD-Politiker und andere diese Branche ohne Mühe in die „Schmuddelecke" stellen.[29] Erst als das Kind in den Brunnen gefallen war, startete die Branche eine Image- und Aufklärungskampagne. Es wird lange dauern, bis das Heuschreckenbild aus den Köpfen wieder verschwindet.

Andere Unternehmen werden mit einer vorauseilenden Hinwendung zu mehr freiwilliger Transparenz Wettbewerbsvorteile anstreben (Wettbewerbs-Imperativ). Die Manager dieser Firmen werden den Strategiewechsel weder mit Wirtschaftsethik noch mit gesellschaftlicher Verantwortung oder dergleichen begründen, sondern lediglich mit der Überzeugung, damit den Wettbewerbern ein Schnippchen zu schlagen und erfolgreicher zu sein.

Eine dritte Kategorie von Unternehmen wird sich wie die britische Firma Body Shop, der US-amerikanische Outdoor-Ausrüster Patagonia oder in Deutschland Hess Natur leiten lassen von primär moralisch-ethischen Verpflichtungen und deshalb auf ein hohes Maß an freiwilliger Transparenz unter Beteiligung ihrer Stakeholder hinsteuern (Moralischer Imperativ). Moral, Werte, Anstand und Sitte sind in solchen Unternehmen keine Worthülsen, sondern das Fundament für nachhaltigen, unternehmerischen Erfolg. Und freiwillige Transparenz ein wichtiges Mittel zum Zweck.

Wenn sich ein oder mehrere Unternehmen einer Branche als Vorreiter für freiwillige Transparenz positionieren, geraten in der Regel die

Abbildung 5: Anlässe und Gründe für die Hinwendung zu mehr freiwilliger Transparenz.

direkten Wettbewerber unter immer größeren Transparenz-Druck. Denn den kritischen externen Stakeholdern, Mitarbeitern und Kunden wird sich dadurch der Eindruck aufdrängen, dass diese Unternehmen wohl etwas zu verheimlichen haben. Sie werden angreifbar. Schnell sind erste Zweifel gesät. Und dann beginnt auch schon das Vertrauen zu erodieren.

Manche Firmen werden erst nach heftigen Erschütterungen auf Basis von groben Verfehlungen oder illegalen Geschäftspraktiken die Option „freiwillige Transparenz" ernsthaft erwägen. Für Unternehmen, die erwischt werden bei verdeckten Preisabsprachen, Korruption, Verstößen gegen UN-Konventionen oder Missachtung von Gesetzen, bieten solche Krisen die Chance für einen Neuanfang. Nicht selten waren in der Vergangenheit dramatische Vertrauenskrisen, wie der Korruptionsskandal bei Siemens oder der Skandal bei der Deutschen Telekom rund um die Verletzung des Datenschutzes und die Bespitzelung von Journalisten und Aufsichtsräten, Auslöser für positive Neuorientierungen, sozusagen die Katharsis nach der Krise.

Insbesondere nach Vertrauenskrisen ist freiwillige Transparenz ein wirkungsvolles Instrument, um Vertrauen möglichst rasch wieder aufzubauen. Denn auf der einen Seite haben Unternehmen nach der Krise großes Interesse daran, zu zeigen, dass sie ihr Verhalten tatsächlich geändert haben. Auf der anderen Seite ist Transparenz für die betroffenen, interessierten Öffentlichkeiten die Voraussetzung, um zu überprüfen, dass das Unternehmen inzwischen auch tatsächlich das tut, was es in oder nach der Krise versprochen hat. Vor allem wenn das Vertrauenskapital nahezu total erschüttert wurde, kann auf die vertrauensbildende Kraft von Transparenz nicht verzichtet werden im Rahmen des Reputationsmanagements.

Die zuständigen Manager müssen sich dabei darüber im Klaren sein, dass Vertrauen nur in wechselseitigen Beziehungen entsteht und wächst. Wer Transparenz leben möchte, muss vertrauen, muss einen Vertrauensvorschuss geben.[31] Oder, wie Luhmann formulierte, eine riskante Vorleistung erbringen. Firmen müssen darauf vertrauen, dass ihre Stakeholder mit den zur Verfügung gestellten Informationen verantwortungsvoll umgehen.

Nicht selten muss das Topmanagement interne Ängste und Vorbehalte ausräumen auf dem Weg zu mehr Transparenz. Es gilt, die eigenen Führungskräfte von der Richtigkeit der neuen Strategie zu überzeugen. Natürliche „Bremser" sind dabei oftmals die Hausjuristen. Die Autoren von „The Naked Corporation", Don Tapscott und David Ticoll, zitieren dazu den CEO des Festplattenherstellers Seagate, Bill Watkins. Seine Anwälte seien „ ... scared to death of transparency ... they're hassling me all the time saying I can't do this or can't say that. That's their job. They think the less you say the less there is for people to use against you. And I suppose they have a point. But I have a business to run too – and I view transparency as central to my strategy."[32]

Transparenz-Typologien

In Bezug auf den Transparenz-Entwicklungsstand können drei Typen von Unternehmen entworfen werden: die „Verweigerer", die nicht mehr als die gesetzlichen Reportingpflichten erfüllen. Als typischer Vertreter dieser Kategorie gilt vielen der Discounter Lidl. Daneben gibt es eine wachsende Schar von „Mitläufern", die Transparenz durchaus als wichtig erachten und in Teilbereichen auch vergleichsweise transparent sind. Die „überzeugten Unternehmen" haben für sich bereits Transparenz als einen Wettbewerbsvorteil erkannt und sind in einen offenen Dialog mit ihren Stakeholdern eingetreten. Offenheit und Aufrichtigkeit sind Teil des Risikomanagements und bei Kapitalgesellschaften Teil der Equity-Story gegenüber dem Kapitalmarkt. Zu solchen Unternehmen können BASF oder Novo Nordisk gezählt werden. Transparente Unternehmen sind dabei nicht nur am Markt erfolgreicher als ihre Wettbewerber, sondern auch im Arbeitsmarkt. Für potentielle Bewerber signalisieren solche Unternehmen, dass bei ihnen

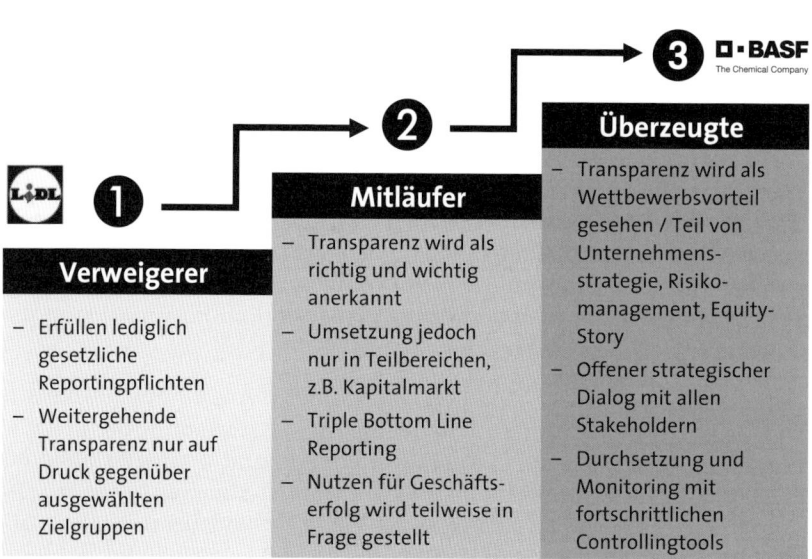

Abbildung 6: Transparenz-Typologie von Unternehmen.

Zuhören ein wichtiger Wert ist, kritische Dialogbereitschaft, nachhaltige Beziehungspflege und Wissensmanagement keine Worthülsen darstellen.

Wenn sich Unternehmen öffnen, sei es vom Verweigerer zum Mitläufer oder zum Überzeugten, muss eine derartige Veränderung zwingend mit grundlegenden Kultur- und Prozessveränderungen verknüpft werden. Denn nur wenn Transparenz im Wertekanon eines Unternehmens fest verankert ist, lassen sich die Transparenzprozesse nachhaltig erfolgreich steuern. Auch hierbei wird die Abteilung Unternehmenskommunikation eine wesentliche Treiber- und Steuerungsrolle übernehmen müssen.

Die meisten börsennotierten Konzerne gehören zum Typ Mitläufer. Bereits Mitte der 1990er Jahre setzte bei diesen ein Trend ein hin zu immer umfangreicherem Reporting. Entscheidend beschleunigt wurde dieser durch die Bilanzskandale von Enron, Tyco und WorldCom in den USA. In der Folge gab es in den Vereinigten Staaten strengere Auflagen und Transparenzregeln für börsennotierte Unternehmen wie den Sarbanes-Oxley Act im Jahr 2002, also noch mehr regulierte, erzwungene Transparenz. Der Sarbanes-Oxley Act folgte einem typischen Reaktionsmuster in parlamentarischen Demokratien: Wenn die Selbstverpflichtung des Marktes versagt, wenn es zu Machtmissbrauch und Exzessen kommt, schreitet der Gesetzgeber ein und versucht durch neue Gesetze und Verordnungen die Fehlentwicklungen zu korrigieren.

Auch in Deutschland reagierte der Gesetzgeber. 2001 wurde eine Regierungskommission gebildet, die im Jahr 2002 den ersten Entwurf eines Corporate Governance Kodexes vorstellte. Er soll dazu beitragen, die in Deutschland geltenden Regeln für Unternehmensleitung und -überwachung für Investoren transparenter zu machen. Damit soll letztlich das Vertrauen in die Unternehmensführung deutscher Gesellschaften und damit mittelbar in den deutschen Kapitalmarkt gestärkt werden. Der Kodex berücksichtigt die in der Vergangenheit – vor allem von internationalen Investoren – geäußerten Kritikpunkte an der deutschen Unternehmensverfassung, beispielsweise mangelhafte Ausrichtung auf Aktionärsinteressen, mangelnde Transparenz deutscher Unternehmensführung oder mangelnde Unabhängigkeit deutscher Aufsichtsräte.

Inzwischen gibt es kaum noch Dax-30- oder Fortune-500-Unternehmen, die kein Triple Bottom Line Reporting umsetzen und so Transparenz herstellen über die ökonomischen, sozialen und ökologischen Aspekte des unternehmerischen Handelns. Auf dieser funktionalen Ebene hat schon ein Wandel eingesetzt hin zu einer Kommunikation, die die Position des Unternehmens in der Gesellschaft dokumentieren soll. Doch allzu häufig sind diese Reportings nur Pflichterfüllung gegenüber einer kleinen Info-Elite bestehend aus Aktionären, Analysten und Fondsmanagern. Oft dienen sie nur dem Ziel, die Aktie attraktiv zu machen für große Sustainability-Fonds oder -Indizes. Sie werden in einer Sprache verfasst, die von „Otto Normalverbraucher" nicht verstanden wird. Nicht selten wird enormer Aufwand betrieben, um die Schwachstellen des Unternehmens in Fußnoten zu verstecken. So entsteht Intransparenz in Gestalt von Transparenz, wie es Tapscott und Ticoll nennen.[34] In vielen Firmen entstand so in den vergangenen Jahren eine hochglänzende Oberflächentransparenz. In der Regel angelegt als Einwegkommunikation, noch ohne die Einbindung auch kritischer Stakeholdergruppen. Sie sind daher nur begrenzt dazu geeignet, dem Vertrauensverlust entgegenzuwirken.

Die erforderlichen Bestrebungen der nächsten Jahre, durch mehr Transparenz die Vertrauenskrisen zu überwinden, lassen sich in einem Stufenmodell beschreiben. Zunächst werden immer mehr Akteure die erste Stufe (Tell you) erklimmen, indem sie sukzessive mehr Informationen zu immer mehr auch kritischen Themenfeldern zur Verfügung stellen. Da diese Entwicklungsstufe für manche Stakeholder noch immer unbefriedigend sein und der Druck nicht nachlassen wird, werden bestimmte Unternehmen zu einem breiten Stakeholderdialog übergehen und ihre Anspruchsgruppen am Prozess hin zu mehr Transparenz beteiligen (Ask you), weil sie feststellen, dass nur darüber wieder Vertrauen entsteht. In einer dritten Entwicklungsstufe (Show you) werden Unternehmen den Stakeholdern, die das erwarten, Möglichkeiten bieten, sich von der Unternehmensrealität zu überzeugen und die Aussagen des Unternehmens zu überprüfen. Sei es persönlich direkt vor Ort oder auch medial vermittelt.

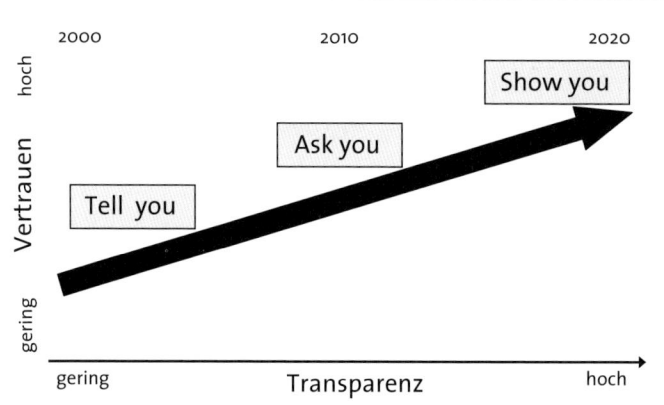

Abbildung 7: Ausweg aus der Vertrauenskrise: Freiwillige Transparenz auf Basis von Stakeholderbeteiligung.

Unternehmen, die für sich freiwillige Transparenz als Option zur Konfliktreduzierung und Wertsteigerung wahrnehmen wollen, müssen zunächst die Chancen und Risiken ermitteln, gewichten und abwägen. Dabei sind konkrete Fragestellungen zu klären wie „Was machen die direkten Wettbewerber mit welchen Ergebnissen?" Hinzu kommen Analysen über mögliche Wettbewerbsvorteile durch mehr Transparenz sowie Risikoszenarien bei wachsendem Druck auf das Unternehmen durch Politik, NGOs, Verbraucher, Mitarbeiter oder andere. Auf der Grundlage einer solchen Datenbasis können Empfehlungen abgeleitet werden, ob mehr Transparenz zur Steigerung der Wettbewerbsfähigkeit beitragen oder zumindest zur Schadensminimierung eingesetzt werden kann.

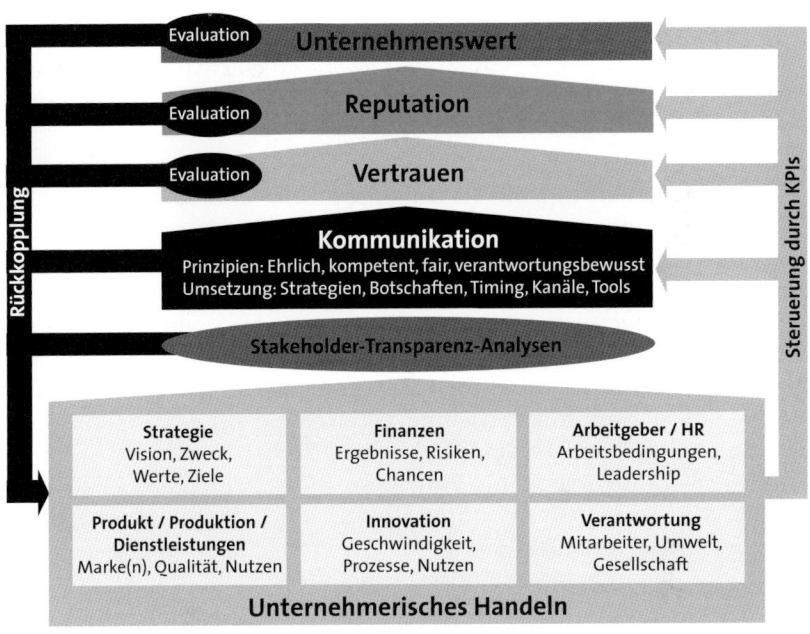

Abbildung 8: Transparenzfelder und strategischer Handlungsrahmen.

Der konkrete Einstieg in die Entwicklung eigener Transparenzstrategien sollte mit einer fundierten Stakeholder-Transparenz-Analyse starten. Befragungen liefern Erkenntnisse darüber, welchen Grad an proaktiver oder passiver Transparenz welche Stakeholder zu welchen Themen heute und morgen erwarten. Dabei müssen alle wichtigen Stakeholder aller typischen Handlungsfelder einbezogen werden. Auf Basis dieser Analysen entsteht eine Transparenzstrategie, die festlegt, zu welchen Themenfeldern das Unternehmen welchen Stakeholdern welche Informationen bereitgestellt und welche Stakeholder in Dialogprozessen daran beteiligt werden sollen. Erst wenn diese strategisch-konzeptionellen Grundlagen feststehen, kann die kurz- und mittelfristige operative Kommunikationsplanung erfolgen. Das Kommunikationsmanagement ist dabei gefordert, die eigene Arbeit in messbaren Größen zu definieren, die mit den Steuerungsinstrumenten des Unternehmens korrespondieren. Konkret: Verwendet ein Unternehmen Balanced Scorecard als integriertes Managementsystem, muss auch die Kommunikation die messbaren Zielgrößen Vertrauen, Reputation und Unternehmenswert über solche Kennzahlen (KPIs) steuern. Die quantitativen und qualitativen Ergebnisse der Evaluation müssen in regelmäßigen Abständen an das Management zurückgespielt und im Planungskreislauf berücksichtigt werden.

Nutzen für Governance und Compliance

Die Integration und Einhaltung stringenter Transparenzregeln unterstützen nicht nur die Vertrauensbildung und damit die Steigerung der Reputation. Höhere unternehmerische Transparenz hat auch unmittelbar Auswirkungen auf das Verhalten der Mitarbeiter und die Durchsetzung von Verhaltenskodizes sowie von Compliance-Regeln und -prozessen. Transparenz ist daher auch ein wirkungsvoller Schutzschirm gegen das Fehlverhalten von Führungskräften. Denn eine strenge Verpflichtung zur Transparenz zwingt die Verantwortlichen zu Selbstdisziplin und trägt somit zur Konsistenz ihrer Entscheidungen und Erläuterungen bei. Transparenz zeigt auf, bei wem die Verantwortung für bestimmte Entscheidungen liegt. Eine erleichterte Überprüfung unternehmerischer Maßnahmen durch Außenstehende verstärkt somit die Anreize für die Entscheidungsträger, ihr Mandat bestmöglich zu erfüllen. Erfolgreiche Transparenzstrategien unterstützen deshalb eine nachhaltige, risiko- und wertorientierte, ethische und regelkonforme Unternehmensführung (Good Corporate Governance).

Für die Entwicklung von Transparenzstrategien sollten fünf Prinzipien beherzigt werden:

1. *Möglichst transparent sein:* Die Transparenz-Treiber zwingen Unternehmen ohnehin zum gläsernen Handeln.

2. *Pro-aktiv sein:* Selbst Gespräche suchen, bevor sie durch Druck und öffentliche Auseinandersetzung erzwungen werden.

3. *Beziehungen nachhaltig pflegen:* Auch in vermeintlich ruhigen Zeiten Gespräche aufrechterhalten.

4. *Mitarbeiter einbinden:* Sie sind die wichtigsten Stakeholder, Advokaten und Botschafter.

5. *Vorbereitet sein auf alle Eventualitäten:* Risiko- und Krisenszenarien entwickeln für das Scheitern von Verhandlungen und Gesprächen.

Zusammenfassung

Das Zeitalter der Corporate Transparency hat bereits begonnen. Damit einher geht eine Verschiebung der Machtverhältnisse hin zu Verbrauchern, Aktionären und anderen Stakeholdern. Der Druck dieser Stakeholder auf Unternehmen, verantwortlich zu handeln und Transparenz herzustellen, nimmt weiter zu und damit die Notwendigkeit, diese Risikokategorien aktiv zu steuern. Während die einen Unternehmen dies als bedrohliche Herausforderung einstufen, werden andere dies zupackend als Chance begreifen. Durch Transparenz zu kritischen Themen und offene Kommunikation der partikularen Eigeninteressen werden diese Unternehmen die Risiken für Reputations- und Absatzkrisen reduzieren und sich den nötigen Handlungsspielraum sichern. Freiwillige Transparenz (Unforced Corporate Transparency) ist dabei wirkungsvoller als erzwungene (Forced Corporate Transparency). Sie kann einen entscheidenden Beitrag leisten beim Aufbau und Erhalt von Vertrauen und Reputation. Transparente Unternehmen steigern ihre Erfolgschancen und Zukunftsfähigkeit durch Interaktion und Dialog mit ihren Stakeholdern. Doch der Mangel an Erfahrung im Umgang mit Transparenz kann zu falschen Schlüssen und Handlungen führen. Sie müssen sich daher die Fähigkeiten und das Wissen um die Grenzen und Chancen, die Gegenspieler und die Umfelddynamik erst aneignen oder externen Rat einholen.

Gute Unternehmensführung (Corporate Behavior), ein robustes gesellschaftsorientiertes Leitbild (Vision, Unternehmenszweck, Wertesystem) und fähige Führungspersönlichkeiten bleiben die wichtigsten Voraussetzungen für die Vermeidung von das Vertrauen zerstörenden Diskrepanzen. Aber nur gute Unternehmensführung, ohne diese auch transparent zu machen, reicht nicht mehr aus. Erst ganzheitliche, aktive unternehmerische Transparenz erlaubt es den Stakeholdern, zu verifizieren, ob das Unternehmen nicht nur lokal, sondern überall auf der Welt ein verantwortliches Unternehmen ist und tatsächlich durchgängig das tut, was es behauptet. Transparenz erfordert somit ein neues Verständnis von Unternehmensführung, von Stakeholdermanagement und von der Rolle in der Gesellschaft. Unternehmen müssen dabei immer wieder harte Entscheidungen treffen und komplexe Herausforderungen meistern. Es gibt nur selten einfache Antworten.

Typischerweise werden die Leiter Corporate Communications aufgefordert sein, Transparenzstrategien zu planen und umzusetzen – und damit einen nachhaltigen Beitrag zur Steigerung des Unternehmenswertes zu leisten. Die Aufgabe der Kommunikationsexperten ist dabei, das Management mit den notwendigen Informationen zu versorgen, aufzuzeigen, wie man im Glashaus agiert und kommuniziert, sowie den erforderlichen Veränderungsprozess hin zu mehr Transparenz zu steuern. Viele Unternehmen werden zunächst dazu neigen, nur Teiltransparenzen anzuerkennen, und versäumen, einen gesamtheitlichen Transparenzansatz zu verfolgen. Aber in den kommenden Jahren werden immer mehr überzeugte transparente Unternehmen auf den Plan treten und dadurch den Transparenzdruck auf ihre Wettbewerber erhöhen. Letztlich muss jeder Marktteilnehmer sein eigenes Tempo finden und seinen eigenen Pfad suchen, denn Organisationsstrukturen, Kultur, Geschichte, Vernetzung und Branchen sind zu verschieden, als dass man simple Baukastenmodelle anwenden könnte.

Angesichts der Bedeutung von Transparenz, Vertrauen und Reputation für ihren Erfolg und des schleichenden Vertrauensverlusts in die Wirtschaft müssen Unternehmen langfristig und nachhaltig in reputationsbildende Maßnahmen investieren. Unternehmen, die diesen Prozess aktiv steuern, haben große Chancen, ihre strategischen und taktischen Unternehmensziele nachhaltig zu erreichen.

Fußnoten

1 Für ein umfassendes Verständnis der Bedeutung von Transparenz für Unternehmen ist es nützlich, auch die Relevanz von Transparenz für internationale Beziehungen zwischen Staaten und internationalen Organisationen wie Internationaler Währungsfonds oder UNO zu betrachten. Vgl. hierzu exemplarisch: Florini, Ann M.: End of Secrecy, Foreign Policy, No. 111, 1998, S. 50‒63.

2 Möllering, Guido: „Je größer die Transparenz, desto weniger braucht man Vertrauen." Interview auf www.transparenz.net, 10.3.2008; Schwarz macht dieses Phänomen an einem anderen Beispiel deutlich. Erzwungene Transparenz und immer mehr Regulierungen schaffen nicht zwingend Vertrauen. So sei der Sarbanes-Oxley Act „geronnenes Misstrauen" und führe nicht dazu, dass sich die Menschen in den Unternehmen mehr Vertrauen schenken, die Kapitalgeber den Führungskräften besser vertrauen und sich die Führungskräfte verantwortungswürdiger verhalten würden. Solche Gesetze würden lediglich dazu führen, dass sich die Regulierten an bestimmte neue Bestimmungen halten – nicht mehr und nicht weniger. Vertrauen in die handelnden Akteure würde dadurch nicht automatisch wieder wachsen. Vgl. Schwarz, Gerhard: Vertrauen und Freiheit gehören zusammen. In: ders. (Hg.): Vertrauen – Anker einer freiheitlichen Ordnung, Zürich 2007, S. 175.

3 Klenk, Volker: www.transparenz.net, 15.7.2008.

4 Balkin, Jack M.: How mass media simulate political transparency, 1999, In: Cultural Values, Vol. 3, Nr. 4, S. 393ff.

5 Vgl. Jahansoozi, Julia: Relationships, Transparency, and Evaluation: The Implications for Public Relations. In: L'Etang, Jacquie, Pieczka, Magda (Hg.): Public Relations. Critical Debates and Contemporary Practice. Mahwa, NJ 2006, S. 86.

6 Vgl. Gespräche auf dem Monte Verità. 10 Transparenz-Thesen. www.transparenz.net, 23.1.2008.

7 Vgl. Schwaiger, Manfred: Ist der Ruf erst ruiniert... Erfolgsfaktor Reputation. „EVU, Quo Vadis?" – Wege zu Wachstum und Erfolg. Präsentation, München 2007, S. 11.

8 Vgl. Schwaiger, Manfred: Ist der Ruf erst ruiniert... Erfolgsfaktor Reputation. „EVU, Quo Vadis?" – Wege zu Wachstum und Erfolg. München 2007, S. 12.

9 Es gibt weltweit zahlreiche Studien, die empirische Belege für die werttreibende Bedeutung von Reputation liefern. Vgl. exemplarisch die regressionsanalytischen Auswertungen von Reputations- und Börsendaten. Eberl, M., Schwaiger, M. (2005): Corporate Reputation: Disentangling the Effects on Financial Performance, In: European Journal of Marketing, Vol. 39, Nr. 7/8, S. 838‒854; Schwalbach, J.: Image, Reputation und Unternehmenswert. In: Baerns, B. (Hg.): Information und Kommunikation in Europa. Forschung und Praxis – Transnational Communication in Europe, Research and Practice, 2000, S. 287‒297.

10 Theurl, Theresia: Das Ringen um Vertrauenswürdigkeit. In: Schwarz, Gerhard (Hg.): Vertrauen – Anker einer freiheitlichen Ordnung, Zürich 2007, S. 39.

11 Vgl. Niklas Luhmann, Vertrauen: Ein Mechanismus der Reduktion sozialer Komplexität, 4. Auflage, Stuttgart, 2000.

12 Rawlins, Brad L.: Measuring the relationship between organizational transparency and employee trust, in: Public Relations Journal, Vol. 2, Spring 2008, S. 5.

13 Gerhard Schwarz weist zu Recht darauf hin, dass Vertrauen in Personen nicht völlig durch Vertrauen in Systeme ersetzt werden kann. Checks and Balances, Corporate-Governance-Regeln o.Ä. helfen zwar, Vertrauen in Institutionen zu sichern, aber es braucht daneben eben auch die Glaubwürdigkeit der Führungskräfte. Vgl. Schwarz, Gerhard: Vorwort und Einführung. In: ders. (Hg.): Vertrauen – Anker einer freiheitlichen Ordnung, Zürich 2007, S. 8f.

14 Bentele, Günter: Vertrauen / Glaubwürdigkeit. In: Jarren, Otfried, Sarcinelli, Ulrich, Saxer, Ulrich (Hg.): Politische Kommunikation in der demokratischen Gesellschaft. Ein Handbuch mit Lexikon. Opladen 1998, S. 310.

15 Ripperger, Tanja: Von der Vorteilhaftigkeit einer Vertrauenskultur. In: Schwarz, Gerhard (Hg.): Vertrauen – Anker einer freiheitlichen Ordnung, Zürich 2007, S. 55.

16 Bentele, Günter, Seidenglanz, Rene: Vertrauen und Glaubwürdigkeit. In: Bentele, Günter; Fröhlich, Romy, Szyszka, Peter (Hg.): Handbuch der Public Relations. Wissenschaftliche Grundlagen und berufliches Handeln. 2005, S. 6.

17 Vgl. Schwarz, Gerhard: Vertrauen und Freiheit gehören zusammen. In: ders. (Hg.): Vertrauen – Anker einer freiheitlichen Ordnung, Verlag Neue Züricher Zeitung, Zürich 2007, S. 167.

18 Ausführlich hierzu siehe Schwarz, Gerhard: Vertrauen und Freiheit gehören zusammen. In: ders. (Hg.): Vertrauen – Anker einer freiheitlichen Ordnung, Zürich 2007, S. 167ff.

19 Vgl. ders. S. 171.

20 Bentele, Günter: Vertrauen / Glaubwürdigkeit. In: Jarren, Otfried, Sarcinelli, Ulrich, Saxer, Ulrich (Hg.): Politische Kommunikation in der demokratischen Gesellschaft. Ein Handbuch mit Lexikon. Opladen 1998, S. 306.

21 Bentele, Günter: Öffentliches Vertrauen – normative und soziale Grundlage für Public Relations. In: Armbrecht, Wolfgang, Zabel, Ulf (Hg.): Normative Aspekte der Public Relations. Grundlagen und Perspektiven. Eine Einführung. Opladen. 1994, S. 148.

22 Florini nennt das Regulierung durch Offenlegung (Regulation by Revelation). Vgl. Florini, Ann M.: End of Secrecy, Foreign Policy, No. 111, 1998, S. 50f.

23 Vgl. Tapscott, Don und Ticoll, David: The Naked Corporation. Free Press, New York 2003, S. 61.

24 Klenk, Volker: Erstmals veröffentlicht 2004.

25 Befragt wurden 1.087 PR-Entscheider aus 22 Ländern in Europa. Vgl. Zerfass, Ansgar; Buchele, M.-S.: Wandel der Kommunikationslandschaft – Wandel der PR? Leipzig 2008, S. 26.

26 Vgl. BDO Wirtschaftsprüfungsgesellschaft (Hg.): Studie zu Vertrauen als Wirtschaftsfaktor, Mai 2008.

27 Vgl. Bentele, Günter: Öffentliches Vertrauen – normative und soziale Grundlage für Public Relations. In: Armbrecht, Wolfgang und Zabel, Ulf (Hg.): Normative Aspekte der Public Relations. Grundlagen und Perspektiven. Eine Einführung. Opladen 1994, S. 144ff.

28 Rawlins, Brad L.: Measuring the relationship between organizational transparency and employee trust, in: Public Relations Journal, Vol. 2, Spring 2008, S. 7ff.

29 Vgl. Gespräche auf dem Monte Verità. 10 Transparenz-Thesen. www.transparenz.net, 23.1.2008.

30 Vgl. Jahansoozi, Julia: Relationships, Transparency, and Evaluation: The Implications for Public Relations. In: L'Etang, Jacquie, Pieczka, Magda (Hg.): Public Relations. Critical Debates and Contemporary Practice. Mahwa, NJ, 2006, S. 81.

31 Rawlins, Brad L.: Measuring the relationship between organizational transparency and employee trust, in: Public Relations Journal, Vol. 2, Spring 2008, S. 2.

32 Vgl. Tapscott, Don und Ticoll, David: The Naked Corporation. Free Press, New York 2003, S. 308.

33 Die japanische Telefongesellschaft NTT begründete ihr Listing an der NYSE damit, dass in den USA strengere Transparenz- und Veröffentlichungspflichten gelten. Diese wiederum würden das Vertrauen von Investoren in die Aktie steigern. Vgl. Florini, Ann M.: End of Secrecy, Foreign Policy, No. 111, 1998, S. 55f.

34 Vgl. Tapscott, Don und Ticoll, David: The Naked Corporation. New York 2003, S. 16.

Organisatorische Transparenz und Vertrauen

Günter Bentele und Jens Seiffert

Transparenz als gesellschaftlicher Megatrend?

Es war eine der ersten Amtshandlungen Barack Obamas, seinem Versprechen von mehr Bürgernähe der Regierung in Washington Taten folgen zu lassen. Schon am ersten Tag seiner Präsidentschaft kündigte Obama an: „Transparency and the rule of law will be the touchstones of this presidency."[1] Eines der Ergebnisse dieses, im Vergleich zur Bush-Administration doch sehr radikalen, Richtungswechsels im Feld der *politischen Kommunikation* war die Eröffnung der Plattform www.data.gov, deren erklärtes Ziel die Stärkung von bürgerlicher Partizipation auf der Basis von Transparenz ist: „Public participation and collaboration will be one of the keys to the success of Data.gov. Data.gov enables the public to participate in government by providing downloadable Federal datasets to build applications, conduct analyses, and perform research."[2]

24 Jahre zuvor, im März und April 1985, hatte Michail Sergejewitsch Gorbatschow, seinerzeit frisch gewählter Generalsekretär der KPdSU, die Politik von Glasnost (Offenheit, Transparenz, Informationsfreiheit) und Perestrojka (Umbau, Umstrukturierung) verkündet und mit dieser Reformpolitik in den Jahren seiner Regentschaft in Richtung von mehr Informations-, Meinungs- und Medienfreiheit nicht nur die Politik der damaligen Sowjetunion im Sinne von mehr Offenheit und Demokratie verändert, sondern als Konsequenz auch die Architektur der Weltpolitik.

Sowohl Obamas Versprechen einer „new era of openness"[3] wie auch Gorbatschows Glasnost-Politik verweisen dabei auf ein Phänomen, das sich in allen Bereichen vieler moderner Gesellschaften, speziell in zwei der wichtigsten gesellschaftlichen Teilsysteme, der *Politik* und der *Wirtschaft* wie auch ihrer *Teilsysteme* (z.B. dem Finanzsystem) und auch den darin agierenden *Organisationen,* beobachten lässt. Der *Trend zu mehr Offenheit* staatlicher und ökonomischer Teilsysteme ist dabei sicher oftmals nicht auf deren eigene Entscheidungen zurückzuführen, sondern dem Druck aus der Gesellschaft zuzuschreiben. NGOs, Aktivistengruppen und Medien dürften dabei die wichtigsten *Transparenztreiber*[4] sein, das heißt, diejenigen Organisationen, in deren eigenem oder von ihnen – allerdings weitgehend ohne formal-demokratische Legitimation – vertretenen Interesse es ist, mehr Offenheit gesellschaftlicher Prozesse und Institutionen herzustellen.

In ihrem Europa-Wahlkampf 2009 verwendet die SPD den Slogan „Für Transparenz und Kontrolle der Finanzmärkte". Der Dow Jones-Nachrichtendienst „Anleger-Nachrichten.de" bringt am 29. Januar 2009 folgende Meldung:

„Der Präsident der Europäischen Zentralbank (EZB) hat sich für eine höhere Transparenz im Finanzsystem ausgesprochen. Sowohl die Finanzinstitute als auch die -instrumente müssten transparenter werden, damit solche Krisen in Zukunft vermieden würden", sagte Jean-Claude Trichet am Donnerstag in Davos. „Dies sei auch für die Widerstandsfähigkeit des Finanzsystems von ‚höchster Wichtigkeit'."

Der *Corporate Governance Kodex* ist ein gutes Beispiel für die Erhöhung von Transparenz im Unternehmenssektor. Von einer im Jahr 2000 eingesetzten Regierungskommission vorgeschlagen, sollte dieser Kodex mehr Transparenz in das Unternehmensverhalten und die Unternehmensführung (z.b. die Offenlegung der Gehälter von Vorständen) bringen. Allerdings hat der Gesetzgeber hier nachgeholfen: Nach § 161 Aktiengesetz müssen Vorstand und Aufsichtsrat von börsennotierten Unternehmen jährlich erklären, welche der von der Regierungskommission gemachten Empfehlungen entsprochen wurde, welchen nicht und warum nicht. Mit dem Corporate Governance Kodex sollte das Vertrauen in deutsche Unternehmen und damit auch den deutschen Kapitalmarkt gestärkt werden.

Auch im *Gesundheitsbereich* steht mehr Transparenz auf der Tagesordnung. Am 28. Mai 2009 meldet die WAZ: „Der Pflege-TÜV nimmt Altenheime unter die Lupe".[5] Nach diversen Skandalen im Jahr 2007 war für den Pflegebereich von vielen Seiten größere Transparenz gefordert worden. Im Pflegemarkt, für den das Rheinisch-Westfälische Institut für Wirtschaftsforschung (RWI) rund 25 Milliarden Euro Umsatz im Jahr errechnet hat, haben Pflegekassen, die Träger der Pflegeeinrichtungen und -dienste, der Medizinische Dienst der Krankenkassen und die Kommunalen Spitzenverbände der Länder seitdem das gemeinsame Verfahren zur Qualitätskontrolle entwickelt und beschlossen. Im Juli 2008 trat der neue § 115 Sozialgesetzbuch XI in Kraft. Er regelt, dass die Ergebnisse des „Pflege-TÜV" veröffentlicht werden müssen – hausintern und im Internet. Ab Juni 2009 kommen Teams der Medizinischen Dienste unangemeldet und nehmen Pflegeeinrichtungen, seine Bewohner und die Arbeit der Beschäftigten akribisch unter die Lupe.

Institutionen und Organisationen, gleich ob sie politischer, wirtschaftlicher oder anderer Natur sind, egal ob es sich um Regierungen, NGOs, Unternehmen oder Universitäten handelt, sie alle operieren immer mehr unter den kritischen Augen der Öffentlichkeit(en) und sehen sich mehr und mehr dem Druck ausgesetzt, ihr Handeln darzustellen, erklären und *legitimieren* zu müssen. Eine wichtige Ursache für diese stärkeren Legitimationsnotwendigkeiten ist die Mediatisierung der Gesellschaft.

Überall dort, wo Vertrauen verlorengeht, wo Vertrauenswerte sinken, kommt die Forderung auf, *mehr Transparenz* ins System zu bringen, um das Vertrauen wieder herstellen zu können. Schwindendes Vertrauen in die Problemlösungskompetenz der Politik führt allenthalben zu steigender Politikverdrossenheit und -abstinenz der Bevölkerung.[6]

Und die Wirtschaft sieht sich aufgrund von Fällen von Missmanagement, Korruption oder Unfällen nicht erst seit der globalen Finanzkrise mit sinkenden Vertrauenswerten konfrontiert[7], wenngleich die aktuelle Situation den Vertrauensverlust scheinbar auf das Ausmaß einer globalen Vertrauenskrise anwachsen lässt, in der selbst der Politik, präziser: dem Staat als dem mächtigsten Rechts- und Vertrauens-Garanten, deutlich mehr Vertrauen in Bezug auf die Problemlösungskompetenz entgegengebracht wird als der Wirtschaft.[8] Das weltweite Finanzsystem kann nur mit massiven staatlichen Hilfen beziehungsweise Hilfen des internationalen Staatenverbundes vor dem Absturz ins Bodenlose bewahrt werden.

Transparenz als soziales Phänomen

Definition und Begriffsgeschichte: Soziale und organisatorische Transparenz

Auch wenn der Begriff der Transparenz erst seit relativ kurzer Zeit im sozialwissenschaftlichen Diskurs auftaucht, so reicht sein Bedeutungsinhalt doch weit in die Vergangenheit zurück. Die Entwicklung des Rechts der Bürger, sich frei zu informieren, ist eng an die Entwicklung von (staatlicher) Transparenz geknüpft. Die Entwicklung der bürgerlichen Gesellschaft im England des ausgehenden 17. Jahrhunderts war vor allem eine Auseinandersetzung um die Objektivierung herrschaftlicher Macht mittels Publizität.

> „Die Bürgerlichen sind Privatleute; als solche ‚herrschen‘ sie nicht. Ihre Machtansprüche gegen die öffentliche Gewalt richten sich darum nicht gegen die Zusammenballung von Herrschaft, die ‚geteilt‘ werden müsste; sie unterlaufen vielmehr das Prinzip der bestehenden Herrschaft. Das Prinzip der Kontrolle, das das bürgerliche Publikum diesem entgegensetzt, eben Publizität, will Herrschaft als solche verändern.“[9]

Bereits 1822 schrieb James Madison, vierter Präsident und einer der Verfassungsväter der USA: „A popular government, without popular information, or the means of acquiring it, is but a prologue to a farce or a tragedy; or, perhaps both."[10] Es war Schweden, das 1766 als erstes Land überhaupt seinen Bürgern „freedom of information"[11] gewährte, ein Recht, das sich zehn Jahre später auch in der Verfassung der Vereinigten Staaten wiederfand. Den eigentlichen „Siegeszug" trat dieser Typ von staatlichem Transparenzgebot jedoch erst im 20. Jahrhundert an. So waren es 2004 immerhin schon 50 Länder, welche die Informationsfreiheiten in den Rang eines Gesetzes erhoben hatten[12], beginnend mit den skandinavischen Staaten ab Mitte des 20. Jahrhunderts, heute sind es über 65 Länder, die ein Gesetz über Informationsfreiheit haben, so informiert zumindest Wikipedia.

Transparenz (lateinisch *trans* „(hin)durch" und *parere* „sich zeigen, scheinen") ist dabei ursprünglich ein physikalischer Begriff, mit dem die Eigenschaft eines Körpers beschrieben wird, für elektromagnetische Wellen durchlässig zu sein. Demnach ist es möglich, durch transparente Körper hindurchzusehen. Der in den Sozialwissenschaften gebrauchte Begriff der Transparenz ist diesem zwar semantisch verwandt, geht in seiner normativen Zuschreibung aber nicht von einer *völligen Transparenz* im Sinne der Physik aus. Totale Transparenz in Bezug auf soziale Systeme ist nicht möglich und sie ist im sozialen Bereich auch eher negativ konnotiert. Schlagwörter wie der „gläserne Bürger" oder der „gläserne Patient" implizieren die Bedenken der bürgerlichen Gesellschaft einer totalen Transparenz dem Staat gegenüber. *Transparenz* aus sozialwissenschaftlicher Perspektive muss daher zunächst sehr allgemein beschrieben werden als „the ability of one actor to access information from another actor"[13]. Holzner definiert wie folgt: „the concept ‚transparency' in sociology refers to the globally emerging value (and its derivative norms) of information disclosure and access."[14]

Für unsere Zwecke und hinsichtlich einer kommunikationswissenschaftlichen Verwendung des Begriffs scheint es sinnvoll, *soziale Transparenz* und *organisatorische Transparenz* zu unterscheiden. *Soziale Transparenz* wird hier als die graduell vorhandene Eigenschaft sozialer Systeme beziehungsweise als sozialer „Mechanismus" verstanden, für Beobachter Informationen über ihre Struktur und ihr Funktionieren zuzulassen und bereitzustellen, das heißt, es Systembeobachtern zu ermöglichen, das Funktionieren des Systems nachzuvollziehen und zu verstehen. *Organisatorische Transparenz* lässt sich als die entsprechende – ebenfalls graduell vorhandene – Eigenschaft von Organisationen definieren, es den Beobachtern dieser Organisation zu ermöglichen, organisationsinterne Strukturen und Prozesse nachzuvollziehen und zu verstehen. Hier geht es vor allem auch um die Möglichkeit *öffentlicher Einsichtnahme* und *Nachprüfbarkeit*. Damit ist organisatorische Transparenz *eine Form von informatorischer und kommunikativer Offenheit* von Organisationen und deren Prozessen. Der Grad von sozialer und organisatorischer Transparenz hängt ab vom Typ des sozialen Systems beziehungsweise dem Organisationstyp, von Machtkonstellationen, die zwischen Organisationen und deren Umwelten (Gesellschaft) bestehen, sowie von weiteren Faktoren.

Die gesamtgesellschaftliche Relevanz von Transparenz wird dadurch deutlich, „(that) transparency norms are increasingly expected to be followed by governments, international agencies, professions, corporations, foundations, and civil society organizations"[15]. Demnach sieht sich nicht mehr allein die Politik mit dem Phänomen der Transparenz konfrontiert[16], vielmehr wird Transparenz für *alle gesellschaftlichen Funktionssysteme* sowie für Organisationen virulent.

Obwohl Transparenz in ihrem Wesen zuerst in der politischen Theorie als Problem auftaucht, spielt der Begriff in der Politikwissenschaft kaum eine große Rolle. Die liberalen Denker des 19. Jahrhunderts fassen Transparenz vielmehr in Termini, die mit Öffentlichkeit eng verknüpft waren, wie zum Beispiel Publizität (publicity)[17] oder „public information"[18]. Aus diesem Blickwinkel betrachtet lässt sich Jürgen Habermas' Strukturwandel der Öffentlichkeit auch als Beschreibung des Kampfs der bürgerlichen Gesellschaft um die Transparenz des Politischen lesen.

Erst seit relativ kurzer Zeit entwickelt sich Transparenz zu einem eigenständigen Begriff, der dementsprechend seine unabhängige(n) Definition(en), von Disziplin zu Disziplin unterschiedlich, erfährt. So definieren Finel und Lord aus Sicht der internationalen Beziehungen Transparenz als institutionelle Transparenz, „as mechanism that facilitate the release of information about policies, capabilities and preferences to outside parties". Unter praktischen Gesichtspunkten ist beispielsweise von *Verwaltungstransparenz* dann die Rede, wenn ein Gemeinwesen, eine Gesellschaft sich im Rahmen eines *Öffentlichkeitsprinzips* dazu entscheidet (oder dazu gebracht wird), Verwaltungsdokumente offenzulegen. Ausnahmen müssen explizit angeordnet werden. Die europäischen oder nationalen *Informationsfreiheitsgesetze* traten in einigen Bundesländern ab 1998 in Kraft, auf Bundesebene am 1. Januar 2006. In einigen anderen Ländern war dies schon weit früher der Fall.

Demgegenüber ist der Begriff des Öffentlichen vor allem in das kommunikationswissenschaftliche Verständnis von Transparenz diffundiert. Brown und Studemeister verweisen auf den Bezug zum Öffentlichen, wenn sie feststellen, dass „Transparency necessarily guides not only official relationships but also the relationships between public and private sectors and among individuals. Because each state's public has expanded far beyond the state's geographical borders and its collective values, each state, by way of accessing its citizens (...) renders itself accountable to all."[20]

Die damit implizierten Ansprüche, mittels Transparenz Verständnis für Intentionen, Entscheidungen und Handlungen zu schaffen, bilden den geistigen Kristallisationspunkt für die Auseinandersetzung mit Transparenz in der PR-Forschung, die durchaus „bis in die Anfänge der fachlichen Auseinandersetzung mit Public Relations zurück" reichen.[21]

Grunig und Hunt merkten im Standardwerk der PR-Forschung, Managing Public Relations, bereits an:

> „In addition to the open sharing of information, transparency requires organizations to understand and be responsive to the publics they serve. (...) organizations with the most effective communication practices seek to truly understand and involve their publics in the decision making process and to help their publics to understand the organization."[22]

Transparenz ist also nicht nur eine Forderung, wie Institutionen oder Organisationen (oder Systeme) sein sollen, Transparenz in ihrer normativen Dimension beschreibt vielmehr einen Prozess des gegenseitigen Verständnisses zwischen Bezugsgruppen und Organisationen.

Die sich in den letzten Jahren stetig entwickelnde Diskussion um und Forderung nach Transparenz ist keineswegs neu, hat sich aber offenbar verstärkt. Sie ist Ausdruck einer andauernden Auseinandersetzung um ungehinderten Zugang zu Informationen, die – zumindest für gesellschaftliche Teilöffentlichkeiten – von Interesse sind. In diesem Lichte sind Ereignisse wie die Gründung von Transparency International 1993, das Gesetz zur Kontrolle und Transparenz im Unternehmensbereich 1998, der Sarbanes-Oxley Act 2002 oder die Umsetzung der Transparenzrichtlinie der Europäischen Kommission von 2007 zu verstehen. „Transparency has become a major strategy in the effort to improve local as well as international governance"[23], Corporate Governance eingeschlossen.

„Das Zeitalter der Transparenz"

Was sind die Ursachen dieser Entwicklung zu mehr gesellschaftlicher und organisatorischer Transparenz? Zunächst: Der Begriff „Zeitalter der Transparenz"[24] spiegelt und drückt gleichzeitig diese Entwicklung aus. Größere Transparenz in Politik, Wirtschaft und vielen anderen Lebensbereichen stellt die Gesellschaft und ihre Organisationen, aber auch die einzelnen Individuen vor neue Herausforderungen.

Eine komplexer werdende, zunehmend globalisierte und gleichzeitig fragmentierte Welt macht das Verständnis um Entscheidungsprozesse und Machtstrukturen immer komplizierter. Die Fragen, mit denen Niklas Luhmann seine Abschiedsvorlesung überschrieb: „Was ist der Fall?" und „Was steckt dahinter?"[25], lassen sich im Lichte der genannten Entwicklungen immer schwieriger beantworten. Folglich wächst offenbar das Bedürfnis der Gesellschaft und ihrer Öffentlichkeiten und Teilöffentlichkeiten nach einem sozialen „Mechanismus" – einem unter vielen –, welcher der obengenannten Entwicklung entgegenwirkt: *Transparenz*. „In the contemporary information age it is only natural that there is a growing interest in who controls information and how they control it."[26]

Setzt man die verschiedenen Funktionen der einzelnen gesellschaftlichen Funktionssysteme zusammen, ist erkennbar, warum sich der Wunsch nach Transparenz in Bezug auf alle Funktionssysteme herausbildet. David Eastons Konzeption des politischen Systems als „Black Box"[27] versinnbildlicht die theoretische wie faktische Intransparenz der Politik. Politik, deren Funktion in der „Formulierung und Durchsetzung kollektiv bindender Entscheidungen"[28] besteht, ist dabei jedoch in demokratisch verfassten Gesellschaften per Definition *Transparenzerwartungen* ausgesetzt, da die von den Entscheidungen Betroffenen die Transparenz des Prozesses als Recht einfordern.

Doch auch Wirtschaft, Wissenschaft – und vermutlich auch die anderen Funktionssysteme – werden zunehmend dem Prinzip der Transparenz unterworfen, zumal dort, wo ein Einfluss auf die politische Funktion vermutet oder sichtbar ist. So führt Beck in seiner Theorie der Risikogesellschaft aus:

> „Risiken (...) unterscheiden sich wesentlich von Reichtümern. Sie setzen systematisch bedingte, oft irreversible Schädigungen frei, bleiben im Kern meist unsichtbar, basieren auf kausalen Interpretationen, stellen sich also erst und nur im (wissenschaftlichen bzw. antiwissenschaftlichen) Wissen um sie her, können im Wissen verändert, verkleinert oder vergrößert, dramatisiert oder verharmlost werden und sind insofern im besonderen Maße offen für soziale Definitionsprozesse. Damit werden Medien und Positionen der Risikodefinition (also Wissenschaft, Anm. d. Autoren) zu gesellschaftlich-politischen Schlüsselstellungen."[29]

Längst haben sich die Beziehungen gesellschaftlicher Funktionssysteme entgrenzt und sind dem Rahmen der Nationalstaatlichkeit entwachsen. Politik, Wirtschaft oder Wissenschaft sind längst international vernetzt und agieren in einem globalen Rahmen. Für die Bevölkerungen und die sich aus derselben konstituierenden Bezugsgruppen wird diese Entwicklung zunehmend zum Problem. Denn im selben Maße, wie der Grad trans- und internationaler Verflechtungen ansteigt, wird es faktisch schwieriger, Handeln in Zusammenhängen nachzuvollziehen, die nicht persönlich erfahr- und erlebbar sind.

Ein weiterer wesentlicher Faktor für die Entwicklung zu mehr Transparenz scheint die zunehmende Binnendifferenzierung von Organisationen zu sein. Gerade in Bezug auf Unternehmen lässt sich deutlich nachzeichnen, wie die wirtschaftliche Entwicklung auf die interne Organisation durchgeschlagen hat. „Der Unternehmer steuerte ,seinen‘ Betrieb nach eigenen Vorstellungen; der direkte Kontakt zum Personal machte allgemeine Regelungen zur Verteilung von Kompetenzen und Funktionen überflüssig." Erst mit dem Fortschreiten der industriellen Revolution brachte diese „einen immens wachsenden Koordinationsbedarf mit sich"[30]. Die gestiegene Komplexität der zu steuernden Systeme bedurfte einer steigenden Eigenkomplexität seitens der Organisationen selbst. Daraus wiederum resultierte eine Struktur, die sich selbst und ihrer Umwelt gegenüber zunehmend intransparent wurde.

Ein dritter Grund für steigende Transparenz sind gestiegene Legitimationsansprüche der Gesellschaft und einzelner gesellschaftlicher Gruppen gegenüber Organisationen.

Organisation und Transparenz

Transparenz spielte für die Entwicklung der Public Relations eine wichtige Rolle, fällt doch die Aufgabe, Informationen für Bezugs- beziehungsweise Stakeholdergruppen verfügbar zu machen, in das Tätigkeitsfeld der PR. In dem Bestreben der deutschen Gründerväter der PR, das Werben um (öffentliches) Vertrauen[31] als Leitgedanken aller PR-Tätigkeit zu etablieren, war Transparenz implizit bereits mitgedacht.

Transparenz als Teil einer integrativen Strategie stellt für Organisationen eine Möglichkeit dar, sich den Herausforderungen einer globalisierten, differenzierten und fragmentierten Gesellschaft und ihrem eigenen, komplexer werdenden Wesen zu stellen und diese zu bewältigen.

So verstandene Transparenz erfordert jedoch nicht nur eine nach außen gerichtete Haltung der Offenheit, um die Organisation für seine externen Bezugsgruppen transparent zu machen, sondern auch eine nach innen gerichtete Transparenz.

> „Derart vernetzt operierende Organisationen sind von ihren Zentralen her schwer zu beobachten, geschweige denn zu planen und zu kontrollieren. Die für den Betrieb des Netzwerkes erforderlichen Kenntnisse und Intuitionen fallen weiter unten an.“[32]

Sowohl für andere Systeme als auch für sich selbst stellen Organisationen komplexe Gebilde dar, die von sich aus eher dazu neigen, intransparent zu sein. Ein komplexes Gebilde ist viel schwieriger zu durchschauen als ein einfach strukturiertes. Für die Organisation selbst ist ihre innere Intransparenz vor allem ein funktionales Problem, für ihre externen Bezugsgruppen zumeist ein normatives.

Um das Verhältnis von Organisationen zu Transparenz zu charakterisieren, lohnt es, einen Blick auf den funktionalen Aspekt von Transparenz zu werfen, der sich in zwei Teilaspekte gliedert, aber auch auf den normativen Aspekt.

Mit Blick auf die interne Struktur stellt Transparenz eine Voraussetzung dar, den Gedanken flexibler Netzwerke[33] bei gleichzeitigem Erhalt der Kontrollfähigkeit zu realisieren. Kontrolle setzt immer das Vorhandensein der Möglichkeit voraus, das zu Kontrollierende überhaupt erst zu erfassen, eine Operation, die durch Transparenz erleichtert werden kann. Komplexität ist hier ein funktionales Problem, welches die Organisation in der reibungslosen Durchführung ihrer Operationen behindert und für das Transparenz eine (Teil-)Lösung darstellt.

Der zweite funktionale Aspekt bezieht sich auf die Frage der Folgen von Transparenz für die Organisation. Wenn Szyszka die funktionalen Beschränkungen von Transparenz betont, argumentiert er, dass die freie Verfügbarkeit von Informationen und die freie Einsicht in Prozesse und Strukturen unweigerlich zu einer verstärkten Auseinandersetzung zwischen der Organisation und jenen Bezugsgruppen führen wird, die sich durch Handlungen oder Entscheidungen der Organisation benachteiligt fühlen und in der transparenten Organisation verbesserte Möglichkeiten finden, Kritik als Programm zu formulieren, mit welchem sich die Organisation auseinandersetzen muss.[34] Funktionale Transparenz begrenzt das Maß an Öffnung gegenüber seinen internen und externen Bezugsgruppen und verringert somit vermeintlich mögliche Angriffsflächen, die im Ernstfall Ausgangspunkt von Krisen sein können. Peter Szyszka: „Die mittels Public Relations-Organisationen zu schaffende Transparenz muss daher in Breite und Tiefe immer eine *funktionale Transparenz* sein.“[35] Sicher ist es richtig,

Transparenz auf solche Parameter zu beziehen. Die Auffassung von Szyszka, für Organisationen sei vor allem *funktionale Transparenz* wichtig, also eine auf die organisatorischen Eigeninteressen *eingeschränkte Transparenz*, muss allerdings kritisch gesehen werden und zwar deshalb, weil sie in ihrer Ausgangsposition zu statisch, zu wenig dynamisch ist und Organisationen nicht als das sieht, was sie sind: ein korporativer Akteur im Prozess der öffentlichen Kommunikation. Zwar ist es völlig richtig, darauf hinzuweisen, dass eine naive Auffassung von völliger Offenheit und Transparenz, wie sie zum Beispiel in den ersten Nachkriegsforderungen für Public Relations zu Tage tritt, unrealistisch ist, weil sie die Eigeninteressen von Organisationen zu wenig beachtet. Auf der anderen Seite aber sieht Szyszka von der wichtigen Tatsache ab, dass es nicht allein die Organisationen sind, die den Transparenzgrad und den Grad an Offenheit bestimmen, sondern *auch* ihre Stakeholder, zu denen sie vielfältige Beziehungen haben.

Der *Staat* als mächtiger Stakeholder für Unternehmen war es, der mit der Drohung, gesetzliche Regelungen zu schaffen, den Selbstregulierungsprozess des Corporate Governance Kodex in die Wege leitete, der Staat ist es, der mit einer Vielfalt von Gesetzesinitiativen nicht nur staatliches, sondern auch privatwirtschaftliches Handeln von Unternehmen zu mehr Transparenz verholfen hat. *Medien* sind es insbesondere in und vor allem nach Krisensituationen, die oftmals ein höheres Maß an Transparenz und auch Nachprüfbarkeit *erzwingen,* und es sind ebenfalls NGOs, Organisationen der Zivilgesellschaft, die – häufig auch in bewusster Kooperation und im Zusammenspiel mit Medien – eine höhere Transparenz von Organisationen forcieren. Vor allem in und nach Krisensituationen wird von Medien und anderen öffentlichen Akteuren ein größerer Grad an Transparenz erzwungen, als die Organisation ursprünglich bereit war, zuzugestehen. *Freiwillig zugestandene Transparenz* (vgl. den Beitrag von Volker Klenk in diesem Band) ist *ein* Typ von Transparenz, von Stakeholdern *erzwungene Transparenz* ist nicht mehr *funktional,* sondern kann durchaus zunächst *dysfunktional* für die Organisation sein.

Oft herrscht bei Unternehmen noch die Auffassung vor, dass derjenige, der weniger von sich preisgibt, sich – vermeintlich – weniger angreifbar macht. Empirisch ist es allerdings oft umgekehrt: Wer weniger von sich preisgibt, der macht sich gerade in modernen Gesellschaften mit einem funktionierenden Mediensystem und einer dynamischen Öffentlichkeit verdächtig, irgendetwas zu verstecken, und wird aus diesem Grund angegriffen.

In diesem Zusammenhang ist auch ein gesellschaftlicher Mechanismus zu erwähnen, ein Mehr an Transparenz aus der Perspektive der

Organisation zuzugestehen, um „schlimmere" (z.B. gesetzliche) Regelungen zu verhindern. Dieser „Mechanismus" stand wohl am Beginn von so mancher Organisation der freiwilligen Selbstkontrolle. Beispiele wie die Krise von Unicef im Jahr 2008 oder auch die Entstehung des Corporate Governance Kodex zeigen die *Dynamik,* mit der Organisationen hinsichtlich der von ihnen „gewährten" Transparenz leben müssen: sie müssen unter bestimmten Bedingungen die Grenzen ihrer Transparenz ausweiten, ihr Handeln offener gestalten.

Während funktionale Transparenz die Frage stellt: „Wie transparent kann eine Organisation sein, damit sie, gemessen an ihrem Organisationsziel, optimal funktionieren kann?", fragt die normative Perspektive danach, wie transparent eine Organisation sein *soll.* Eine integrative, sozialwissenschaftliche Perspektive fragt auch danach, wie transparent eine Organisation sein *muss,* um in bestimmten sich verändernden Umwelten überleben zu können. Die funktionale Perspektive sieht Transparenz eher von innen heraus unter der Maxime des Nutzens. Die normative und sozialwissenschaftliche Perspektive betrachtet Organisationen auch aus der Perspektive außenstehender Bezugsgruppen. In Anlehnung an Becks Theorie der Risikogesellschaft produzieren „Wirtschaft und Wissenschaft (...) nicht mehr vorrangig Güter, sondern Herrschaft"[37].

Die dieser „Herrschaft" Unterworfenen (z. B. Beschäftigte) oder die von ihr Betroffenen (z. B. Anwohner, Aktionäre, Medien, Politiker) trachten nach der Objektivierung dieser „Herrschaft" mittels Publizität, also auch Transparenz, um diese Form der Machtausübung moralischen und ethischen Standards zu unterwerfen. Die Offenlegung organisationsinterner Strukturen und Informationen bietet dazu den Ansatzpunkt.

Aus diesem Spannungsfeld zwischen funktionalen und normativen, gesellschaftlichen Perspektiven wird ersichtlich, dass die eigentliche Frage nicht lautet, ob Transparenz sinnvoll ist, sondern *wie viel* Transparenz *für wen* sinnvoll ist. In diesem Kontext sind Ergebnisse aus einer Berufsfeldstudie interessant, die 2009 ermittelt wurden.[38] 87,5 Prozent der befragten Pressesprecher und Kommunikationsmanager stimmte der Aussage zu, dass Transparenz von Organisationen heute eine entscheidende Voraussetzung ist, um Vertrauen in diese herzustellen. Ebenso viel (87,2 Prozent) hält Transparenz für ein wichtiges Ziel für Kommunikationsabteilungen. Gut zwei Drittel der Befragten (67,2 Prozent) sind der Meinung, dass der Corporate Governance Kodex nur ein Anfang ist und dass gerade große Unternehmen noch größere Transparenzanstrengungen benötigen. 80,6 Prozent der Befragten war der Ansicht, dass mangelnde Transparenz bei Finanzprodukten ein Mitverursacher der gegenwärtigen Finanz- und Wirtschaftskrise war. Wichtig ist auch die Frage, wer in den Organisationen für Transparenzfragen zuständig ist. Hier berichtet die Mehrheit der Befragten (51 Prozent), dass für Transparenzfragen die Organisationsleitung zuständig sei, bei 43 Prozent war es die Kommunikationsabteilung. Bezüglich des „Transparenzmanagements" von Organisationen geht es also neben dem eigentlichen Ziel, nämlich das „richtige" Maß an Transparenz herzustellen, zuvörderst darum, die Zuständigkeiten zu klären. Hier sind Kommunikationsabteilungen und die Organisationsleitungen gefragt.

Zum besseren Verständnis der Rolle von Transparenz ist es angebracht, den Begriff selbst weiter zu differenzieren. Einer der Autoren hat schon 1994 von *kommunikativer* Transparenz in Bezug auf Vertrauen gesprochen.[39] Wenn also in Bezug auf Organisationen und Systeme von Transparenz die Rede ist, dann vor allem im engeren, kommunikativen Sinne.

Fakt scheint, dass sowohl ein Zuviel als auch ein Zuwenig an Transparenz nicht „im Interesse des Systems" sind. Völlige Intransparenz von Organisationen oder Systemen ist mit Blick auf die eingangs beschriebenen gesellschaftlichen Entwicklungen innerhalb der letzten 200 Jahre nicht mehr möglich. Völlige Transparenz wäre jedoch ebenso dysfunktional und würde Systeme letztlich in ihrer Funktion blockieren. „Ohne Arkan-Politik kann kein Verfahren und somit keine Legitimität hergestellt werden: Der Ort der faktischen Entscheidung muss ‚unsichtbar' gemacht werden"[40], konstatiert Lange in Anlehnung an Luhmann.

So benötigen Unternehmen zum Beispiel mit Blick auf die Entwicklung neuer Produkte auch intransparente Bereiche. Innovation würde sich nicht mehr lohnen, wäre jede Stufe des Innovationsprozesses transparent. Jeder Konkurrent könnte sich über den Entwicklungsstand informieren und entsprechend seine eigene Strategie anpassen. Nicht Pluralität, sondern Konformismus wäre die Konsequenz einer solchen Transparenz. Für die Politik gilt Ähnliches. Wären Entscheidungsprozesse absolut transparent, Politiker wären kaum noch in der Lage, Kompromisse auszuhandeln, zu groß wäre der permanente öffentliche Druck. Transparenz, verstünde man sie absolut, würde ihrerseits in eine *Tyrannei der Öffentlichkeit* umschlagen.

> „Techniques for assessing, auditing and evaluating institutions are often defended on the grounds of transparency. What is interesting about this case is that in a social world where people are conscious of diverse interests, such an appeal to a benevolent or moral visibility is all too easily shown to have a tyrannous side – there is nothing innocent about making the invisible visible."[41]

Intransparenz bezüglich relevanter Teile des Produktionsprozesses (von Gütern und Dienstleistungen) kann somit in bestimmten Situationen durchaus funktional sein. Natürlich gehört Intransparenz auch bezüglich vieler persönlicher Aspekte von Organisationsmitgliedern (z.B. Briefgeheimnis, Krankheiten, etc.) zu dem Bereich, der zumindest für die Individuen funktional ist.

Um den Charakter von Transparenz angemessen zu erfassen, reicht es nicht aus, diese als bloßes Mittel zum Zweck zu verstehen, zum Beispiel um kurzfristig gegenüber einer Pressure Group Vertrauen zurückzugewinnen oder um oberflächliche Teiltransparenzen herzustellen. Eine dergestalt verstandene Transparenz wird eher negative Auswirkungen haben, da sie permanent unter dem Verdacht steht, nur deshalb in gewissen Bereichen der Organisation/des Systems Publizität herzustellen, um sie in anderen Bereichen zu vermeiden. Gerade mit Blick auf die Konstituierung von *Vertrauen* wäre ein solcher Eindruck fatal. Vielmehr muss Transparenz als ganzheitliches Konstrukt mit dem Unternehmenszweck und der Unternehmensstrategie verzahnt sein.

Transparenz muss darüber hinaus auch als ein *Prozess* gesehen werden, der Organisation und System in ein neues Verhältnis zu seinen internen und externen Bezugsgruppen setzt, normative, gesellschaftliche und funktionale Aspekte gegeneinander abwägt und einen Beitrag zur Reduktion der systemeigenen Komplexität leistet. Wie transparent Organisation und System dabei sein sollen oder müssen, ist eine Frage, die immer wieder neu beantwortet werden muss, woraus sich der prozessuale Charakter von Transparenz ergibt. In einer sich stetig verändernden Umwelt, die selbst ein hochkomplexes, dynamisches System darstellt, müssen einige Antworten auf Fragen und einige Lösungen von Problemen selbst in einem dynamischen Prozess gefunden werden, der aufgrund seiner Eigenkomplexität in der Lage ist, differenzierte Lösungsmöglichkeiten anzubieten.

Vertrauen und Transparenz: Transparenz als Vertrauensfaktor

Dass Transparenz zur Vertrauensgenerierung und Vertrauenswiedergewinnung beitragen kann, darauf hat unter anderem Bentele schon frühzeitig hingewiesen. Transparenz wird mittlerweile häufig als ein wichtiger, konstituierender Faktor für die Herausbildung oder Wiedergewinnung von Vertrauen betrachtet.[42] Empirische Studien[43] indizieren auch einen funktionalen Zusammenhang zwischen der Emergenz von Vertrauen und Transparenz und scheinen somit die Theorie zu bestätigen. Allerdings ist die Formel „mehr Transparenz = mehr Vertrauen" sicher etwas zu einfach, um das Verhältnis beider Phänomene hinreichend zu beschreiben. Dass in hochkomplexen Systemen, das gilt für Organisationen und noch viel mehr für die Gesellschaft, ein monokausaler Zusammenhang zwischen Vertrauen und Transparenz besteht, ist zwar möglich, aber sehr unwahrscheinlich. Wahrscheinlicher ist, dass Vertrauen als komplexes soziales Phänomen von mehreren sich wechselseitig bedingenden Faktoren abhängig ist. Als weitere Vertrauensfaktoren kommen – für einige der Faktoren ist dies durch zahlreiche empirische Studien nachgewiesen – *Sachkompetenz, Problemlösungskompetenz, Kommunikationsadäquatheit, kommunikative Konsistenz, gesellschaftliche Verantwortung und Verantwortungsethik* in Frage.[44] Transparenz als ein Vertrauensfaktor ist somit Teil eines Systems von Faktoren, aus deren Zusammenspiel heraus erst Vertrauen entstehen kann. Es wurde schon darauf hingewiesen, dass aus dem Maß, in dem diese Faktoren besonders intensiv vorhanden sind, und dem Maß, in dem sie möglichst optimal kombiniert sind, hohe Vertrauenswerte resultieren.[45]

Die Forderung, mehr Transparenz zu verwirklichen, um damit Vertrauen aufzubauen, muss also notwendigerweise auch die anderen Vertrauensfaktoren im Blick haben und Transparenz als Teil eines integrativen Prozesses betrachten. Dass Transparenz allein nicht immer und nicht automatisch zu gesteigertem Vertrauen in die transparente Organisation führen wird, ergibt sich aus der Komplexität des Systems von Vertrauensfaktoren.

Unterstellt man die Existenz eines solchen Systems funktional miteinander verknüpfter Faktoren, ergibt sich im Gegenzug sogar eine Erklärung, warum Organisationen trotz fehlender Transparenz Vertrauen entgegengebracht werden könnte, was empirisch der Fall sein kann. Solche Faktorensysteme sind wohl in der Lage, den Ausfall von einem oder mehreren ihrer Komponenten zu kompensieren und dennoch ihre Funktion zu erfüllen.

Adaptiert man das biologische Netzwerkmodell Greenspans[46], ergibt sich für die kommunikationswissenschaftliche Analyse ein ähnliches Modell, in dem das Zusammenspiel einiger Faktoren in der Lage ist, den Wegfall anderer zu kompensieren. Allerdings muss fehlende Transparenz in diesem Modell als Fall betrachtet werden, in dem die realisierte Transparenz im unteren Bereich dessen angesiedelt ist, was mit Blick auf transparente Organisationen beziehungsweise Systeme möglich ist. Komplette Intransparenz von Organisationen ist unter heutigen gesellschaftlichen Bedingungen, allein schon aufgrund rechtlicher Rahmenbedingungen, nicht mehr möglich. Wenn also von fehlender Transparenz als Faktor die Rede ist, dann von Transparenz im engeren Sinne, von kommunikativer Transparenz.[47] Rechtliche Transparenz beispielsweise kann bei gleichzeitig fehlender kommunikativer Transparenz durchaus gegeben sein.

Auch wenn der Faktor Transparenz bei der Herausbildung und Wiederherstellung von Vertrauen „nur" ein Faktor unter anderen ist, so nimmt dieser Faktor gleichwohl eine Sonderstellung ein. Transparenz, so die These, erhöht die Wahrscheinlichkeit der Entstehung und Wiederherstellung von Vertrauen *mehr als andere Faktoren*. Der Grund für diese Vermutung liegt in der Natur des Phänomens Transparenz selbst. Erst Transparenz im weiteren Sinne, und eben nicht im kommunikativen Sinn, ermöglicht für Bezugsgruppen, die mit Blick auf eine Person, eine Organisation oder ein anderes soziales System Vertrauen aufbauen, die Erbringung der riskanten Vorleistung.[48] Die anderen Vertrauensfaktoren wie Sachkompetenz, Problemlösungskompetenz, Kommunikationsadäquatheit, kommunikative Konsistenz, gesellschaftliche Verantwortung und Verantwortungsethik[49] werden erst in dem Moment beurteilbar, in dem diese Prozesse selbst transparent und damit für die betroffenen Vertrauenssubjekte erfahrbar sind. Mit Blick auf Vertrauen in politische Entscheidungsprozesse stellt Luhmann fest:

> „Vertrauenswürdig macht diesen Prozeß, dass er in vielen kleinen Schritten erfolgt und auf allen Stufen informierbar bleibt, so dass die Souveränität, obwohl der Prozess, um die Einheit der Entscheidung zu garantieren, durch Zentralstellen geleitet wird, nicht mit einem Schlage, also willkürlich, ausgeübt werden kann."[50]

Die Transparenz von Entscheidungsprozessen ist damit eine wesentliche Voraussetzung für die Konstituierung von Vertrauen. Transparenz kann dabei kein bloßes Mittel zum Zweck sein, sondern ein organisierter Prozess, da über die Bereitstellung von Informationen hinaus „transparency requires organizations to understand and be responsive to the publics they serve"[51].

Fazit und Ausblick

Die interessantere Frage für die Kommunikationswissenschaft ist freilich eine andere. Sie lautet: Welcher Grad kommunikativer Transparenz ist optimal für die Herausbildung, die Emergenz von Vertrauen in Personen, Organisationen oder Systeme? Mit Blick auf die Komplexität sozialer Systeme im Allgemeinen und der Bildung von Vertrauen im

Speziellen kann es darauf kaum eine allgemeine und eindeutige Antwort geben. Ziel der wissenschaftlichen Auseinandersetzung mit Transparenz, und darüber auch mit Vertrauen, kann es zuerst nur sein, ein grundlegendes Verständnis über die „Natur" von Transparenz zu erhalten, seine Wirkungsweisen und Effekte im Zusammenspiel mit anderen Faktoren zu erforschen. Dazu sind Transparenztypologien, dazu ist eine Transparenztheorie sinnvoll und notwendig. Erhöhte organisatorische und kommunikative Transparenz kann sicher zur Lösung von speziellen Problemen beitragen, so unter anderem zu einer höheren Wahrscheinlichkeit der Entstehung beziehungsweise Wiedergewinnung von Vertrauen in Personen, Organisationen und gesellschaftliche Teilsysteme (wie z.B. dem Finanzsystem). Wenn Vertrauen (oder Misstrauen) gegenüber Vertrauensobjekten nicht nur privat, sondern *öffentlich* generiert oder verloren wird, das heißt in dem komplexen Prozess öffentlicher Kommunikation, in dem die *Vertrauensvermittler* Public Relations und Journalismus eine zentrale Rolle spielen, dann macht organisatorische Transparenz diesen Prozess noch öffentlicher, also für Öffentlichkeiten stärker zugänglich. Die Aufgabe der Wissenschaft ist es, die analytische Systematik, ergo die Theorien dafür verfügbar zu machen.

Fußnoten

1   CNN: Vowing Transparency, Obama Oks ethics guidelines. http://www.cnn.com/2009/ POLITICS/01/21/obama.business/index.html, 28.5.2009.

2   www.data.gov: Participatory Democracy. http://www.data.gov/about, 28.5.2009.

3   CNN: Vowing Transparency, Obama Oks ethics guidelines. http://www.cnn.com/2009/ POLITICS/01/21/obama.business/index.html, 28.5.2009.

4   Dieser Begriff ist der Website www.transparenz.net entnommen, wo dies eine strukturierende und damit auch theoretisch-analytische Kategorie darstellt.

5   www.derWesten.de: Der „„Pflege-TÜV"„ nimmt Altenheime unter die Lupe. http://www.derwesten.de/nachrichten/waz/politik/2009/5/28/news-121176811/detail.html, 3.7.2009.

6   Vgl. Bentele, Günter: Immer weniger öffentliches Vertrauen. In: Bertelsmann Briefe, 129, 1993, S. 39–43 und Bentele, Günter: Öffentliches Vertrauen. Normative und soziale Grundlagen für Public Relations. In: W. Armbrecht & U. Zabel (Hg.), Normative Aspekte der Public Relations. Grundlegende Fragen und Perspektiven. Eine Einführung. Opladen 1994, S. 131–158.

7   Vgl. DeGeorge, R.: Business ethics. New Jersey 1999.

8   Vgl. World Economic Forum: Global Agenda Council Update: Financial Markets. http://www.weforum.org/en/knowledge/KN_SESS_SUMM_28797?url=/en/knowledge/K N_SESS_SUMM_28797, 30.5.2009.

9   Habermas, Jürgen: Strukturwandel der Öffentlichkeit: Untersuchungen zu einer Kategorie der bürgerlichen Gesellschaft. Frankfurt am Main, 5. Auflage, 1996.

10 Madison, James: The Mind of the Founder: Sources of the Political Thought of James Madison, Marvin Meyers (Hg). Indianapolis: Macmillan, 1973, S. 473.

11 Grigorescu, Alexandru: Transparency. In: Darity Jr., William A. (Hg.): International Encyclopedia of the Social Sciences, Vol. 8, Indianapolis, 2. Auflage, 2008, S. 435.

12 Vgl. Holzner, Burkart: Transparency and Global Change. In: Ritzer, George (Hg.): The Blackwell Encyclopedia of Sociology, Volume 10, Oxford 2007, S. 5072.

13 Grigorescu, Alexandru: Transparency. In: Darity Jr., William A. (Hg.): International Encyclopedia of the Social Sciences, Vol. 8, Indianapolis, 2. Auflage, 2008, S. 435.

14 Vgl. Holzner, Burkart: Transparency and Global Change. In: Ritzer, George (Hg.): The Blackwell Encyclopedia of Sociology, Volume 10, Oxford 2007, S. 5071.

15 Vgl. Holzner, Burkart: Transparency and Global Change. In: Ritzer, George (Hg.): The Blackwell Encyclopedia of Sociology, Volume 10, Oxford 2007, S. 5072.

16 Wenngleich im 19. Jahrhundert der Begriff selbst nicht verwendet wurde, so bewegten sich doch Autoren wie Bentham und Madison mit Begriffen wie „publicity" oder „public information" im selben Kontext. Vgl. Grigorescu, Alexandru: Transparency. In: Darity Jr., William A. (Hg.): International Encyclopedia of the Social Sciences, Vol. 8, Indianapolis, 2. Auflage, 2008 S. 434.

17 Vgl. Grigorescu, Alexandru: Transparency. In: Darity Jr., William A. (Hg.): International Encyclopedia of the Social Sciences, Vol. 8, Indianapolis, 2. Auflage, 2008, S. 434.

18 Vgl. Madison, James: The Mind of the Founder: Sources of the Political Thought of James Madison, Marvin Meyers (Hg.). Indianapolis 1973, S. 473.

19 Finel, Bernard I., Lord, Kristin M.: The Surprising Logic of Transparency. In: Finel, Bernard I., Lord, Kristin M. (Hg.): Power and Conflict in the Age of Transparency, Indianapolis 2002, S. 137.

20 Brown, Sheryl J., Studemeister, Margarita S.: Virtual Diplomacy: Rethinking Foreign Policy Practice In The Information Age. In: Information & Security, Vol. 7, 2001, S. 30.

21 Vgl. Szyszka, Peter: Transparenz. In: Bentele, Günter, Fröhlich, Romy, Szyszka, Peter (Hg.): Handbuch der Public Relations. Wissenschaftliche Grundlagen und berufliches Handeln. Mit Lexikon. Wiesbaden: VS, 2. Auflage, 2008, S. 624. Gemeint ist z.B. Ivy L. Lee, der in seiner „„Declaration of Principles" (1906) Offenheit für die Unternehmenskommunikation forderte. Grunig und Hunt bemerken dazu: „Ivy Lee, an early practitioner of the public information model of public relations, advised corporations to openly share information about their business practices with the public; if problems were formed, then the organization should accept responsibility and correct the problem." Grunig, James E., Hunt, Todd T., 1984: 25.

22 Vgl. Grunig, James E., Hunt, Todd T.: Managing Pulations. New York 1984, S. 26.

23 Vgl. Holzner, Burkart: Transparency and Global Change. In: Ritzer, George (Hg.): The Blackwell Encyclopedia of Sociology, Volume 10, Oxford 2007, S. 5073.

24 Vgl. Finel, Bernard I., Lord, Kristin M.: The Surprising Logic of Transparency. In: Finel, Bernard I., Lord, Kristin M. (Hg.): Power and Conflict in the Age of Transparency, Indianapolis 2002. Tapscott, Don, Ticoll, David: The Naked Corporation. How the Age of Transparency will Revolutionize Business. New York: 2003. Ebenso: Hood, Christopher: Beyond Exchanging First Principles? Some Closing Comments. In: Heald, David, Hood, Christopher (Hg.): Transparency: The Key to better Governance? Oxford 2006.

25 Luhmann, Niklas: „Was ist der Fall?" und „Was steckt dahinter?". In: Zeitschrift für Soziologie 22, 1993, S. 245–260.

26 Vgl. Grigorescu, Alexandru: Transparency. In: Darity Jr., William A. (Hg.): International Encyclopedia of the Social Sciences, Vol. 8, Indianapolis, 2. Auflage, 2008 S. 434.

27 Vgl. Easton, David: The Analysis of Political Structure. New York 1990.

28 Fuhse, Jan: Theorien des politischen Systems. David Easton und Niklas Luhmann. Eine Einführung. Wiesbaden 2005, S. 28.

29 Beck, Ulrich: Risikogesellschaft. Auf dem Weg in eine andere Moderne. Frankfurt am Main 1986, S. 30.

30 Vgl. zu beiden Zitatstellen Schreyögg, Georg, Steinmann, Horst: Management. Grundlagen der Unternehmensführung: Konzepte, Funktionen, Fallstudien. Wiesbaden, 6. Auflage, 2005, S. 33.

31 Hundhausen, Carl: Werbung um öffentliches Vertrauen. Public Relations. Essen: Girardet, 1951. Oeckl, Albert: Handbuch der Public Relations: Theorie und Praxis der Öffentlichkeitsarbeit in Deutschland und der Welt. München 1964.

32 Luhmann, Niklas: Organisation und Entscheidung. Opladen 2000, S. 410.

33 Vgl. Luhmann, Niklas: Organisation und Entscheidung. Opladen 2000, S. 410.

34 Szyszka, Peter: Transparenz. In: Bentele, Günter, Fröhlich, Romy, Szyszka, Peter (Hg.): Handbuch der Public Relations. Wissenschaftliche Grundlagen und berufliches Handeln. Mit Lexikon. Wiesbaden, 2. Auflage, 2008, S. 624.

35 Vgl. Szyszka, Peter: Organisation und Kommunikation: Integrativer Ansatz zu einer Theorie zu Public Relations und Public Relations-Management. In: Röttger, Ulrike: Theorien der Public Relations. Grundlagen und Perspektiven der PR-Forschung. Wiesbaden, 2. aktualisierte und erweiterte Auflage, 2009, S. 145.

36 Vgl. Hundhausen, Carl: Werbung um öffentliches Vertrauen. Public Relations. Essen 1951.

37 Siller, Hans Christian: Die Risikogesellschaft – eine andere Mode(rne)? Freiburg 2000, S. 19.

38 Es handelt sich – nach 2005 und 2007 – um die dritte, vom Bundesverband der Pressesprecher in Auftrag gegebene Studie, in der im Juni 2009 genau 2.273 Pressesprecher und Kommunikationsmanager in Deutschland befragt worden sind. Vgl. Bentele, Günter, Lars Großkurth, René Seidenglanz (2009): Profession Pressesprecher 2009. Vermessung eines Berufsstandes. Berlin.

39 Vgl. Bentele, Günter: Öffentliches Vertrauen. Normative und soziale Grundlagen für Public Relations. In: W. Armbrecht, U. Zabel (Hg.), Normative Aspekte der Public Relations. Grundlegende Fragen und Perspektiven. Eine Einführung. Opladen 1994, S. 131–158.

40 Lange, Stefan: Niklas Luhmanns Theorie der Politik: Eine Abklärung der Staatsgesellschaft. Opladen 2003, S. 131.

41 Strathern, Marilyn: The Tyranny of Transparency. In: British Educational Research Journal, Vol. 26, No. 3, 2000, S. 309.

42 Vgl. Bentele, Günter: Öffentliches Vertrauen. Normative und soziale Grundlagen für Public Relations. In: W. Armbrecht, U. Zabel (Hg.), Normative Aspekte der Public Relations. Grundlegende Fragen und Perspektiven. Eine Einführung. Opladen: 1994, S. 131–158. Bentele, Günter, Seidenglanz, René: Vertrauen und Glaubwürdigkeit. In: Bentele, Günter, Fröhlich, Romy, Szyszka, Peter (Hg.): Handbuch der Public Relations. Wissenschaftliche Grundlagen und berufliches Handeln. Mit Lexikon. Wiesbaden, 2. Auflage, 2008, S. 346–361. Amendola, K. B.: Identification and measurement of two factors affecting the long-term outcomes of public relations programs: Public image and public trust, 2004 (Unveröffentlichte Masterarbeit).

43 Vgl. Rawlins, Brad L.: Measuring the relationship between organizational transparency and employee trust. In: Public Relations Journal Vol. 2, No. 2, 2008.

44 Vgl. Bentele, Günter, Seidenglanz, René: Vertrauen und Glaubwürdigkeit. In: Bentele, Günter, Fröhlich, Romy, Szyszka, Peter (Hg.): Handbuch der Public Relations. Wissenschaftliche Grundlagen und berufliches Handeln. Mit Lexikon. Wiesbaden, 2. Auflage, 2008, S. 346–361.

45 Vgl. Bentele, Günter: Öffentliches Vertrauen. Normative und soziale Grundlagen für Public Relations. In: W. Armbrecht, U. Zabel (Hg.), Normative Aspekte der Public Relations. Grundlegende Fragen und Perspektiven. Eine Einführung. Opladen 1994, S. 131–158. Sowie Bentele, Günter, Seidenglanz, René: Vertrauen und Glaubwürdigkeit. In: Bentele, Günter, Fröhlich, Romy, Szyszka, Peter (Hg.): Handbuch der Public Relations. Wissenschaftliche Grundlagen und berufliches Handeln. Mit Lexikon. Wiesbaden, 2. Auflage, 2008, S. 346–361.

46 Vgl. Greenspan, R. J.: The flexible genom. In: Nature Reviews Genetics, Vol. 2, 2001, S. 383–387.

47 Vgl. Bentele, Günter: Öffentliches Vertrauen. Normative und soziale Grundlagen für Public Relations. In: W. Armbrecht, U. Zabel (Hg.), Normative Aspekte der Public Relations. Grundlegende Fragen und Perspektiven. Eine Einführung. Opladen 1994, S. 131–158.

48 Vgl. Luhmann, Niklas: Vertrauen. Ein Mechanismus der Reduktion sozialer Komplexität. Stuttgart, 4. Auflage, 2000.

49 Vgl. Bentele, Günter: Öffentliches Vertrauen. Normative und soziale Grundlagen für Public Relations. In: W. Armbrecht, U. Zabel (Hg.), Normative Aspekte der Public Relations. Grundlegende Fragen und Perspektiven. Eine Einführung. Opladen 1994, S. 131–158.

50 Luhmann, Niklas: Vertrauen. Ein Mechanismus der Reduktion sozialer Komplexität. Stuttgart, 4. Auflage, 2000, S. 71f.

51 Fairbanks, Jenille: Transparency in the Government Communication Process: The Perspective of Government Communicators. Brigham, 2005, S. 14.

Transparenz ist der Anfang – Wirtschaftskriminalität wirksam bekämpfen

Rainer Buchert

Dass man schwarze Schafe nur im Hellen sieht, ist eine Binsenweisheit. Umso verwunderlicher ist, dass dieses Wissen bei der Bekämpfung von Wirtschaftskriminalität[1] nur zögerlich eingesetzt wird. „Transparenz" ist hier das Zauberwort. Nichts scheuen Wirtschaftskriminelle mehr als Transparenz. Sie zerstört das Band der Heimlichkeit, das vor allem Täter sogenannter opferloser Straftaten verbindet. Musterbeispiel ist die Korruption, aber auch das kriminelle Zusammenwirken bei Betrug und Untreue oder kartellrechtlichen Delikten fußt auf Verschleierung. Diesen Schleier wegreißen, Licht ins Dunkel bringen ist das zentrale Gebot bei der Bekämpfung von Wirtschaftskriminalität.

Warum dies von einer enormen Bedeutung ist, zeigt die ansonsten angesichts der Dunkelfeldproblematik in diesem Bereich nicht aussagekräftige Polizeiliche Kriminalstatistik. Nach ihr sind weniger als 2 Prozent aller registrierten Delikte der Wirtschaftskriminalität zuzurechnen, die ihrerseits aber mehr als die Hälfte des Schadens anrichtet, der bundesweit kriminalpolizeilich erfasst wird. Berücksichtigt man jetzt noch, dass die Dunkelziffer bei wirtschaftskriminellen Handlungen bei 90 Prozent oder höher liegen dürfte, so wird klar, dass wir über einen ganz zentralen Punkt der Kriminalität reden. Deren Auswirkungen sind nicht nur wegen der Schadensbezifferungen gravierend. Wirtschaftskriminalität zerstört in hohem Maße das Vertrauen in ordnungsgemäße Abläufe und beeinträchtigt damit den Wettbewerb. Und sie beschädigt die Reputation von Unternehmen, ein weithin unterschätztes Risiko.[2] „Vertrauen ist der Anfang von allem" lautete lange Jahre ein Werbeslogan der Deutschen Bank. Vertrauen ist aber nicht nur bei Banken ein Erfolgsfaktor. Er beherrscht unser gesamtes Wirtschaftsleben und erlangt durch die mit der Globalisierung verbundenen Unsicherheiten einen steigenden Stellenwert. Vertrauen stellt sich aber auch und ganz eindringlich durch Transparenz her. Diese Zusammenhänge müssen jedem Unternehmensführer bewusst sein.

Lange Zeit hat man Wirtschaftskriminalität negiert und bestritten, dass es organisierte Formen gibt. Auch nachdem sich die Erkenntnis verbreitet hatte, dass der Korruptionsäquator nicht mehr südlich der Alpen verläuft, hat es geraume Zeit gedauert, bis die Einsicht folgte, dass Bekämpfungsmaßnahmen notwendig sind. Polizei und Staatsanwaltschaften standen dem Phänomen noch vor wenigen Jahren völlig hilflos gegenüber. Auch gegenwärtig sind die Defizite staatlicher Bekämpfungsmöglichkeiten unübersehbar.

Umso wichtiger ist der inzwischen allgemeine Konsens, dass auch die Wirtschaft selbst gegen Wirtschaftskriminalität vorgehen muss. Dies begründet sich nur vordergründig in den begrenzten staatlichen Ressourcen, sondern ist vor allem dem Umstand geschuldet, dass in den Unternehmen die beste Prävention geleistet werden kann. Auch hinsichtlich repressiver Ansätze haben Wirtschaftsunternehmen zunächst die entscheidenden Instrumente für die Verdachtsschöpfung als Grundlage jedes Ermittlungsverfahrens und der weiteren Aufklärung.

Auch wenn die repressive Seite – weil leichter mess- und bezifferbar – in der öffentlichen Diskussion oft im Vordergrund steht, kommt der Verhinderung von wirtschaftskriminellen Handlungen die wesentliche Bedeutung zu. Dies mag sich selbstverständlich lesen, ist in weiten Bereichen unseres Wirtschaftslebens aber keineswegs eine Handlungsmaxime, obwohl die Auffassung überwunden scheint, die Ethik und Wirtschaft als Gegensatz gesehen hat. Dies mag seine Gründe heute noch darin haben, dass die Ursachen von Wirtschaftskriminalität und insbesondere die Motivation von Wirtschaftskriminellen vielfach nicht bekannt sind. Nicht selten fehlt es bereits an der Einsicht, dass man selbst betroffen sein kann und daher auch selbst Vorsorge treffen muss. Schließlich gibt es auch immer noch die fatale Aussage, dass man sich auf sein Kerngeschäft zu konzentrieren und „für so etwas" keine Zeit habe. Vor allem der Mittelstand hat bei der Prävention von Wirtschaftskriminalität noch einen erheblichen Nachholbedarf.

Die Erfahrung zeigt, dass Korruption, Betrug, Untreue und andere wirtschaftskriminelle Handlungen überall dort blühen, wo es an Transparenz und Kontrolle fehlt. Dies gilt grundsätzlich sowohl für kleine wie große Unternehmen. Naturgemäß sind große Wirtschaftsunternehmen eher in der Gefahr, durch die hohe Zahl an Mitarbeitern und ihre Strukturen intransparent zu werden. Dies gilt erst recht, wenn diese Strukturen historisch durch Verschmelzungen oder Firmenzukäufe entstanden sind. So hatte beispielsweise die Deutsche Bahn nach der Wiedervereinigung die Zusammenführung von Bundesbahn und Reichsbahn mit riesigen Personalkörpern zu verkraften. Dieser Gärprozess mündete wenig später in die Privatisierung als Deutsche Bahn AG mit völlig neuen Strukturen. Vor allem dort, wo die Dienstaufsicht mangelhaft war, begünstigte dies Unregelmäßigkeiten. In der Folge war die Deutsche Bahn AG das erste deutsche Unternehmen, das mit der Schaffung eines Compliance-Systems und der Berufung externer Ombudsleute Pionierarbeit geleistet hat. Die Volkswagen AG war später das erste Unternehmen, das das Ombudsmann-System erfolgreich international implementierte.[3]

Allgemein gilt, dass unübersichtliche Organisationsstrukturen Unzufriedenheit und Motivationsprobleme verstärken, die ein Nährboden für wirtschaftskriminelle Handlungen sein können. Eindeutige Zuständigkeiten, ein funktionierendes Berichtswesen und die genaue und vollständige Dokumentation von Vorgängen bedeuten dagegen Transparenz und fördern Prävention. Dies erfordert zugleich ein Weniger an Kontrollen.

Transparenz und Kontrolle sind ein Begriffspaar, das eng verzahnt ist. Denn vielfach lässt sich Transparenz erst durch Kontrolle herstellen. Dies ist auch kein Widerspruch zu dem notwendigen Vertrauen. Denn das Zitat, wonach Vertrauen gut, Kontrolle aber besser sei, hat in dieser apodiktischen Form keine Berechtigung. Vertrauen ist die entscheidende Basis. Ohne Vertrauen keine loyalen Mitarbeiter, keine guten Geschäfte und keine florierende Wirtschaft. „Lieber Geld verlieren als Vertrauen" lässt sich der Firmengründer und Industrielle Robert Bosch zitieren. Zuletzt hat die 2008 ausgebrochene Finanzkrise in dramatischer Weise vor Augen geführt, was passiert, wenn anstelle von Vertrauen das Misstrauen die Oberhand gewinnt. Beispiele aus der Geschichte gibt es viele. Mangelndes Vertrauen hatte etwa schon den Niedergang der Fugger-Dynastie in Augsburg im 16. Jahrhundert bewirkt, und die Spekulationsblase um John Laws Indische Kompanie an der Pariser Börse Anfang des 18. Jahrhunderts war geplatzt, weil das Vertrauen geschwunden war.

Es kommt auf die richtige Balance zwischen Kontrolle und Vertrauen an. Vertrauen kann man nicht verordnen. Man muss es mit allen Beteiligten mühsam erarbeiten. Womit wir bei den Elementarregeln der Prävention von Wirtschaftskriminalität wären.

Im Mittelpunkt aller Überlegungen und Ansätze muss der potentielle Täter stehen: der Mensch. Die beste Vorbeugung gegen Wirtschaftskriminalität sind daher ein gutes Betriebsklima und zufriedene Mitarbeiter. Diese banale wie grundlegende Feststellung wird durch die Erkenntnis ergänzt, dass Geld alleine diese Zufriedenheit nicht bewirkt. Die Anerkennung, die der Einzelne erfährt, fairer Umgang und ein Klima des Vertrauens, in dem sachliche Kritik ohne nachfolgende Benachteiligung geübt werden darf, sind ebenso bedeutend wie eine leistungsgerechte Bezahlung. Mitarbeiter dürfen auch nicht zu Befehlsempfängern degradiert werden. Dies unterbindet Kreativität und Selbstkontrolle. Wer erkannt hat, dass die Mitarbeiter das wichtigste Kapital eines Unternehmens sind, muss sie auch entsprechend behandeln. Dies ist ohne Bereitschaft zu Offenheit und hoher Transparenz nicht möglich.

Um bereits an dieser Stelle einem Missverständnis vorzubeugen: Hier und im Folgenden wird nicht die Forderung nach totaler Transparenz erhoben. Es gibt immer und überall sensible Informationen, Daten und Verfahrensweisen, die aus rechtlichen oder tatsächlichen Gründen nicht oder nur bestimmten Personen zugänglich gemacht werden. „Kenntnis, nur wenn nötig" ist ein wichtiger Grundsatz des Geheimschutzes in der Wirtschaft und mit personenbezogenen Daten muss wegen des Rechts auf informationeller Selbstbestimmung äußerst behutsam umgegangen werden. Daher muss es durch „Chinese Walls" und andere adäquate Regelungen Abschottungen geben, die verschiedene Schutzwirkungen entfalten. Sie schützen auch vor Manipulationen krimineller Art. Hier geht es darum, dass relevante Informationen den entsprechenden Zielgruppen zeitgerecht zur Verfügung gestellt werden. Vor allem ist die unternehmerische Transparenz gemeint, wie sie auch im Corporate Governance Kodex (DCGK)[4] und beispielsweise im Gesetz zur Kontrolle und Transparenz im Unternehmensbereich (KonTraG)[5] zum Ausdruck kommt. Bezogen auf die Bekämpfung von Wirtschaftskriminalität findet sie ihre Ausprägung insbesondere in einem Compliance-System, das die Einhaltung von rechtlichen Normen sowie sonstigen, insbesondere unternehmensinternen Normen gewährleistet. Dessen nachfolgend skizzierten wesentlichen Elemente sind sehr stark durch Transparenzvorgaben gekennzeichnet.

So wie klare Regeln für das interne Miteinander gelten, muss ein Unternehmen auch verdeutlichen, dass es seine Geschäftstätigkeiten auf der Basis ethischer Grundwerte entfaltet. Es bietet sich an, diese allgemeinen Grundsätze in einem Leitbild oder einer Unternehmensverfassung niederzulegen. Dies ist heute zunehmend erforderlich, weil durch Globalisierung und Internationalisierung ein verbindlicher Orientierungsrahmen für alle Mitarbeiter oft nicht mehr selbstverständlich ist und seine Tradierung erschwert wird. Ethische Grundregeln verdeutlichen, wofür das Unternehmen steht und wie seine Unternehmenskultur aussieht. Auch wenn ein solcher Ethikkodex zwangsläufig abstrakt ist, muss er verständlich, ohne überhöhtes Pathos formuliert und glaubwürdig sein. Dies bedingt, dass er die Unternehmenswirklichkeit widerspiegelt. Wie man ein solches Papier nennt, ist eher sekundär; wichtiger sind Inhalt, Implementierung und Akzeptanz.

Ethische Grundwerte und allgemeine Geschäftsgrundsätze bedürfen der Konkretisierung. Durch Verhaltensrichtlinien (Code of Conduct) kann ein verbindlicher Handlungsrahmen für geschäftliche Standards aufgezeigt und Mitarbeitern eine orientierende, konkrete Hilfestellung gegeben werden. Die Geschäftsleitung muss beispielsweise verdeutlichen, dass sie Bestechungshandlungen in keiner Weise duldet, sondern Aufträge ausschließlich in fairem Wettbewerb zu akquirieren sind. Gleiches gilt für Interessenkollisionen, die zu vermeiden und in Zweifelsfällen offenzulegen und damit transparent zu machen sind. Zu Regelungsdetails gehören auch der Umgang mit Geschenken und Grundzüge eines etwaigen Sponsorings, das in besonderer Weise der Transparenz bedarf.

Verhaltensrichtlinien sollen Mitarbeiter nicht gängeln. Sie sollen Orientierung bieten und müssen daher verständlich und übersichtlich sein, ohne überhöhte oder gar lebensfremde Anforderungen zu stellen. Man muss sich mit ihnen unschwer identifizieren können. Schließlich ist es ganz entscheidend, dass sie behutsam umgesetzt und danach auch gelebt werden – allen voran durch Vorstand, Geschäftsleitung und leitende Mitarbeiter. Ein Punkt, der nach eigenem Eingeständnis bei Siemens jahrelang völlig vernachlässigt worden ist.

Um Verhaltensrichtlinien nicht zu überfrachten, sollten weitere Details, vor allem wenn sie funktionsbezogene Spezialregelungen enthalten, in gesonderten Anweisungen geregelt werden. Alle diese Regelwerke dürfen nicht akademischer Natur, sondern sollten praktische Beiträge zur Transparenz sein.

Die Vermeidung wirtschaftskrimineller Handlungen setzt weiterhin die Beachtung und Umsetzung einiger Transparenzgrundsätze voraus. Dazu gehören insbesondere

- die Dokumentation aller sensiblen Geschäftsprozesse,

- ein vollständiges Buchführungs- und Rechnungswesen ohne Geheimkonten oder schwarze Kassen,

- die funktionelle Trennung von Entscheidungen bei Planung, Ausführung, Abrechnung und Kontrolle (Vier- oder Mehraugen-Prinzip),

- eine Job-Rotation in besonders korruptionsgefährdeten Bereichen,

- die Sanktionierung von Unregelmäßigkeiten durch angemessene arbeitsrechtliche, zivilrechtliche und strafrechtliche Maßnahmen.

Gerade wenn es um die Konsequenzen nach aufgedeckten wirtschaftskriminellen Handlungen geht, gibt es bei vielen Unternehmen Unsicherheiten und unzureichende Reaktionen. Der bequemste Weg ist immer noch, solche Vorfälle unter den Teppich zu kehren. Man trennt sich möglichst geräuschlos. Ein Aufhebungsvertrag, gegebenenfalls noch eine Abfindung – bloß keinen Ärger und keine Publizität. Diese unprofessionelle Reaktion rächt sich zumindest langfristig bitter. Denn anstelle von Transparenz werden die Vorgänge vernebelt. Man redet hinter vorgehaltener Hand, es wird gemunkelt, Gerüchte sind im Umlauf. Dies ist einer der sichersten Wege, Vertrauen zu verspielen. Gleichzeitig beraubt man sich eines wichtigen generalpräventiven Instruments: der Abschreckung. Schließlich kann dieses Verhalten sogar den Tatbestand der Untreue erfüllen, wenn zum Beispiel in diesem Zusammenhang darauf verzichtet wird, Vermögensschäden zivilrechtlich geltend zu machen, die das Unternehmen erlitten hat.

Die Lösung in solchen Fällen kann immer nur sein, in angemessener Weise arbeitsrechtlich, zivilrechtlich und strafrechtlich zu reagieren. Natürlich ist kein Unternehmen im wirtschaftskriminellen Bereich verpflichtet, eine Strafanzeige zu erstatten. Dies sollte aus Gründen der Glaubwürdigkeit und Abschreckung jedoch Grundsatz sein. Nur in begründeten und nachvollziehbaren Einzelfällen sollte davon abgesehen und dies entsprechend dokumentiert werden. Die Wirklichkeit sieht indes völlig anders aus. Abgesehen von der allgemeinen Zurückhaltung, die Staatsanwaltschaft überhaupt zu bemühen, werden Mitarbeiter im oberen Management viel seltener angezeigt (40 Prozent der Fälle) als Mitarbeiter unterhalb der Führungsebene (61 Prozent der Fälle).[6] Die damit verbundene Botschaft ist verheerend und alles andere als geeignet, Vertrauen zu schaffen. Sie wirkt zugleich demotivierend auf die Bereitschaft, auf Unregelmäßigkeiten hinzuweisen.

Dass viele Strafverfahren enttäuschend ausgehen, sollte kein Grund sein, die Strafverfolgungsbehörden nicht zu bemühen. Zum einen hat sich die Verfolgungsintensität bei Wirtschaftskriminalität verbessert, zum anderen wären viele Enttäuschungen in der Zusammenarbeit mit Polizei und Staatsanwaltschaft vermeidbar, wenn diese auf Seiten der Unternehmen professioneller gestaltet würde. Unerfahrenheit spielt hier eine nicht zu übersehende Rolle.

Spezifische Präventionsmaßnahmen gegen Wirtschaftskriminalität in Unternehmen bedürfen zu ihrer nachhaltigen Wirkung der organisatorischen Verankerung. Dies geschieht insbesondere durch

- die Berufung eines Compliance-Officers und/oder eines Anti-Korruptionsbeauftragten,

- die Installation eines Lenkungskreises Compliance oder eines Compliance Committees,

- die Festlegung der dazu gehörenden Abläufe und Prozesse in einer Geschäftsordnung,

- die Schaffung eines Hinweisgebersystems, bevorzugt durch Berufung eines externen Rechtsanwalts als Ombudsmann zur Entgegennahme vertraulicher Hinweise.

Dies sind unverzichtbare fachliche Elemente eines Compliance-Systems und zugleich wichtige Beiträge zu Transparenz und Glaubwürdigkeit. Ein anerkanntes Compliance-System kann das Unternehmen in Fällen unbilliger Härte auch davor schützen, dass Gewinne abgeschöpft werden.[7]

Compliance-Systeme werden sich über den heutigen Standard hinaus vor allem dahingehend weiterentwickeln müssen, dass man den Motiven und Verhaltensweisen wirtschaftskrimineller Straftäter noch stärker Rechnung tragen muss. Hierzu gibt es bislang leider nur ansatzweise Untersuchungen. Diese machen aber bereits deutlich, dass sich verschiedene Tätertypen nach ihren Motiven unterscheiden. Daraus ist abzuleiten, dass es bei der Bekämpfung von Wirtschaftskriminalität künftig noch differenziertere Präventionsstrategien geben muss.

Bei den Motiven kann man zunächst zwischen persönlicher Bereicherungsabsicht und der Initiierung durch Dritte unterscheiden. Die Bereicherungsabsichten sind durch Habgier, angespannte finanzielle Verhältnisse oder Notlagen begründet. Mitunter dienen sie auch dem Zweck, für schlechte Zeiten Rücklagen zu bilden. Soweit Täter von dritter Seite beeinflusst werden, erfolgt dies mitunter durch Druck, das Versprechen von Gegenleistungen oder allein durch Erwartungshaltungen, zum Beispiel von Seiten des Lebenspartners. Weitere Motivlagen können im Geltungsbedürfnis des Täters wurzeln, durch mangelnde Kompetenz, Unerfahrenheit oder Naivität begründet sein oder ihre Gründe in wachsendem Wettbewerbs- oder Leistungsdruck haben, der die Risikobereitschaft erhöht. Dies geht in der Regel einher mit einer entsprechenden eigenen Rechtfertigung. Diese ist regelmäßig besonders ausgeprägt, wenn die kriminelle Handlung primär für das Unternehmen begangen wird und eine unmittelbare persönliche Bereicherung nicht eintritt.

Den unterschiedlichen Motiven sind unterschiedliche Tätertypen zuzuordnen. So wenig wie Motive und Tätertypen erforscht sind, so wenig berücksichtigt man bei der Prävention die besondere Gefühlslage von Wirtschaftsstraftätern, die sehr häufig von Frustration und Angstzuständen gekennzeichnet ist. Aufschlussreich sind Erkenntnisse zum Rechtsbewusstsein der Täter, die „Neutralisierungsstrategien" einsetzen, um ihr Unrechtsbewusstsein zu überwinden und die Risiken ihrer Tat emotional verkraften zu können.[8] Oft werden Delikte verharmlost oder als Ausgleich für ein zu gering bewertetes Einkommen gesehen.

Für eine zielgerichtete und differenzierte Prävention ist die Feinstruktur der Tätermotive von großer Bedeutung. In diesem Zusammenhang sollte man sich verdeutlichen, dass Menschen viel seltener eine Straftat begehen, als sie Gelegenheit dazu haben.[9] Warum und wann tun sie es aber doch? Neben der Einstellung des Täters zu seiner Tat spielt offenbar sein soziales Umfeld und wie es zu dem jeweiligen Delikt steht, eine große Rolle. Dritter Faktor ist schließlich die subjektive Einschätzung zum Entdeckungsrisiko. Wird beispielsweise in einem Unternehmen Korruption geächtet und nachhaltig verdeutlicht, dass man ausschließlich ethisch einwandfreie, ehrliche Geschäftspraktiken pflegt, erhöht dies die Hemmschwelle für Korruptionsstraftaten.[10] Gleiches gilt, wenn präventive und repressive Strukturen in Form von Kontrollmaßnahmen oder auch in Form von Hinweisgebersystemen geschaffen werden und über aufgedeckte Fälle von Korruption berichtet wird. Transparenz entfaltet so auch eine unmittelbare präventive Wirkung.

Das Funktionieren eines Compliance-Systems hängt ganz entscheidend von nachhaltiger Innen- und Außenwerbung ab. Die Mitarbeiter des Unternehmens und sinnvollerweise auch dessen Geschäftspartner sollten um die Maßnahmen wissen. Sie müssen durch die im Unternehmen verfügbaren Mittel der Information und Kommunikation entsprechend verbreitet und in Fortbildungsveranstaltungen erläutert werden. Mitarbeitern darf insoweit nichts „übergestülpt" werden. Vielmehr müssen sie bereit sein, die Maßnahmen nicht nur mitzutragen, sondern sie müssen sie gutheißen und gegebenenfalls durch Meldung konkreter Verdachtsfälle auch aktiv unterstützen. Das setzt eine Sensibilisierung zu den Phänomenen von typischen Delikten der Wirtschaftskriminalität und ihren Gefahren für das Unternehmen und die Wirtschaft insgesamt voraus. So sollten beispielsweise die „Red Flags" für Korruptionsverdacht bekannt sein. Zugleich sollten die Mitarbeiter wissen, durch welche Maßnahmen das Unternehmen diesen Gefahren begegnet und dass in diesem Zusammenhang Denunziantentum weder erwünscht ist, noch gefördert wird.[11] Eine Ermutigung, Bestechungsversuche und andere konkreten Verdachtsfälle zu melden, setzt voraus, dass Hinweisgeber anschließend keine Nachteile erleiden. Für den „Whistleblower" ist regelmäßig nicht überschaubar, welche Folgen sein Hinweis für ihn selbst haben kann. Hier wird in vielen Unternehmen noch massiv gesündigt. Mit dem konsequenten Schutz von Hinweisgebern tun sich viele Unternehmen schwer. Auch deshalb wird das Hinweisaufkommen zu Verdachtsfällen entscheidend gefördert, wenn zusätzlich zu den internen Meldewegen ein externer Ombudsmann existiert, der Meldungen vertraulich entgegennehmen und über seine anwaltliche Verschwiegenheitspflicht[12] und sein Zeugnisverweigerungsrecht[13] die Identität des Hinweisgebers zuverlässig schützen kann.

Durch Transparenz geschaffenes Vertrauen spielt auch in diesem Kontext eine wichtige Rolle. Daraus folgt zugleich ein „Übermaßverbot" dergestalt, dass man die eigenen Mitarbeiter, die zugleich loyale Mitstreiter sein sollen, nicht mit unverhältnismäßigen Kontrollmaßnahmen überziehen darf. Ein durch einen konkreten Verdacht begründetes Screening von bestimmten Mitarbeiter- und Lieferantendaten unter Beachtung der dafür gegebenen Rechtsvorschriften kann daher sehr sinnvoll und akzeptabel sein. Eine geheime „flächendeckende Bespitzelung" aller Mitarbeiter wird dagegen zu Misstrauen führen und der Sache mehr schaden als nutzen. Sogenannte „Daten- oder Bespitzelungsskandale" bei großen Handels- und Industrieunternehmen haben dies deutlich vor Augen geführt.

Die Entdeckungswahrscheinlichkeit ist bei wirtschaftskriminellen Handlungen auch wesentlich von der Kontrollintensität abhängig. Wird diese erhöht, führt das regelmäßig zu einem Anstieg erkannter Fälle, weil das Dunkelfeld stärker aufgehellt wird. Ungeachtet dieses sogenannten Kontrollparadoxons wirken Kontrollen langfristig präventiv, wenn sie gut kommuniziert wurden, allen bekannt sind und von jedem wahrgenommen werden.

Folgt man dem Axiom, dass jedes unternehmerische Handeln öffentlich ist, muss sich dem die Einsicht anschließen, dass Ergebnisse der Bekämpfung von Wirtschaftskriminalität nicht nur intern, sondern auch extern kommuniziert werden sollten. Die Herausgabe von Compliance-Berichten in geeigneter Form ist ein weiterer Beitrag zu Transparenz und Glaubwürdigkeit. Gänzlich unbegründet ist die in diesem Zusammenhang oft geäußerte Furcht vor negativer Publizität. Die Medien, denen eine wichtige Rolle als Vertrauensmittler zukommt, scheinen nicht nur ein konsequentes Vorgehen gegen Wirtschaftskriminalität zu erwarten, sondern honorieren erfahrungsgemäß auch den offenen Umgang damit.

Auch wenn die Beziehung zwischen Transparenz und Vertrauensbildung noch nicht hinreichend erforscht ist, erkennt man doch unschwer die Zusammenhänge. Transparenz ist eine elementare Grundlage für Vertrauen und entzieht Korruption und anderen wirtschaftskriminellen Handlungen weitgehend die Basis. Transparenz ist mehr als nur der Anfang zur Bekämpfung von Wirtschaftskriminalität. Denn in einem Glashaus erkennt man die weißen wie die schwarzen Schafe sehr gut.

Fußnoten

1   Unter den Begriff fällt eine Vielzahl von Delikten, wie sie in § 74c Abs. 1 GVG genannt sind, ferner alle Straftaten, bei denen eine Tatbegehung im Rahmen tatsächlicher oder vorgetäuschter wirtschaftlicher Betätigung erfolgt, über die Schädigung Einzelner hinaus das Wirtschaftsleben beeinträchtigt oder die Allgemeinheit geschädigt wird oder die Aufklärung regelmäßig besondere kaufmännische Kenntnisse erfordert.

2   Dazu Pontzen, Henrik, Romeike, Frank: Risk of Risks, Risk, Compliance & Audit 1/2009, S. 11.

3   Eingehend zum Ombudsmann-System: Buchert, Rainer: Der externe Ombudsmann – Ein Erfahrungsbericht, CCZ, 4/2008 S. 148ff. Und Erfahrungen als Ombudsmann für Korruptionsbekämpfung, Kriminalistik 11/2008, S. 665ff.

4   Bei dem DCGK handelt es sich um einen „Code of best practice", der dazu beitragen soll, die in Deutschland geltenden Regeln für Unternehmensleitung und -überwachung für Investoren transparent zu machen.

5   Das KonTraG vom 5.3.1998 ist ein umfangreiches Artikelgesetz, das zum Ziel hat, die Corporate Governance in deutschen Unternehmen zu verbessern. Unter anderem zwingt es Unternehmen zur Einrichtung eines umfassenden Risikofrühwarnerkennungssystems (§ 91 Abs. 2 AktienG).

6   Siehe Studie Wirtschaftskriminalität 2007 von PwC, S. 51.

7   § 73c StGB und die einschlägige Rechtsprechung dazu, z.b. LAG Darmstadt vom 14.7.2007.

8   Wirtschaftskriminalität – Eine Analyse der Motivstrukturen, herausgegeben von PwC 2009, S. 29.

9   Das große Rätsel Ehrlichkeit, Handelsblatt Nr. 89 vom 11.05.09, S. 9.

10 Rabl, Tanja: Warum Entscheidungsträger in Unternehmen korrupt handeln, WIK Zeitschrift für die Sicherheit der Wirtschaft, 2009, S. 24ff.

11 Die Erfahrung zeigt, dass Hinweisgebersysteme nicht von Denunzianten missbraucht werden. Näher dazu Buchert, Rainer, in: HR Compliance 03/2008, S. 1.

12 § 43a Abs. 2 BRAO, § 203 StGB.

13 § 53 Abs. 1 Ziff. 3 StPO.

Nicht ohne meine Werte

Daniel J. Hanke

„Feuert den Pressesprecher. Macht Schluss mit dem Verlautbarungs-
quatsch. Lasst alle Mitarbeiter plappern und bloggen. In der neuen
Welt der radikalen Transparenz gibt es für Unternehmen nur noch
einen Weg zum Erfolg.“[1] Solche Forderungen kommen längst nicht
mehr nur aus der Start-up- und Web-2.0-Ecke. Aber: Kann man das auch
anders sehen? Man kann. Dann werden ein paar Governance-Formu-
lare gebastelt, ein paar mehr Compliance-Richtlinien gedruckt und
geguckt, wer aus der Rechtsabteilung besonders ehrgeizig und harm-
los ist. Und schon trägt Herr Kleinschmidt einen neuen Titel. Er ist
jetzt „Transparency Ambassador“. Und alle sind sich einig: „Das sitzen
wir auch noch aus. Weitermachen.“

Nicht wenige Unternehmen haben in den letzten Jahren versucht,
transparenter zu werden. Die einen freiwillig, andere nur durch den
anhaltenden Druck von Medien, Verbraucherschützern oder Konsumenten. Manche versuchen es mit dem radikaldemokratischen Prinzip, manche setzen widerwillig die gesetzlichen Vorschriften um, dritte setzen auf Totalregulierung mit drakonischen Strafen. Geht das
auch anders? Natürlich, denn die entscheidende Voraussetzung für
Transparenz ist eine gelebte, werteorientierte Unternehmenskultur.
Denn je stärker Menschen auf gemeinsame Werte und Ziele verpflichtet sind, umso weniger explizite Regeln fordern und benötigen sie. Ver-
ordnetes Vertrauen gibt es genauso wenig wie verordnete Moral.[2] Beides muss in Unternehmen auf Basis bestimmter Werte beginnen und
wachsen. Dann entsteht Transparenz. Und steigende Transparenz
erhöht das Vertrauen in Unternehmen, Produkte und Dienstleistungen
sowie handelnde Personen. Höheres Vertrauen wiederum wirkt sich
positiv auf die Reputation aus und damit auf den unternehmerischen
Erfolg. Es ist für Firmen also unabdingbar, im Kontext von unternehmerischer Transparenz auch über ihre Werte nachzudenken.

Was sind Werte (wert)?

> „These are my principles, and if you don't like
> them ... well, I have others.“ (Groucho Marx)

Ohne Werte funktioniert Wirtschaft nicht: Würde ein Großteil der
Unternehmen seine Rechnungen, Gehälter und Steuern nicht pünkt-

lich und vollständig bezahlen, seine Stakeholder schlecht behandeln und seine gesellschaftliche Verantwortung ignorieren, würde die Wirtschaft schlicht kollabieren.

Das gilt natürlich in gleichem Maß für das einzelne Unternehmen: „Der Verstoß gegen fundamentale ethische Werte verursacht Kosten für alle Beteiligten. Langfristig zahlt es sich nicht aus, Werte zu verletzen", so die Unternehmensberater Gregor Vogelsang und Christian Burger.[3] Ein Werteverstoß kann verheerende Folgen haben und die Reputation bei Kunden, Mitarbeitern und in der Öffentlichkeit schädigen.

Ohne Werte bleibt jede Wirkung zufällig

Empirische Studien, wie die World Values Survey[4], lassen den Schluss zu, dass nicht nur in Deutschland, sondern gerade auch in den angelsächsischen Ländern USA, Großbritannien und Australien die gemeinsamen Werte schwinden und in der Folge das gesellschaftliche Vertrauen.[5] Der Saarbrücker Wirtschaftsprofessor Christian Scholz geht noch weiter und spricht nicht nur von einem Werteverfall, sondern vom „totalen Opportunismus" in Unternehmen: „Ganz oben in der Hierarchieebene gibt es Leute, deren Bezüge in den Himmel schießen, während die Aktienkurse in den Keller gehen. Auf der unteren Ebene klinken sich immer mehr Mitarbeiter einfach aus oder melden sich krank – ohne Rücksicht auf die Firma."[6] Es verwundert nicht, dass sich parallel zur Entdeckung der Transparenz immer mehr Unternehmen verstärkt der Entwicklung, Überprüfung und Pflege ihrer Werte widmen. Wenn es in einer Firma kein übergeordnetes Leitbild gibt, das den Kontext des unternehmerischen Handelns darstellt, bleibt unklar, auf was sich Führungskräfte und Manager beziehen können. Der Einzelne handelt somit nur individuell und in Bezug auf die organisatorische Wirkung zufällig.

Was steckt hinter dem Wertbegriff?

Eine Definition des Wertebegriffs soll hier nur kurz eingefügt werden, denn nicht erst seit der jüngsten Werte-Renaissance beschäftigen sich Psychologen und Philosophen, Soziologen und Ökonomen mit diesem Thema.[7] Denn Wert ist sowohl ein ethischer als auch ein ökonomischer Begriff. Betrachtet man hier den Wertebegriff vor allem im ethischen Sinne, dann besteht über das faktische Vorhandensein von Werten – im privaten Leben wie in Unternehmen – kein Zweifel. Was allerdings ist ein Wert? Welche Werte sind für welches Unternehmen richtig? Warum sind diese Werte richtig, aber jene falsch? Und schließlich: Warum gelten in vielen Firmen Werte, obwohl sie kein Vorstandsvorsitzender herunterdiktiert und keine „topkreative" Werbeagentur getextet hat? Oder gelten sie gerade deswegen?

Im Sinne des Theologen und Sozialethikers Martin Honecker soll diesem Artikel folgender Wertebegriff zugrunde gelegt werden: „Werte sind Grundaussagen, Grundvorstellungen, die menschliches Dasein in der Welt und im Zusammenleben orientierend gestalten."[8] Werte definieren also die Kultur einer Firma und das Verhalten und den Umgang miteinander sowie mit allen Stakeholdern. Wertvorstellungen beruhen nach der Theorie der emotionalen Intelligenz auf „Werterfahrungen, die

- emotional durch Einfärbung des Gefühls,

- material, qualitativ durch Eigenschaften und Beziehungen der Erfahrungswelt und

- kognitiv durch ‚Werturteile' geprägt sind, zum Beispiel aufgrund von Sozialisation und Erziehung."[9]

Warum aber gelten Werte? Weil sie emotional als wertvoll erfühlt werden? Auf jeden Fall. Weil sie von oben vorgelebt werden? Definitiv. Weil sie im Dienst von Interessen stehen? Natürlich auch.

Die hehren Werte und der profane Alltag

In Bezug auf die tägliche Arbeit in Unternehmen enthält und benennt ein Wert kein Ziel, aber er hat eine wichtige Orientierungsfunktion. Ein Wert lässt sich demnach mit einem Kompass vergleichen. Dabei gilt: Ebenso wenig, wie ein Wanderer jemals „Norden" erreicht, verwirklicht ein Unternehmen einen Wert jemals vollständig.[10] Deshalb muss die Orientierungsebene der Werte auch durch die Handlungsebene der Wertsätze unterfüttert werden. Dies sind abgeleitete soziale Normen und Regeln für das soziale Handeln. Sie beschreiben die spezifische Ausprägung der Werte in einem Unternehmen und legen dort fest, was beispielsweise „Transparenz" für die tägliche Arbeit bedeutet. Der pragmatische Gehalt von Wertsätzen ist für den Erfolg und Misserfolg von Werten ebenso entscheidend wie die sorgfältige Implementierung und die umfassende Operationalisierung.

Beispiel Bacardi Deutschland

Im Rahmen eines umfangreichen Leitbild- und Positionierungsprozesses hat Bacardi Deutschland 2006 gemeinsam mit Mitarbeitern aus allen Unternehmensbereichen Werte und Wertsätze entwickelt. Für den Wert „Verantwortung" lauten die Wertsätze: „Wir bekommen und wir übernehmen Verantwortung für das, was wir tun. Jeder von uns trägt mit seinen Entscheidungen und Taten dafür Sorge, dass wir die gewünschten Ergebnisse erzielen. An jedem Arbeitsplatz, im gesamten Unternehmen und in der Gesellschaft. Unser Verhaltenskodex unterstreicht, wie ernsthaft wir unserer gesellschaftlichen Verantwortung gerecht werden wollen."

Wert Beispiel: „Wir übernehmen Verantwortung"	**Orientierungsebene** > nicht handlungs- leitend
Wertsatz Beispiel: „Wir bekommen und wir übernehmen Verantwortung für das, was wir tun. Jeder von uns trägt mit seinen Entscheidungen und Taten dafür Sorge, dass wir die gewünschten Ergebnisse erzielen. An jedem Arbeitsplatz, im gesamten Unternehmen und in der Gesellschaft. Unser Verhaltenskodex unterstreicht, wie ernsthaft wir unserer gesellschaftlichen Verantwortung gerecht werden wollen."	**Handlungsebene** > pragmatischer Gehalt entscheidet über Erfolg oder Misserfolg
Marketing-Kodex mit Richtlinien Themen u.a.: Alkoholmissbrauch lehnen wir ab; Jugendliche sind keine Kunden; Mitarbeiter sind Botschafter; Umsetzung wird laufend geprüft **Compliance-System** Einfach verfügbare, nachvollziehbare Freigabeprozesse inkl. Entscheidungswege für Konflikte	**Arbeitsebene** > konkrete, messbare Verhaltensregeln, transparentes Compliance-System

Abbildung 1: Beispiel für einen Unternehmenswert und den dazugehörigen Wertsatz (Bacardi Deutschland).

Wie Werte gelten auch Wertsätze unternehmensweit – sie brauchen daher eine bestimmte Allgemeingültigkeit und dürfen in Inhalt und Umfang nicht überstrapaziert werden. Für die spezifischen Herausforderungen einzelner Abteilungen werden auf einer dritten Ebene weitere Dokumente entwickelt. Beispiel: Um den Wert „Verantwortung" bei Bacardi Deutschland noch tiefer und relevanter im Arbeitsalltag der Abteilungen Vertrieb, Marketing und Kommunikation sowie bei deren Dienstleistern und Partnern zu verankern, wurde ein Verhaltenskodex mit umfangreichen internen Richtlinien zur verantwortungsvollen Vermarktung von Spirituosen entwickelt und mit Hilfe eines Schulungs- und Compliance-Systems intern verankert.

Vom Wert der Werte

Einer empirischen Studie zufolge, in deren Rahmen 1.400 Unternehmen über 40 Jahre begleitet wurden, sind Firmen dann besonders erfolgreich, wenn:

• die Strategie an langfristigen Werten ausgerichtet ist,

• konkrete Werte, die nicht zur Disposition stehen, gelebt werden,

• Organisation und Leitung teamorientiert sind und

• eine konstruktive Streitkultur vorhanden ist, bei gegenseitigem Respekt und hoher Transparenz.

Weitere Studien der letzten fünfzehn Jahre[12] bestätigen ebenfalls die ökonomische Relevanz von Werten. Laut der Untersuchung „Werte

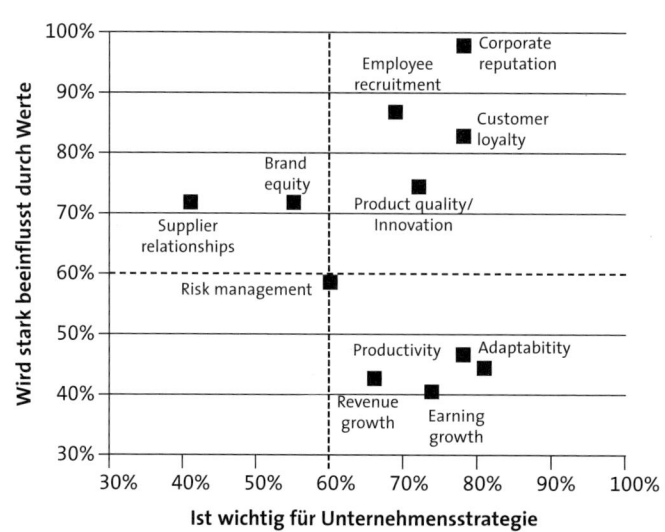

Quelle: The Aspen Institute und Booz Allen Hamilton

Abbildung 2: Eine Studie zeigt den hohen Einfluss von Werten auf Reputation, Recruitment, Kundenloyalität und Produktqualität.

schaffen Wert"[13] glaubt 95 Prozent der befragten Führungskräfte, dass Werte einen wirtschaftlichen Nutzen generieren.

Voraussetzungen für Transparenz als Unternehmenswert

> *„Markets do not want to talk to flacks and huckster. They want to participate in the conversations going on behind the corporate firewall."* (Cluetrain Manifesto)

Für einige Firmen kann Transparenz eine so hohe Bedeutung haben, dass sie als einer der Unternehmenswerte definiert wird. Was aber sind die entscheidenden Voraussetzungen hierfür? Die wichtigste Voraussetzung ist der feste Wille zur transparenten Unternehmensführung. Für eine börsennotierte Firma mag das banal klingen, Fakt ist aber, dass die inzwischen rund 80 Regeln der Corporate-Governance-Kommission zur guten und transparenten Unternehmensführung und -kontrolle nach wie vor freiwillig sind. Börsennotierte Konzerne sind gesetzlich lediglich gezwungen, einmal im Jahr öffentlich zu erklären, welche Regeln sie nicht anwenden und warum. Ein Beispiel ist die Offenlegung der Vorstandsgehälter: Bei dieser Regel war der Widerstand in Deutschland so groß, dass sie per Gesetz verordnet werden musste. Ein weiteres Beispiel: Transparente Unternehmenskommunikation ist als Paragraf 6 im Deutschen Corporate Governance Kodex verankert. Transparent wird dadurch aber noch kein Unternehmen, wie das Beispiel Siemens zeigt. Die ehemalige deutsche Industrie-Ikone unterzeichnete auf der einen Seite den Entsprechungsantrag des Kodex und war gleichzeitig für den größten Schmiergeldskandal der deutschen Wirtschaftsgeschichte verantwortlich. Mit Paragraf 6 ist es also nicht getan.

Selbst wenn Stakeholder aktuell und gesetzeskonform informiert werden, bedeutet das noch lange nicht, dass diese Informationen zu echter Transparenz führen, denn oftmals hapert es schon an der Aufbereitung. Entsprechend bedeutsam ist der Unterschied zwischen verordneter, reaktiver und freiwilliger, aktiver Transparenz eines Unternehmens.

Werteorientierte Führungskultur: Vertrauen und Fehlertoleranz

Eine weitere wesentliche Voraussetzung für die erfolgreiche Implementierung von Transparenz als Unternehmenswert ist eine werteorientierte Führungskultur. Aus Werten abgeleitete Handlungsprinzipien geben Orientierung für die tägliche Arbeit, denn sie sind von internen und externen Stakeholdern nachvollziehbar und überprüfbar. Entscheidend ist die Reflexionskompetenz der Führungskräfte, denn die Fähigkeit, sich neben sich selbst zu stellen und das eigene Verhalten zu reflektieren, ist unabdingbar, um Handeln und Verhalten überhaupt verändern zu können. Damit wird Reflexionsfähigkeit zur wichtigen Kompetenz für Führung und vor allem für wertorientierte Führung.

Um Reflexionsfähigkeit zu entwickeln, sind die Methoden der „Lernenden Organisation" und der „Systemischen Beratung" besonders effektiv. Geeignete Settings könnten Einzel- und Gruppencoachings, Qualitätszirkel und kollegiale Beratungsgruppen sein. Erfolgversprechend sind diese Lernarrangements dann, wenn ihnen zum einen eine auf Vertrauen und Fehlertoleranz ausgerichtete Unternehmenskultur zugrunde liegt. Zum anderen müssen die kognitiven, sozialen und emotionalen Kompetenzen von Mitarbeitern verknüpft werden. So kann eine nachhaltige mentale Verankerung einer werteorientierten Haltung und eine daraus abgeleitete Verhaltensänderung bewirkt werden.

Dialogorientierte Kommunikation: Jetzt auch noch mitreden

Weitere wesentliche Voraussetzung ist ein dialogorientierter und interaktiver Kommunikationsstil zwischen allen Stakeholdern, besonders aber unter allen Mitarbeitern: Ob in Unternehmen die Microblogging-Software Yammer oder ein themenspezifisches Wiki abteilungsübergreifend aufgesetzt wird oder einzelne Mitarbeiter offiziell bloggen, twittern, facebooken. Ob die Unternehmenskommunikation mit einem Social Media Newsroom arbeitet oder die Entwicklungsabteilung den Quellcode eines Softwareprodukts veröffentlicht und zur Weiterentwicklung auffordert. Entscheidend ist immer eine – möglichst einfache und barrierearme – Feedback- beziehungsweise Interaktionsmöglichkeit, um das Gespräch mit den jeweiligen Stakeholdern zu ermöglichen. Zehn Jahre nach dem Cluetrain-Manifest wird in vielen Unternehmen leider noch nicht einmal über „the end of business as usual" nachgedacht, geschweige denn diskutiert. Um den reibungslosen Dialog zu führen und zu fördern, müssen Unternehmen aber über eine entsprechend dialogfähige Infrastruktur verfügen. Die digitalen Medien bieten dafür zahlreiche, schnelle, oft auch einfache und preiswerte Möglichkeiten. Die Vorteile sind hinreichend bekannt: von der Nutzung des Netzwerkeffektes und der besonders authentischen Kommunikation über die Gewinnung aktueller Informationen über Stakeholder, Trends und Stimmungen bis hin zur personalisierten und dialogorientierten Ansprache von Zielgruppen. Wie viele und welche

Tools und Aktivitäten jeweils am meisten Sinn machen, muss von Fall zu Fall entschieden werden. Denn die Kanäle sind weniger wichtig als ein Umfeld für die Mitarbeiter, das Dialog und Interaktion fördert. Im Web 2.0 spielt nicht mehr das technische, sondern das soziale Miteinander die zentrale Rolle. Das Ziel dabei: So wenig exklusive Informationen wie nötig, so viel Feedback und Interaktion wie möglich.

Wirkungsfelder von Transparenz als Unternehmenswert

„We can't go on together with suspicious minds." (Elvis Presley)

Transparenz als Unternehmenswert erschöpft sich nicht in der bloßen Verfügbarkeit von Informationen, sondern wirkt hinein in alle Bereiche eines Unternehmens. Bei genauerem Hinsehen lassen sich drei Wirkungsfelder unterscheiden und beschreiben, die gemeinsam zu einem transparenten Unternehmen führen: informationelle, performative und organisatorische Transparenz. Nur Unternehmen, die sich in diesen drei Bereichen öffnen, können Transparenz erfolgreich und nachhaltig als Unternehmenswert implementieren.

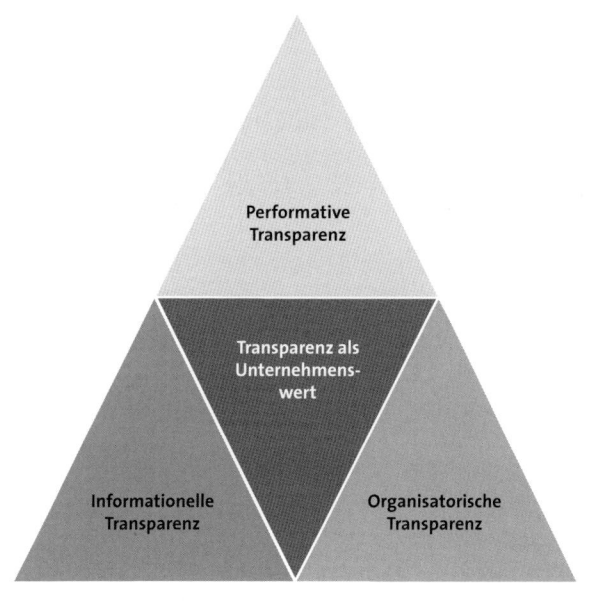

Abbildung 3: Drei Wirkfelder von Transparenz führen gemeinsam zu einem transparenten Unternehmen.

Informationelle Transparenz

Unter informationeller Transparenz wird die rechtzeitige, wahrheitsgemäße, vollständige und hinreichend ausführliche Transparenz von relevanten Informationen gegenüber internen und externen Stakeholdern eines Unternehmens verstanden. Dies betrifft Form und Inhalt gleichermaßen.

Auf der formalen Ebene geht es um den möglichst schnellen, einfachen und barrierearmen Zugang zu Informationen. Besonders gut lässt sich dies am Beispiel Internet zeigen: Eine Unternehmenswebsite, die ohne Flashplayer nicht funktioniert, riesige PDFs als Downloads anbietet und „Zurück"- und „Home"-Buttons vermissen lässt, stellt Stakeholder vor Probleme. Natürlich erwartet niemand von einem mittelständischen Familienunternehmen einen iPhone-optimierten Newsroom plus Facebook-Präsenz, YouTube-Kanal und Twitter-Account. Auf jeden Fall aber eine zeitgemäße Internetpräsenz, auf der mit möglichst wenigen Klicks alle relevanten Informationen zu Unternehmen, Produkten und Dienstleistungen zu finden sind. Diese Anforderungen gelten natürlich ebenso für Geschäftsberichte, Imagebroschüren, das Intranet, Informationen am Schwarzen Brett oder in Mitarbeiterbriefen, für Pressekonferenzen, Telefonkonferenzen mit Analysten, Messeauftritte etc.

Auf der inhaltlichen Ebene erwarten Mitarbeiter, Kunden, Lieferanten, Medien, Verbraucherschützer und Politiker wahre, verständliche und knappe Informationen zu den sie betreffenden Themen. Wer Kunden ein schlechtes Abschneiden bei Stiftung Warentest in einer verschwurbelten Pressemitteilung als „respektables Ergebnis in schwierigem Marktumfeld" unterjubelt, erlebt heute, wie schnell Markenloyalität aufgebraucht ist.

Informationelle Transparenz ist zumindest teilweise operationalisierbar, denn es lässt sich durchaus messen, ob und wann ein Unternehmen welche Informationen wem in welcher Form zur Verfügung stellt.

Performative Transparenz

Unter performativer Transparenz wird das nachvollziehbare, vertrauenswürdige Handeln verstanden. Handeln ist dann transparent, wenn auch die jeweiligen Motive, Ziele und Absichten kommuniziert werden und wenn man Absicht und Ergebnis vergleichen kann.

Als Musterbeispiel performativer Transparenz muss Alfred Herrhausen gelten, der frühere Vorstandssprecher der Deutschen Bank: „Wir müssen das, was wir denken, sagen. Wir müssen das, was wir sagen, tun. Wir müssen das, was wir tun, dann auch sein.“ Über Herrhausen wird gesagt, dass er für das, was er sagte, stets eintrat – auch wenn es für ihn unbequem wurde, wie zum Beispiel seine Forderungen nach einem Schuldenerlass für die Dritte Welt oder nach „Glasnost“ für den Kapitalismus. Immer wieder betonte er, dass ein gesundes Finanzsystem zu den wichtigsten Aktiva jeder Volkswirtschaft gehört. Entscheidend für ihn war jedoch, wie man dies transparent macht, um eine hohe gesellschaftliche Akzeptanz für das eigene Handeln zu erreichen.

Wie überzeugend und inspirierend nachvollziehbares, vertrauenswürdiges Handeln wirkt, beschreibt der F.A.Z.-Redakteur Andreas Platthaus in einem Interview des Hessischen Rundfunks zu seiner Herrhausen-Biografie. Platthaus hatte den Banker selbst erlebt, als er Lehrling bei der Deutschen Bank war: „Leute wie ich, die damals sehr jung waren – ich war Anfang zwanzig, als ich als Lehrling von der Deutschen Bank wegging – die hatten das Gefühl, da ist jemand, der gibt einem zum ersten Mal das Gefühl, man kann absolut hinter dem stehen, was man tut. Das ist nicht nur ein Geschäft, was man da betreibt, sondern plötzlich gab es moralische Werte, plötzlich hatte man das Gefühl, man steht absolut auf der richtigen Seite, völlig egal, wie man gesellschaftspolitisch in dem Moment eingestellt war.“[15]

Organisatorische Transparenz

Welche Kraft organisatorische Transparenz entfaltet, wenn sie von ganz oben vorgelebt wird, zeigt das Beispiel des früheren CEOs von Procter & Gamble (P&G), Alan George Lafley. Während seiner ersten Tage als Vorstandsvorsitzender im Juli des Jahres 2000 setzte er demonstrativ auf Transparenz, indem er jeden einzelnen Mitarbeiter zu Offenheit ermunterte. Managementmeetings begann er mit der Ansage, dass er keine Rede vorbereitet habe und stattdessen vielmehr hören wolle, welche Themen die Manager derzeit beschäftigten. Lafley gab eine interne Studie in Auftrag, um mehr über die Ideen und Gedanken seiner Mitarbeiter zu erfahren. Vor allem wollte er wissen, was ihrer Meinung nach verändert werden müsste. Darüber hinaus nahm der neue CEO an Treffen von ehemaligen P&G-Mitarbeitern teil, um deren ganz andere Sichtweise auf das Unternehmen zu erfahren.

Im Hauptgebäude des Konsumgüterriesen ließ Lafley den elften Stock umbauen, in dem das Topmanagement seine Büros hatte. Die Kunstwerke wurden einem Museum gespendet, die Wände eingerissen und elf der leitenden Angestellten versetzt – zu ihren Teams. Die restlichen Führungskräfte, einschließlich Lafley, arbeiteten nun in einem Großraumbüro, das nur noch ein Drittel des elften Stockwerkes in Anspruch nahm. Der größere Teil der ehemaligen Chefetage wurde zu einem „Corporate Training Center" umgebaut. Dort sollten Führungskräfte Seminare geben und zwar nicht nur zur Weiterbildung der Teilnehmer, sondern um sich mit den Meinungen und Ideen ihrer Mitarbeiter aus aller Welt auseinanderzusetzen.

Lafleys ebenso pragmatische wie symbolische Entscheidung, die Wände auf diesem Stockwerk einzureißen, machte jedem Mitarbeiter klar, dass es auch keine „inneren Wände" geben sollte, die den freien Fluss von Wissen im Unternehmen behinderten. Organisatorische Transparenz schlägt sich in diesem Beispiel sogar in der Architektur nieder, die auf Kommunikation, Dialog und Begegnung angelegt ist. Organisatorische Transparenz bedeutet aber nicht nur, dass man Vorständen theoretisch auch mal im Arbeitsalltag begegnen könnte, sondern dass jeder Mitarbeiter – aber auch jeder externe Stakeholder – nachvollziehen kann, wer sich womit beschäftigt und wofür verantwortlich ist. Wenn Kontakte, Ansprechpartner und Verantwortliche einfach zu finden sind, verbessert das die Kommunikation und Zusammenarbeit. Neue Mitarbeiter können sich schneller orientieren, Dokumente werden schneller gefunden, Probleme schneller geklärt und eine ganze Organisation mit ihren unterschiedlichen Prozessen, Abteilungen und Standorten wird effizienter, effektiver und erfolgreicher.

Mit Lafley an der Spitze wurde P&G vom gefallenen Riesen, der innerhalb von drei Monaten drei Gewinnwarnungen herausgeben musste, zur Erfolgsgeschichte des ersten Jahrzehnts des neuen Jahrtausends: In den neun Jahren als CEO von P&G seit Juli 2000 verdoppelte Lafley den Umsatz des Konsumgüterriesen und konnte immer wieder Traumgewinne verkünden.

Transparenz als Unternehmenswert in der Praxis

> *„For firms such as Microsoft or Coca-Cola only about five percent of their market value is explained by the so-called hard assets that are reported in balance sheets." (David Gurteen)*

Es gibt in Deutschland eine ganze Reihe von Unternehmen, die sich verantwortliches Handeln im Allgemeinen und Transparenz im Besonderen auf die Fahne geschrieben haben. Ein Beispiel ist die 1974 in Bochum gegründete GLS Gemeinschaftsbank. Sie war im Jahr 2009 die einzige Bank in Deutschland, die alle Kredite an Unternehmen und

Institutionen mit Namen und Summe in ihrer Kundenzeitschrift sowie im Internet veröffentlichte. „Mehr Transparenz geht nicht", sagt Vorstandschef Thomas Jorberg.[16] Entsprechend wird die Bank auch mit Reaktionen wie dieser konfrontiert: Ein Kunde hatte sein Konto mit sofortiger Wirkung gekündigt, weil er den 1,5-Millionen-Euro-Kredit seiner Bank für den Bau einer neuen Moschee in Duisburg nicht gutheißen konnte. Auch ein erklärender Brief half nicht. Viel bemerkenswerter ist aber: Banken mit ökologisch-sozialer Ausrichtung wie die GLS Bank boomen in der gegenwärtigen Krise geradezu. 2008 übertraf die Bilanzsumme erstmals die Eine-Milliarde-Euro-Marke – ein Zuwachs um 27 Prozent. Auch im ersten Quartal 2009 legten Einlagen und Kredite gegen den Trend um 10 Prozent zu. Jorberg: „Die Zahl der Menschen wächst, die wissen wollen, was die Bank mit ihrem Geld denn so anstellt."[17]

Zu den Firmen in Deutschland, die Transparenz bereits ganz wörtlich als einen ihrer Unternehmenswerte definiert haben, gehört Kuhn Edelstahl mit 270 Mitarbeitern in Radevormwald. Ihr Leitbild besteht aus Werten, Führungsleitlinien und einem Verhaltenskodex. Offenheit ist dabei nicht nur einer der acht Werte und in den Führungsleitlinien fest verankert („Wir schaffen Vertrauen und Klarheit durch Transparenz und Offenheit"). Offenheit wurde sogar zum übergeordneten Prinzip erhoben und durch ein Feedbacksystem im Tagesgeschäft verankert: „Alle für das Unternehmen wichtigen Themen, z.B. Qualität, Kosten, Kunden, Sicherheit, Wettbewerb, Mitarbeiter etc., werden offen angesprochen. (...) Deshalb haben wir miteinander eine Vereinbarung zum Thema Offenheit abgeschlossen, die in unserem Unternehmen gelebt wird."[18]

Mit seiner spezifischen Unternehmenskultur konnte Kuhn Edelstahl viele Jahre ein besonders starkes Wachstum verbuchen. Natürlich geht die weltweite Wirtschafts- und Finanzkrise an dem Familienunternehmen nicht spurlos vorbei. Doch auch hier machen gelebte Werte einen Unterschied: Statt die Angestellten in die Kurzarbeit zu schicken, bildet die Gießerei einen Teil der Mitarbeiter in einem speziellen Verfahren weiter, für das es noch keine Ausbildung gibt. So ist Kuhn Edelstahl Mitte 2009 die einzige Edelstahlgießerei in Deutschland, die nicht in Kurzarbeit ist.

Transparenz kostet – Intransparenz erst recht

Die nachhaltige Verankerung von Transparenz in Unternehmen braucht nicht nur Zeit, sie erfordert auch ein neues Denken und Handeln sowie gegebenenfalls neue Funktionen, Schnittstellen und Instrumente. Transparenz kostet also – die Frage nach ihrem Wertbeitrag ist insofern berechtigt. Die Klaus Kuhn Edelstahlgießerei beantwortet diese Frage folgendermaßen: „Durch den offenen Umgang mit allen wichtigen Themen haben wir viele Vorteile: größeres Vertrauen, höhere Produktivität, optimierte Reaktionsfähigkeit, schnellere Verständigung, maximale Zeitersparnis, mehr Ideen, gezieltere Umsetzung der Ideen, intensivere Beteiligung an der Ideenfindung, gesteigerte Weiterentwicklung."[19]

Die Betriebswissenschaftlerin Christine Zöllner geht noch einen Schritt weiter. In ihrer Dissertation[20] zum Thema „Interne Corporate Governance" aus dem Jahr 2007 untersucht sie unter anderem den Zusammenhang von Transparenz und Unternehmenswert. In der Diskussion über die Verknüpfung von verbesserter Transparenz und steigendem Unternehmenswert identifiziert sie direkte und indirekte Wirkungskanäle.

Bei der indirekten Verknüpfung von verbesserter Transparenz und steigendem Unternehmenswert geht man von der – nicht unumstrittenen und empirisch noch zu belegenden – förderlichen Wirkung von Corporate-Governance-Mechanismen aus. Beispielsweise übt verbesserte Transparenz eine disziplinierende Wirkung auf das Management aus. Dadurch werden opportunistisches Verhalten vermieden und wertsteigernde Investitionsentscheidungen gefällt.

Bei der direkten Verknüpfung von verbesserter Transparenz und steigendem Unternehmenswert wird unterstellt, dass etwa transparentere Finanzberichterstattung es externen Investoren erleichtert, unterschiedliche Investitionsmöglichkeiten zu vergleichen, da die Irrtumswahrscheinlichkeiten reduziert werden. Über die Identifikation und Auswahl guter Investitionen wird die wirtschaftliche Performance direkt positiv beeinflusst.

Der Wertbeitrag von Transparenz kann also auf verschiedenen Ebenen festgemacht werden. Die Volkswagen AG verortet ihn als Beitrag zum Unternehmenswert: „Das Vertrauen unserer Kunden und Investoren ist eine elementare Voraussetzung für die nachhaltige Steigerung des Unternehmenswertes. Die transparente und verantwortungsvolle Unternehmensführung hat in unserer täglichen Arbeit höchste Priorität."

Feuerprobe Praxis: Werte im Unternehmen leben

„One needs only to remember the vivid images of
senior executives led off in handcuffs to digest
the importance of governance and transparency
in today's business environment." (Evan Kraus)

In den letzten Jahren ist immer mehr Unternehmen klar geworden: Einer der wesentlichen Wettbewerbsvorteile der Zukunft wird die Unternehmenskultur sein. Die Unternehmenskultur, so der Kommunikationswissenschaftler Siegfried J. Schmidt, „sichert die Identität, die Effizienz, die Dynamik und die Krisenkompetenz eines Unternehmens und konstituiert damit erst seine Markt- wie seine Markenfähigkeit. Mit anderen Worten, die Unternehmenskultur bildet eine wichtige Grundlage für den wirschaftlichen Erfolg eines Unternehmens."[22] Das Konzentrat der Unternehmenskultur sind die Werte. Wer bei der Implementierung und Aktivierung selbiger meint, es reiche, eine Broschüre zu verteilen und „das Projekt ist durch", springt zu kurz. Denn statt einem Ruck durchs Unternehmen geht nur ein Schulterzucken durch die Belegschaft. Und alles, was bewegt wird, ist die unterste Schreibtischschublade. Denn dort verschwindet die Broschüre – ungelesen und ungelebt.

Andererseits: In Zeiten, in denen ein CEO gerade so gut ist wie sein letzter Quartalsreport und in denen sein Job am nächsten hängt, ist es nicht einfach, einen umfassenden Change-Management-Prozess anzustoßen und nachhaltig umzusetzen. 18 bis 24 Monate sind dafür keine unrealistische Zeitspanne, denn Verhaltensänderung gehört zu den am schwierigsten zu realisierenden Vorhaben in Unternehmen. Oft genug ist schon der Weg von Information über Verständnis hin zu Akzeptanz aufwendig und anstrengend. Nicht selten bleibt dabei ein wichtiger und von allen Beteiligten gewollter Prozess auf der Strecke.

Werte durch Wertschätzung aktivieren

Der Schlüssel zum Erfolg sind die Führungskräfte. Denn die Qualität eines Unternehmens und seine Ziele werden auch von den Werten seiner Führungskräfte bestimmt.[23] Deshalb ist es für den Erfolg entscheidend, diese nicht nur zu begeistern, sondern auch zu befähigen. Natürlich müssen alle Mitarbeiter im Laufe des Implementierungsprozesses von Werten involviert werden, denn sie alle werden für eine erfolgreiche Veränderung gebraucht. Aber egal an welchem Standort, in welchem Team, bei welchem Thema Unternehmenswerte implementiert werden: Veränderung muss vorgelebt und erfahrbar gemacht werden. Denn Untersuchungen zeigen, dass Mitarbeiter ihrem direkten Vorgesetzten das meiste Vertrauen entgegenbringen. Schon eine Hierarchiestufe weiter weg sinken Einfluss und Vertrauen dramatisch. Daher müssen alle Führungskräfte die Unternehmenswerte wertschätzen. Denn niemand kann erwarten, dass sich Mitarbeiter wertekonform verhalten, wenn sich die Chefs über einzelne Werte hinwegsetzen. Dazu gehört auch, dass Verstöße angesprochen und gegebenenfalls sanktioniert werden.

Bei der Implementierung von Unternehmenswerten sollten Führungskräfte aller Ebenen für die Anforderungen an sie als Vorbilder und Vermittler qualifiziert werden. Nachhaltig gelingt dies, wenn diese Maßnahmen in das Gesamtkonzept der Führungskräfteentwicklung integriert sind. Sie beginnen beim Recruitment, setzen sich in der Nachwuchsförderung fort, enden beim Vorstand und zahlen immer auf die Kompetenz Reflexionsfähigkeit ein.

Ausblick

> *„An old force with new power is rising in business … Firms that embrace this force and harness its power will thrive. Those which ignore or oppose it will suffer."*
> *(Don Tapscott and David Ticoll)*

Dank Internet, Google, YouTube und Twitter ist das Transparenz-Zeitalter längst angebrochen. Wer sich heute noch dagegen sträubt, gehört morgen zu den Verlierern. Denn die Reputation von Unternehmen, ihren Produkten und Dienstleistungen und ihren handelnden Personen entsteht in Zukunft hauptsächlich im Internet. Ein Top-Ranking bei Google kann unter Umständen wertvoller sein als eine millionenschwere Werbekampagne.

Das Transparenzbegehren seiner Stakeholder kann ein Unternehmen in Zeiten von Bild-Leserreportern und Greenpeace-Tweets nicht mehr aufhalten. Eine Generation, die mit dem iPhone groß wird und ihr Leben im Internet ausbreitet, hat völlig andere Erwartungen an ein Unternehmen und seine Kommunikation: „There has been a shift in consumer values when it comes to branding and brand messages. Nowadays consumers want more honest, authentic relationships based on trust, self expression and connections, so stop selling and start building relationships."

Die beste Voraussetzung für ein transparentes Unternehmen sind geerdete, gelebte Unternehmenswerte, denen auf allen Hierarchiestufen, besonders aber von den Führungskräften, Wertschätzung entgegengebracht wird. Dann geht es bei Transparenz auch nicht mehr um Formulare, Prozesse und Kontrollmechanismen, sondern um gutes oder schlechtes Management. Denn je stärker Menschen auf gemeinsame Werte und Ziele verpflichtet sind, desto weniger explizite Regeln fordern und benötigen sie.

Fußnoten

1   Clive Thompson: The See-Through CEO. In: Wired Magazine 14/2007.

2   Vgl. Schwarz, Gerhard: Vertrauen – Anker einer freiheitlichen Ordnung. Zürich 2007, S. 9.

3   Vgl. Vogelsang, Gregor, Burger, Christian: Werte schaffen Wert – Warum wir glaubwürdige Manager brauchen. München 2004, S. 68.

4   Die World Values Survey (WVS) ist die weltweit umfangreichste und weitreichendste Befragung zu menschlichen Werten und wird seit 1981 in mittlerweile 65 Ländern durchgeführt (http://www.worldvaluessurvey.org). Aber auch: Jürgen Schupp, Gert G. Wagner: Vertrauen in Deutschland: Großes Misstrauen gegenüber Institutionen. Wochenbericht des DIW Berlin 21/2004; Europäische Kommission: Eurobarometer der Kandidatenländer 2001. Brüssel 2002.

5   Vgl. Müller, Henrik, Rust, Holger, Schmitt, Jörg: Sittenverfall. In: Manager Magazin 6/2002.

6   Ebd.

7   „Zu den bedeutendsten Werttheorien des 19. und des beginnenden 20. Jahrhunderts gehören die des Neukantismus (R. H. Lotze, W. Windelband, H. Rickert), der Lebensphilosophie (F. Nietzsche), des Neovitalismus (E. von Hartmann), der österreichischen Wertphilosophie (F. Brentano, A. Meinong, Chr. von Ehrenfels), der Phänomenologie (E. Husserl, M. Scheler, N. Hartmann), des britischen Intuitivismus (G. E. Moore, H. Rashdall, W. D. Ross), des Pragmatismus (W. James, J. Dewey, C. I. Lewis) und des Neorealismus (R. B. Perry)." (http://www.iaf.ac.at: „Was ist Axiologie?").

8   Vgl. Scheitler, Christine, Wetzel, Stefan: Werte, Worte, Taten und wie sie Realität in Unternehmen werden. Bern 2007, S. 40.

9   Ebd. S. 15f.

10 Vgl. Honecker, Martin: Werte und Leitbilder. Zur Verknüpfung zweier Ebenen der Orientierung. In: Werte, Leitbilder, Tugenden: zur Erneuerung politischer Kultur. Mainz 1985, S. 41f.

11 Vgl. Collins, Jim: Good to Great: Why Some Companies Make the Leap... and Others Don't. New York 2001.

12 U.a. Booz Allen Hamilton mit The Aspen Institute: Deriving Value from Corporate Values. 2005; Booz Allen Hamilton: Masuring and Analysing Corporate Values During Major Transformations. 2004; Booz Allen Hamilton: Werte schaffen Wert. 2003; Schmidt, Siegfried J.: Unternehmenskultur. Die Grundlage für den wirtschaftlichen

Erfolg von Unternehmen. Weilerswist 2004; Roman, Ronald M., Hayibor, Sefa, and Agle, Bradley R.: The Relationship Between Financial and Social Performance: Repainting a Portrait. Business and Society. S. 109–125. 1999; Collins, James C., Porras, Jerry I.: Built to Last: Successful Habits of Visionary Companies. New York 1994; Kotter, John, Heskett, James: Corporate Culture and Performance. O.O. 1992.

13 Vgl. Booz Allen Hamilton: Werte schaffen Wert. 2003.

14 Vgl. Bartsch, Gabriele: Wertorientierte Führung. In: Personal Entwickeln, 2007, S. 8.

15 Elisabeth Weyer: Alfred Herrhausen von Andreas Platthaus. http://www.hr-online.de/website/rubriken/kultur/index.jsp?rubrik=43582&key=standard_rezension_36015026.

16 Vgl. Etscheit, Georg: „Mehr Transparenz geht nicht". Die Zeit, 10. Juni 2009, S. 30.

17 Ebd.

18 http://www.kuhn-edelstahl.com.

19 http://www.kuhn-edelstahl.com.

20 Vgl. Zöllner, Christine: Interne Corporate Governance. Entwicklung einer Typologie. Wiesbaden 2007.

21 Volkswagen AG: Geschäftsbericht 2007, S. 96.

22 Vgl. Schmidt, Siegfried J.: Unternehmenskultur: Die Grundlage für den wirtschaftlichen Erfolg von Unternehmen. Weilerswist 2004, S. 17.

23 Vgl. Scheitler, Christine, Wetzel, Stefan: Werte, Worte, Taten und wie sie Realität in Unternehmen werden. Bern 2007, S. 165.

24 Vgl. Leggatt, Helen: New-media winners endear consumers with transparency, trust and generosity: http://www.bizreport.com/2007/03/newmedia_winners_endear_consumers_with_transparency_trust_an.html.

Transparenz als Voraussetzung für erfolgreiche Krisenprävention und Compliance-Management

Henning Herzog

Einleitung

Die Compliance-Management-Landschaft unterliegt einem ständigen Wandel: zunehmend mehr Gesetze, Richtlinien sowie Anforderungen zahlreicher Interessengruppen – sowohl auf nationaler Ebene als auch länderübergreifend – fordern von Unternehmen Transparenz im Umgang mit Daten und Informationen sowie die Trennung, Überwachung und Dokumentation von Geschäftsprozessen.

Unternehmen stehen damit vor der großen Herausforderung, ihr Geschäftsmodell in Einklang mit den bestehenden und zukünftigen Regularien zu bringen und ein effizientes und effektives Compliance-Management zu betreiben. Compliance als Managementsystem zu verstehen ist ein wichtiger Schritt.

Compliance-Management ist die systematische Steuerung sämtlicher organisatorischer Maßnahmen eines Unternehmens mit dem Ziel, das normengerechte Verhalten (rechtlich, ökonomisch, ethisch) aller Organmitglieder, Führungskräfte sowie Mitarbeiter in Abstimmung mit dem Geschäftszweck sowie sämtlicher Stakeholder herbeizuführen.

Ein derart umfassendes Verständnis von Compliance-Management beinhaltet ebenfalls eine präventive Behandlung von Krisen, die aus nicht normkonformen Handlungen entstehen. Die Herausforderung für ein Compliance-Management besteht darin, sämtliche Compliance-Risiken inklusive der Risiken, die zu einer Krise führen könnten, im Vorfeld (ex-ante) zu vermeiden. Tritt dennoch ein Compliance-Risiko ein, so ist das Risikofeld dergestalt zu steuern und zu kontrollieren, dass dieses Compliance-Risiko zu keiner Krise führt beziehungsweise erheblich an Auswirkung verliert.

Dies hat einen besonderen Grund: Eine Krise, die auf einer nicht normkonformen Handlung basiert, ist eine problematische, nicht eindeutig erkennbare Entscheidungssituation, die einzelne Unternehmensbereiche oder aber das Unternehmen in seiner Gesamtheit treffen kann.

Transparenz in Zusammenhang mit Compliance-Risiken, -Entscheidungen und -Maßnahmen zur Krisenprävention spielt dabei eine wichtige Rolle, insbesondere auch in der Öffentlichkeit. Häufig sind Aussagen wie beispielsweise „Das Vertrauen der Stakeholder steigt, wenn ein

Unternehmen seine Risiken transparent macht" oder „Transparenz verbessert die Unternehmensentscheidungen" oder „Transparente Entscheidungen führen zu mehr Glaubwürdigkeit" zu lesen. Der Leser kann dabei den Eindruck gewinnen, dass es sich bei Transparenz um ein universell einsetzbares Managementinstrument handelt. Dem ist allerdings nicht so, wie ein einfaches Beispiel verdeutlicht: Ein transparentes Brillenglas bedeutet noch lange nicht, dass der Betrachter, der durch das Glas blickt, tatsächlich auch das „Objekt der Begierde" klar und gestochen scharf erkennt. Das Ergebnis ist abhängig vom Betrachter und seiner Sehstärke, von den äußeren Gegebenheiten, wie zum Beispiel Helligkeit oder Luftbeschaffenheit, von der Qualität der Brillengläser etc. Transparenz ist somit abhängig von einer Vielzahl von Faktoren und Rahmenbedingungen.

Übertragen auf die Unternehmenswelt bedeutet dies, dass Transparenz einer Unternehmung abhängig von den Interessen und Normenvorgaben der Stakeholder, von der Unternehmenssituation sowie vom Geschäftszweck und den Strukturen einer Unternehmung ist. Beeinflusst jedoch eine Vielzahl von Faktoren die Art und den Umfang einer Unternehmenstransparenz, stellen sich schnell die folgenden Fragen:

• Inwieweit stellt Transparenz eine notwendige oder hinreichende Bedingung für ein Compliance-Management dar?

• Wie kann unter diesen Bedingungen eine regelbasierte, organisierte und situationsspezifische Transparenz zur Unterstützung von Compliance-Management und Krisenprävention aussehen?

Eine regelbasierte und situative Transparenz gehört zu den zentralen Voraussetzungen von Compliance-Management. Transparenz und mit ihr die Informationserzeugung und -verteilung findet nicht nach dem „Gießkannenprinzip" statt, sondern erfolgt über eine systematische und strukturierte Planung, Organisation und Kontrolle. Dadurch kann frühzeitig auf die potentiellen Anforderungen reagiert und überflüssiges Transparenzbegehren reduziert werden.

Dies führt zu folgenden Bereichen, die im Rahmen dieses Beitrages zu diskutieren sind:

In Teil 2 ist zuerst zu klären, was unter Transparenz im Kontext von Compliance-Management und Krisenprävention zu verstehen ist. Dabei ist über Adressat, Kontext und Form von Transparenz zu diskutieren.

Umfang und Form von Transparenz ist abhängig vom Nachfrager. Stakeholder haben entsprechend ihren Normenvorgaben und Interessen abweichende Transparenzbedürfnisse. Eine Analyse und Segmentierung der Stakeholder ist erforderlich. Dies ist Gegenstand von Teil 3.

Transparenz ist abhängig von den Entscheidungssystemen und Entscheidungskontexten, in dem sich ein Unternehmen befindet. Der vierte Teil zeigt auf, dass in Krisensituationen andere Entscheidungen mit anderen Instrumenten als in stabilen Situationen zu fällen sind.

Der fünfte Teil widmet sich der Frage, wie und welche Formen von Transparenz im Unternehmen zu etablieren und zu steuern sind. Dabei werden im Rahmen des oben präsentierten Compliance-Managementansatzes bestimmte Instrumente und Verfahren diskutiert, die ebenfalls die Grundlage für eine erfolgreiche Krisenprävention darstellen.

Im letzten Teil erfolgt eine Zusammenführung der gewonnenen Erkenntnisse sowie Beantwortung der zentralen Fragen.

Transparenz und Unternehmen

Eine eindeutige und einheitliche Definition für Transparenz ist in der wissenschaftlichen Literatur nicht zu finden. Etymologisch lässt sich Transparenz auf das lateinische Wort „transparere" (durchscheinen) zurückführen. Dies findet sich auch in der Physik wieder. Transparenz kennzeichnet dabei die Lichtdurchlässigkeit eines Festkörpers.

In den Sozialwissenschaften, wie zum Beispiel in den Politikwissenschaften, hingegen wird unter Transparenz eine absolute Offenheit in sämtlichen Entscheidungsprozessen verstanden. So ist zum Beispiel Transparenz eine Methode, bei der alle Entscheidungen öffentlich sind. Das heißt, alle Dokumente, Argumente, die Entscheidungen, der Entscheidungsprozess selbst sowie das finale Ergebnis sind öffentlich zu machen und bleiben selbst nach der Entscheidung unbefristet öffentlich.

Einen voraussetzungslosen Rechtsanspruch auf Zugang zu amtlichen Informationen von Bundesbehörden gewährt auch das Informationsfreiheitsgesetz (IFG oder Gesetz zur Regelung des Zugangs zu Informationen des Bundes). Dies gilt für jede „amtliche Information" wie beispielsweise Akten, Pläne, Ton- und Videoaufzeichnungen. Allerdings enthält das Gesetz zahlreiche Ausnahmefälle. Dies betrifft insbesondere personenbezogene Daten, Daten aus Personalakten, Betriebs- und Geschäftsgeheimnisse oder Informationen, die geistiges Eigentum in Gefahr bringen.

Zusätzlich diskutiert der Gesetzgeber seit 2008, inwieweit die Einsichtnahme in Akten der Bankenaufsicht vom Recht auf Informationszugang auszunehmen ist.

Grundsätzlich ist Transparenz in diesem Sinn mit Offenheit, Freiheit, Zugänglichkeit etc. besetzt. Diese Kernattribute finden sich auch in einem wirtschaftswissenschaftlichen Verständnis von Transparenz wieder. Transparenz in der Wirtschaftswissenschaft ist dabei ein Zustand mit freier Information, Partizipation und Rechenschaft im Sinne einer offenen Kommunikation zwischen den Stakeholdern und der Unternehmung sowie ihren Mitarbeitern.

Die offensichtlichsten Vorteile von Transparenz in der Wirtschaft sind:

a) Kontinuierliche Informationen erhöhen die Glaubwürdigkeit bei Kapitalgebern und Kapitalmarkt. Dies führt zu einer verbesserten Risikoeinschätzung der Kapitalgeber und optimiert langfristig die Kapitalkosten.

b) Des Weiteren kann ein verbessertes Transparenzgebaren eine wichtige Informationsquelle für derzeitige und zukünftige Mitarbeiter, Kunden und Lieferanten darstellen. Das Vertrauensverhältnis zwischen Unternehmen und diesen Parteien verbessert sich.

c) Zusätzlich kann verbesserte Transparenz als internes Steuerungsinstrument eingesetzt werden. Erhöhte Transparenz fordert das Management, sich kontinuierlich selbst zu hinterfragen und das Unternehmen fortlaufend zu professionalisieren.

Demgegenüber stehen vor allem die Befürchtungen, dass der Wettbewerb oder andere nicht berechtigte Interessengruppen Informationen erhalten, die sich gegen das Unternehmen wenden. Zusätzlich erfordert die Umsetzung von Transparenzanforderungen weitere Unternehmensressourcen und den Einsatz entsprechender Management- und/oder Controllingsysteme.

Dies verdeutlicht, dass nicht von „der Transparenz" gesprochen werden kann. Der inhaltliche Umfang von Transparenz ist abhängig vom Adressaten beziehungsweise Nachfrager, von der Situation, in der sich eine Unternehmung befindet, sowie vom verfolgten Geschäftszweck und den Unternehmensstrukturen. Hinzu kommt, dass die wichtigsten Unternehmensinformationen zur Erfüllung der Transparenzanforderungen im Regelfall nur zeitpunktbezogen aktuell und/oder verfügbar sind (z.B. Jahresabschluss). Mit anderen Worten: Transparenz ist ein zeitpunktbezogener Zustand. Die Aussagekraft zeitpunktbezogener Informationen ist häufig eingeschränkt und nur in Verbindung mit zusätzlichen Informationen valide. Gleichzeitig bedeutet eine zielgruppen- sowie kontextunspezifische Transparenz eine Informationsflut, die von Entscheidungsträgern kaum zu bewältigen ist. So wächst beispielsweise die Anzahl von E-Mails, Internetseiten oder anderen Informationsträgern inklusive unaufgeforderter Werbe-E-Mails jährlich zweistellig.

Transparenz spielt sowohl mit Blick auf eine genehmigte als auch eine nicht genehmigte Weiterverwendung von Unternehmensinformationen eine wichtige Rolle. Veräußerung oder Missbrauch von beispielsweise personenbezogenen Daten zeigen dabei unterschiedliche Sichtweisen von Transparenz. Transparenz fungiert somit als ökonomisches Prinzip und als Grundlage für unterschiedlichste Geschäftsmodelle.

Ziel ist somit, über eine systematische, strukturierte und regelbasierte Planung, Organisation und Kontrolle der Informationserzeugung und -verteilung eine über mehrere Zeitpunkte hinweg stabile sowie kontext- und zielgruppenspezifische Transparenz zu ermöglichen.

Stakeholder und Transparenz

Stakeholder eines Unternehmens mit unterschiedlichen Zielen, Wissensständen und Normenvorgaben besitzen unterschiedliche Transparenzanforderungen und -rechte.

Unter Stakeholdern im engeren Sinn werden alle Institutionen, Gruppen oder Individuen, von denen der Fortbestand des Unternehmens abhängig ist, verstanden. Hierzu zählen insbesondere Kapitalgeber, Vorstand, Aufsichtsrat, Mitarbeiter, Kunden sowie Lieferanten. Stakeholder im weiteren Sinn sind dann die Interessengruppen, die die Ziele einer Organisation beeinflussen können oder die von deren Zielerreichung betroffen sind. Hier sind zusätzlich Gruppen wie der Staat beziehungsweise Behörden und Gesetzgeber, Medien, Gewerkschaften, Wettbewerber etc. zu nennen.

Jeder Stakeholder gibt unterschiedliche Normen vor, verfolgt verschiedene Interessen in unterschiedlichen Situationen und besitzt dadurch abweichende Informations- und Transparenzbedürfnisse zu unterschiedlichen Zeitpunkten entsprechend seines Wissensstandes.

Die Befriedigung dieser Bedürfnisse erfordert eine detaillierte Segmentierung der Stakeholder entsprechend der Kriterien: Interessen, Normenvorgaben, Situation, Wissensstand, Häufigkeit sowie Zeitpunkt der Anforderungen. Nachstehend ein vereinfachtes Beispiel für eine Segmentierung der Pharmabranche.

Durch die Segmentierung entsteht ein Raster, das der Unternehmensleitung die Möglichkeit gibt, Informationsbedürfnisse der Stakeholder mit Blick auf die Anforderungen zielgruppenspezifisch zu steuern.

Dies hat strukturiert und regelbasiert zu erfolgen. Denn bestimmte Informationen sind für sämtliche Stakeholder interessant, während

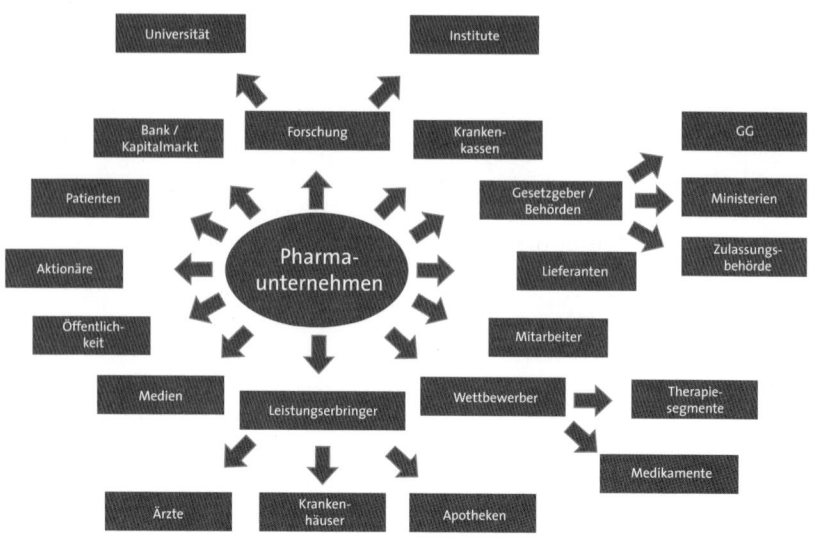

Abbildung 1: Segmentierung der Stakeholder.

andere nur für eine Gruppe oder sogar nur für einen Einzelnen einer Gruppe relevant sind.

Unternehmenskontext und Transparenz

In jeder Umweltsituation herrscht ein anderes Transparenzverlangen beziehungsweise liegen andere Transparenzanforderungen der Stakeholder vor.

So ist beispielsweise in Krisenzeiten das Transparenzverlangen von Stakeholdern, anderen Interessengruppen und Mitarbeitern höher als in Nichtkrisenzeiten. Die Nichterfüllung von Zielvorgaben wirft Fragen auf, die kurzfristig einer Antwort bedürfen. Aber gerade in Krisen tut sich das Management schwer, dem Transparenzverlangen Folge zu leisten. Denn eine Krisensituation ist für eine Unternehmung kein alltäglicher Zustand. Die wenigsten Mitarbeiter besitzen die Erfahrung, eine Krise gemeistert zu haben. Viele Entscheidungssituationen sowie deren Auswirkungen auf die Unternehmung sind unbekannt und bedürfen trotzdem einer schnellen Lösung. Für die Transparenzbedürfnisse der Stakeholder und der Mitarbeiter bleibt häufig wenig Zeit.

Andere Unternehmenskontexte, wie eine stabile, gleichbleibende Umweltsituation, haben wieder andere Transparenzanforderungen zur Folge. Dort geht es eher um regelmäßige, übersichtliche und dabei kostengünstige Informationsbereitstellung.

Zusammengefasst ist eine systematische Steuerung der Transparenz- und Informationsanforderungen der Stakeholder und Mitarbeiter notwendig. Denn unterschiedliche Stakeholder und Interessengruppen haben zu verschiedenen Zeitpunkten in unterschiedlichen Kontexten ein voneinander abweichendes Transparenzbegehren. Ein sinnvoller Analyserahmen bildet hierbei das Cynefin-Framework.

Die Grundidee des Cynefin-Frameworks liegt in der These, dass jede Unternehmenssituation unterschiedliche, der Situation angepasste Entscheidungen erfordert. Es hilft Entscheidungsträgern in Unternehmen, entsprechend der Unternehmenssituation die angemessenen Entscheidungen zu fällen, die entsprechenden Informationen an die richtigen Interessengruppen über die notwendigen Informationskanäle zu verteilen.

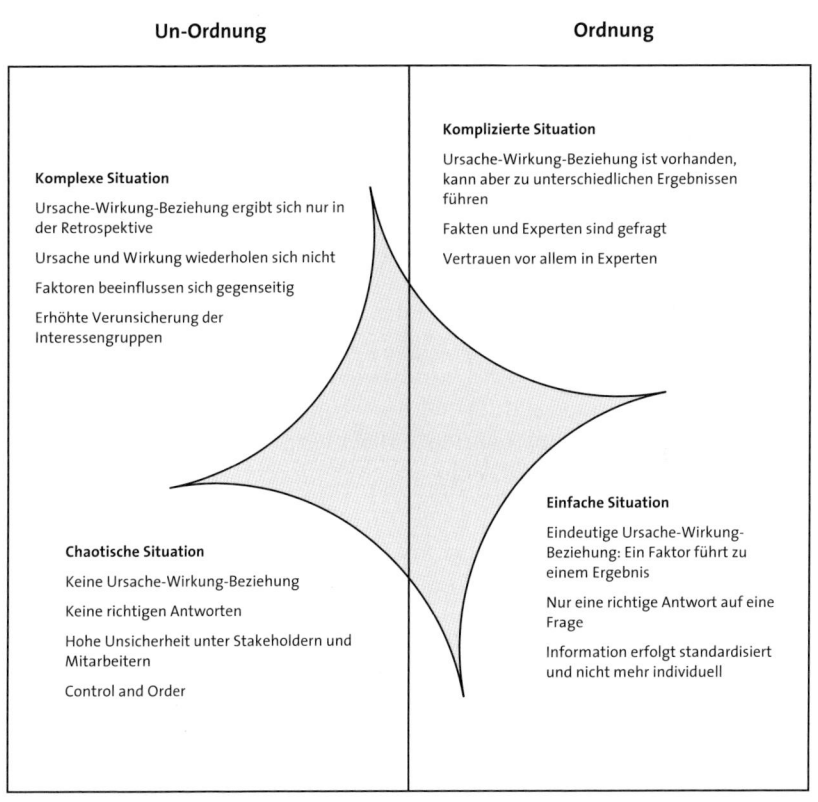

Abbildung 2: Cynefin-Framework.

Dabei unterscheidet der Ansatz chaotische und komplexe Situationen sowie komplizierte und einfache Kontexte. Chaotische und komplexe Kontexte sind durch Unordnung charakterisiert. Es ist kein klares Beziehungsverhältnis zwischen Ursache und Wirkung zu erkennen. Entscheidungen müssen basierend auf sich ständig ändernden Umweltverhältnissen getroffen werden. Komplizierte und einfache Situationen kennzeichnen sich durch einen geordneten Handlungsraum, in dem eine klare Ursache-Wirkungs-Kette zu erkennen ist.

Das Framework als Grundlage für Transparenzentscheidungen unterteilt sich in einen chaotischen, komplexen, komplizierten und simplen Kontext.

Mit Blick auf diese Unternehmenssituation lassen sich die Transparenzanforderungen beziehungsweise Informationsübermittlung folgendermaßen analysieren.

Chaotischer Kontext

Der chaotische Kontext ist durch einen hohen Grad an Unwägbarkeiten und unkalkulierbaren Einflüssen gekennzeichnet. Es gibt keine Ursache-Wirkungs-Beziehung, so dass es auch keine richtigen Antworten gibt. Daraus folgt, dass keine oder wenig Standards bei Entscheidungen oder bei der Informationsbereitstellung vorhanden sind. Es herrscht eine hohe Unsicherheit unter den Stakeholdern, Mitarbeitern und anderen Interessengruppen. Dementsprechend ist ein hoher Bedarf an Informationen über die unternehmerischen Entscheidungsprozesse vorhanden. In diesem Kontext hat die Unternehmensführung klare, direkte, einfache Informationen bereitzustellen. Die wichtigsten Unternehmensstrukturen sowie „Control and Order" sind kurzfristig zu stärken oder wiederherzustellen. Ein hoher Grad an Informationen und Transparenz für eine Vielzahl von Interessengruppen wirkt hierbei eher kontraproduktiv.

Mögliche Beispielsfälle liefert die Finanzbranche im Zusammenhang mit der weltweiten Wirtschafts- und Finanzkrise der Jahre 2008 und 2009. Finanzinstitute wie Hypo Real Estate, Bank of America, Royal Bank of Scotland befanden sich aufgrund falscher Unternehmensentscheidungen in Verbindung mit externen Einflüssen in chaotischen Situationen, in der Ursache-Wirkungs-Zusammenhänge gar nicht oder nur unklar zu erkennen waren.

Unstrukturierte und nicht situationsspezifische Informationspolitik verschärfte die Unternehmenslage. Erst das Eingreifen der jeweiligen Regierungen verbesserte die Handlungsfähigkeit der Unternehmen wieder.

Komplexer Kontext

Der komplexe Kontext ist durch ständige Veränderung und Unvorhersehbarkeit charakterisiert. Ursache-Wirkungs-Beziehungen sind ebenfalls nicht deutlich zu erkennen. Eine hohe Anzahl an Faktoren erzielt keine direkte Wirkung auf das Ergebnis, da sich diese Faktoren gegenseitig beeinflussen können.

Es herrscht nach wie vor ein hoher Unsicherheitsfaktor bei den Stakeholdern und Mitarbeitern. Dadurch ist der Bedarf an Informationen weiterhin sehr hoch. Die Unternehmensführung sollte darauf bedacht sein, den Interaktions- und Kommunikationsgrad deutlich anzuheben und offene Diskussionen mit einer Vielzahl von Interessengruppen zu suchen, da dies einen wichtigen Beitrag leistet, die Komplexität zu reduzieren.

In diesem Zusammenhang steigt schrittweise die Nachfrage nach speziellem Wissen beziehungsweise Informationen, die die Qualität der verteilten Information bestätigen. Informationsdistribution und Transparenz sind selektiv zu organisieren.

Ein mögliches Beispiel für einen komplexen Kontext stellt der Datenskandal der Deutschen Bahn dar. Die schrittweise und zögerliche Veröffentlichung der „missbräuchlichen" Verwendung personenbezogener Daten verringerte das von den Stakeholdern dem Vorstand entgegengebrachte Vertrauen. Erst die Installation eines externen Untersuchungsausschusses konnte die Transparenzanforderungen der Stakeholder befriedigen.

Komplizierter Kontext

Umweltveränderungen und Unvorhersehbarkeiten nehmen deutlich ab. Ursache-Wirkungs-Muster kristallisieren sich heraus. Allerdings können verschiedene Faktoren zu einem Ergebnis führen.

Um die richtigen Antworten herauszuarbeiten, favorisiert die Unternehmensführung ein faktenbasiertes Management. Dementsprechend sind Expertenmeinungen sowohl außerhalb als auch innerhalb der Unternehmung notwendig und gefragt. Spezialistenwissen kann jedoch einzelne Stakeholder überfordern oder im umgekehrten Fall können bestimmte Information für einige Stakeholder nicht mehr ausreichend sein.

Insgesamt hat der Unsicherheitsgrad unter den Mitarbeitern deutlich abgenommen. Dies gilt ebenfalls für die Stakeholder. Die Kommunikation zwischen den Interessengruppen und der Unternehmensführung findet sowohl auf individueller Basis als auch standardisiert statt. Transparenz ist häufig nur über die Nennung des Experten und das Vertrauen in dessen Reputation zu erzeugen oder über zusätzliche Informationen, die die verteilten Informationen verifizieren. Die Unternehmensstrukturen werden deutlich gestrafft.

Ein mögliches Beispiel für einen komplizierten Kontext stellt die Mannesmann-Übernahme durch Vodafone dar, bei dem der ehemalige Vorstandsvorsitzende, Klaus Esser, eine Millionenabfindung erhielt. Über die Rechtmäßigkeit der Abfindung herrschte auch unter Experten lange Zeit Uneinigkeit beziehungsweise Unklarheit über die Rolle des Aufsichtsrates als Kontrollorgan.

Einfacher Kontext

Der einfache Kontext basiert auf einer eindeutigen Ursache-Wirkungs-Relation. Es gibt im Regelfall nur eine richtige Antwort auf eine auftauchende Frage. Eine extensive Kommunikation ist häufig nicht mehr notwendig, sondern wird durch einen hohen Standardisierungsgrad kompensiert. Der Informationsbedarf ist nur noch punktuell vorhanden und kann im Wesentlichen durch standardisierte Informationen befriedigt werden. Hierfür sind Handbücher, Prozessvorgaben und detaillierte Richtlinien legitime Praktiken. Kommunikation erfolgt klar und direkt und notwendigerweise nur in Ausnahmefällen individuell. Transparenz ist auf diese Art und Weise schnell herzustellen.

Ein Beispiel für einen einfachen Kontext stellt beispielsweise die Veröffentlichung einer Geschenkerichtlinie durch die Unternehmensleitung dar. Die Kommunikation erfolgt im Wesentlichen standardisiert über die bekannten Unternehmenskanäle und Fragen können systematisch abgehandelt werden. Eine individuelle Kommunikation erfolgt selten.

Das Cynefin-Modell verdeutlicht, dass in unterschiedlichen Unternehmenssituationen oder -phasen unterschiedliche Kommunikations-, Informations- und damit Transparenzanforderungen an das Unternehmen gerichtet werden. Die hierfür notwendigen Regeln und Strukturen sind über eine formalisierte Organisationsstruktur zu implementieren.

Compliance-Managementsystem als Instrument zur Steuerung und Controlling von Unternehmenstransparenz

Die Steuerung der Transparenzanforderungen der Stakeholder erfolgt über eine systematische und strukturierte Planung, Organisation und Kontrolle der Informationserzeugung und -distribution innerhalb der Unternehmung. Dadurch kann das Management frühzeitig auf die potentiellen Anforderungen reagieren und es erlaubt, überflüssiges Transparenzbegehren zu reduzieren.

Instrumente und Methoden, mit denen die notwendigen Informationen innerhalb einer Unternehmung erzeugt, verteilt und kommuniziert werden, gehören zu den Grundlagen eines Compliance-Managements. Im Regelfall geschieht dies über eine formalisierte Organisationsstruktur. Das Management einer Unternehmung beziehungsweise die verantwortlichen Mitarbeiter benötigen Instrumente, Tools, Systeme zur Steuerung des Informationswesens einer Organisationsstruktur. Diese Instrumente müssen schriftlich greifbar und operationalisierbar, das heißt messbar, sein. Folgende Elemente der Formalisierung stehen im Wesentlichen einer Unternehmung zur Verfügung:

1. Programme, Systeme, Richtlinien

Programme sowie Systeme steuern Handlungen und Informationsflüsse der Mitarbeiter. Dies geschieht durch Standardisierung und im Regelfall auch durch Automatisierung der in den Programmen und Systemen verankerten Geschäftsprozesse. Des Weiteren sorgen Programme und Systeme auch für die Sicherheit von Handlungen und Informationsflüssen. Beispiele sind Vergütungssysteme, ERP-Systeme, aber auch Richtlinien und Regelwerke wie zum Beispiel Einkaufsrichtlinien oder eine Reisekostenverordnung.

2. Unternehmensleitlinien

Unternehmensleitlinien fixieren schriftlich den generellen Rahmen für Wertvorstellungen der Unternehmung. Sie stellen keine konkreten Handlungsrichtlinien dar, sondern geben lediglich einen Leitfaden für die Mitarbeiter und das Management. Unternehmensleitlinien werden im Regelfall sowohl intern als auch extern veröffentlicht.

3. Handlungsanweisungen

Handlungsanweisungen wie zum Beispiel Protokolle oder Vorstandsbeschlüsse stellen eine auf den Einzelfall bezogene schriftliche Weisung dar.

4. Prozessdarstellungen und -beschreibungen

Die Geschäftsprozesse sowie die oben beschriebenen Elemente können grafisch erfasst und/oder schriftlich beschrieben werden. Das Ergebnis sind Prozesshandbücher, die einen schnellen Überblick über die relevanten Prozesse geben. Entsprechende Softwareprogramme können diesen Vorgang unterstützen. Des Weiteren ist ein Großteil der Unternehmensprozesse heute in Softwareprogrammen standardisier- und automatisierbar. ERP-Programme, aber auch speziell angefertigte Lösungen bilden und steuern heute im Wesentlichen die Unternehmensprozesse.

Vorraussetzung für ein effizientes und abgestimmtes System einer formalisierten Organisationsstruktur zur Steuerung und Kontrolle von Transparenz ist hierbei eine Strukturierung und Standardisierung der eingesetzten Elemente. Grundsätzlich gilt, dass eine Zentralisierung der Informationen sowie der zur Informationserzeugung und -verteilung eingesetzten Instrumente die Transparenzanforderungen effizienter steuern lässt. Allerdings wird eine Vielzahl der benötigten Informationen in den dezentralen operativen Prozessen generiert. Diese müssen über die entsprechenden Instrumente an die Entscheidungsträger weitergereicht werden. Zusammenfassend hat eine formalisierte Organisationsstruktur dafür zu sorgen, die relevanten Informationen an der Stelle zu erfassen, an der sie entstehen, und diese dann zentral zu sammeln und zu standardisieren.

Dabei sind grundsätzlich folgende Maßnahmen zu treffen:

1. Berichtssysteme und Programme: Zentrale Verwaltung mit dezentraler Dateneingabe sowie -pflege

Berichtssysteme und Programme sind so zu gestalten, dass die notwendigen Informationen an den Stellen aufgenommen und gepflegt werden, an denen diese entstehen. Aufnahme und Pflege erfolgt in standardisierter Form. Verwaltung, Auswertung und Ergebnisdistribution erfolgt von zentraler Stelle. Berichtssysteme sind zu vereinheitlichen und entsprechend der Zielgruppen zu strukturieren.

2. Zentralisierung von Vertragsprozessen

Verträge mit Dritten sind weitgehend zu standardisieren. Durch die Einführung von zentralen Vertragsmanagementsystemen werden die Aufgaben der Vertragsverhandlungen überwacht und gesteuert. Verträge sind zentral zu verwalten.

3. Zentralisierung der Dokumentenverwaltung

Dies gilt für sämtliche als relevant eingestuften Unternehmensdokumente. Ein zentraler Datenraum ist elektronisch sowie physisch einzurichten. Zugang erfolgt nur über Berechtigungsnachweis.

4. Zentralisierung und Modifizierung von Richtlinien

Die bestehenden Richtlinien wie zum Beispiel Einkaufsrichtlinien oder Reisekostenrichtlinien sind zentral zu verwalten und zu pflegen.

5. Zentralisierung von Zahlungssystemen und Kontoverbindungen

Dies gilt ebenfalls für die Zentralisierung von Zahlungssystemen und die Verwaltung von Kontoverbindungen. Dadurch können die Zahlungen und Finanzströme besser überwacht und gesteuert werden.

Die beschriebenen Maßnahmen im Rahmen des Compliance-Managements bilden die organisatorische Infrastruktur, die frühzeitig erlaubt, die Risiken aus nicht normkonformen Handlungen zu verhindern beziehungsweise bei Eintritt dergestalt zu managen, dass die potentiellen Krisenherde reduziert werden. Eingebettet in diese Infrastruktur ist der Risikomanagementprozess für Compliance-Risiken. Dieser gliedert sich in die Identifikation, Analyse und Bewertung von Compliance-Risiken. Aus der Bewertung ergibt sich das Maßnahmenpaket, das zur Steuerung und Kontrolle der Compliance-Risiken notwendig ist. Dabei sind die Maßnahmen grundsätzlich in Compliance-Risikovermeidung, Compliance-Risikominderung, Compliance-Risikokompensation, Compliance-Risikoüberwälzung und Compliance-Risikoübernahme zu kategorisieren. Somit wird für die Krisenprävention von Compliance-Risiken keine Parallelorganisation erforderlich. Sie ist Bestandteil des Compliance-Managements sowie der Compliance-Organisation.

Zusammenfassung und Ausblick

Die Spannung zwischen der Nachfrage nach zusätzlicher oder umfassender Transparenz auf der einen und restriktiverer Verwendung und Distribution von Informationen auf der anderen Seite nimmt weiter zu. Zahlreiche „Datenskandale", wie bei der Deutschen Bahn, der Deutschen Telekom oder Lidl, aber auch die Diskussion um Modifizierungen des Bundesdatenschutzgesetzes (BDSG) oder des Gesetzes zur Regelung des Zugangs zu Informationen des Bundes (kurz: Informationsfreiheitsgesetz – IFG) spiegeln dieses Spannungsfeld wider.

Ein Compliance-Management kann hierbei Abhilfe für ein Unternehmen schaffen. Es sorgt durch eine systematische Steuerung sämtlicher organisatorischer Maßnahmen für das normengerechte Verhalten aller Mitarbeiter und Aufsichtsorgane in Abstimmung mit dem Geschäftszweck und den Stakeholdern. Es besteht somit die Möglichkeit, Krisen, die aus nicht normengerechten Verhalten entstehen, frühzeitig zu erkennen und zu steuern.

Transparenz stellt hierbei eine notwendige, jedoch nicht hinreichende Bedingung dar. Sie führt nicht automatisch zu einem effektiven und effizienten Compliance-Management.

Zur Unterstützung von Compliance-Management und Krisenprävention ist Transparenz regelbasiert, systematisch und situationsspezifisch zu organisieren. Dabei ist zu berücksichtigen, dass die Ausgestaltung von Transparenz abhängig ist von

• den Bedürfnissen, Rechten und Eigenschaften der Stakeholder,

• den jeweiligen Unternehmenssituationen sowie

• dem Geschäftsmodell und den Organisationsstrukturen einer Unternehmung.

Die unterschiedlichen Bedürfnisse und Eigenschaften der Stakeholder erfordern eine detaillierte Segmentierung der Stakeholder entsprechend den Kriterien Interesse, Normenvorgaben, Situation, Wissensstand, Häufigkeit sowie Zeitpunkt der Anforderungen. Dadurch ergibt sich für die Unternehmensleitung die Möglichkeit, Informationsbedürfnisse der Stakeholder mit Blick auf die Anforderungen zielgruppenspezifisch und regelbasiert zu steuern. Weiterhin wird deutlich, dass die unterschiedlichen Stakeholder und Interessengruppen zu verschiedenen Zeitpunkten in unterschiedlichen Unternehmenssituationen oder -phasen ein voneinander abweichendes Transparenzbegehren besitzen. Das Cynefin-Modell stellt hierbei notwendige Regeln und Strukturen vor, die eine Steuerung der Transparenzanforderungen in den jeweiligen Kontexten ermöglichen. Die Herausforderung für das Management besteht darin, die Ergebnisse der Stakeholdersegmentierung sowie der Kontextanalyse über die zur Verfügung stehenden Instrumente einer formalisierten Organisationsstruktur zu implementieren. Hierfür eignen sich insbesondere Systeme, Programme, Richtlinien, Prozesse, Leitlinien und Handlungsanweisungen. Diese sind effizient und effektiv aufeinander abzustimmen, so dass Transparenzanforderungen regelbasiert, zielgruppenspezifisch und der jeweiligen Unternehmenssituation angepasst organisiert werden können. Dadurch kann frühzeitig auf die potentiellen Anforderungen reagiert und überflüssiges Transparenzbegehren reduziert werden.

Literatur

Kurtz, C.F., Snowden, D. J.: The new dynamics of strategy: Sense-making in a complex und complicated world, IBM Systems Journal, Vol. 42, No. 3, 2003.

Deutscher Sparkassen- und Giroverband e.V. (Hrsg.): Handbuch der Compliance-Organisation. Stuttgart 2003.

Kieser, A., Kubicek H.: Organisation. Berlin/New York 1992.

Moeller, R.R.: COSO. Enterprise Risk Management. Understanding the New Integrated ERM Framework. New Jersey 2007.

Müller, Th.: Compliance-Management. Dargestellt am Beispiel der Versicherungswirtschaft. Bern 2007.

Near J.P., Miceli M.P.: Blowing the Whistle. New York 1992.

Porter, M. E.: Wettbewerbsvorteile. Frankfurt/New York 2000.

v. Werder, A., Stöber, H., Grundei, J. (Hrsg.): Organisations-Controlling. Konzepte und Praxisbeispiele. Wiesbaden 2006.

Wöhe, G.: Einführung in die allgemeine Betriebswirtschaftslehre. München 1990.

Institute Risk & Fraud Management (Hrsg.): Zeitschrift für Risk, Fraud & Governance. Berlin.

Unternehmensberichterstattung von morgen: Transparenz als Voraussetzung für das Vertrauen des Kapitalmarktes

Nadja Picard

Einleitung

Beziehung zwischen Transparenz und Vertrauen – und was bewirkt das Vertrauen des Kapitalmarktes?

Wer kauft schon gern die Katze im Sack? Eigentlich niemand. Und das ist auch der Grund, warum Transparenz so wichtig ist. Transparenz, das heißt in der Welt der Unternehmen, zuverlässige Informationen über die wirtschaftliche und finanzielle Lage eines Unternehmens zeitnah und verständlich der Öffentlichkeit, insbesondere aber den Anteilseignern beziehungsweise Investoren zugänglich zu machen. Dies ist keine Frage der moralischen Integrität, sondern für die meisten Unternehmen eine wirtschaftliche Notwendigkeit, ein Faktor, der darüber entscheiden kann, ob das Unternehmen Zugang zu Kapital bekommt oder nicht.

Wenn sich ein Investor dazu entscheiden soll, sein Kapital in ein Unternehmen zu investieren, sei es nun eine Private-Equity-Gesellschaft, die einen Unternehmensanteil kauft, ein Privatmann, der Aktien eines Unternehmens erwirbt, oder eine Bank, die einen Kredit an das Unternehmen vergibt, so will er genau sehen, wofür er sein Geld gibt, damit er die Risiken einschätzen und abwägen kann, ob sich das Investment lohnt. Das ist bei einem Investment in ein Unternehmen natürlich schwieriger zu beurteilen als beim Erwerb anderer Güter.

Das erste Kriterium für eine Investitionsentscheidung ist zumeist der wirtschaftliche Erfolg des Unternehmens. Hier dienen die historischen Ergebnisse als Zeugnis für den Erfolg der Strategie der Vergangenheit. Wer mit dem Kapitalmarkt zu tun hat, weiß allerdings, dass die Erfolge der Vergangenheit nichts und die Phantasien über die Zukunft fast alles sind. Ein Investor muss also darauf vertrauen können, dass die Prognosen des Unternehmens über seine zukünftige Entwicklung auch zutreffen. Dies ist nur durch Transparenz zu erreichen. Der Investor muss nachvollziehen können, wie eine Schätzung zustande kommt und wie sich die Geschäftsergebnisse des Unternehmens zusammensetzen. Je transparenter ein Unternehmen ist, desto größer ist das Vertrauen, das ihm Investoren entgegenbringen. Dieses Vertrauen steigert die Bereitschaft, ein Investment zu tätigen oder aufrechtzuerhalten.

Was für Investoren gilt, gilt auch für Analysten. Je stärker das Vertrauen der Analysten in die Aussagen des Unternehmens ist, desto eher ist es in der Lage, die Erwartungen der Analysten zu steuern. Dies verhindert unrealistische Einschätzungen und Ziele, was wiederum Überraschungen und Enttäuschungen verhindert.

Der Markt verzeiht Überraschungen nur ungern, weder positive noch negative. Die Folge sind Kurssprünge und häufig Kursverluste, die über die objektive Tragweite der Nachricht weit hinausgehen. Ein Beispiel hierfür ist möglicherweise die Hypo Real Estate Holding AG. Das Unternehmen hatte 2007 in der weltweiten Finanzkrise mehrfach versichert, dass es keinen Abschreibungsbedarf habe und gestärkt aus der Krise hervorgehe. Doch dann kam Ende 2007 die Nachricht über einen Abschreibungsbedarf von 300 Millionen Euro (im Nachhinein betrachtet war das kein hoher Betrag). Diese Nachricht führte damals jedoch zu einem Kursverlust von 35 Prozent an einem einzigen Tag – was einem Verlust an Börsenwert von über zwei Milliarden Euro entsprach. Es liegt die Vermutung nahe, dass der Abschreibungsbedarf nicht allein für die drastische Marktreaktion verantwortlich war, sondern dass andere Faktoren wie zum Beispiel ein Vertrauensverlust der Marktteilnehmer eine Rolle spielten.

Gelingt es einem Unternehmen, durch Transparenz der Ergebnisse, der Ziele und der Risiken das Vertrauen der Marktteilnehmer zu gewinnen und die Erwartungen des Markts pro-aktiv zu steuern, führt dies erfahrungsgemäß zu einem deutlich ruhigeren, stabileren Kursverlauf, also einer geringeren Volatilität. Auch ist dann eine geringere Sensitivität gegenüber Ausschlägen des Marktes zu beobachten. In diesem Zusammenhang spricht man vom sogenannten Beta-Faktor. Ein geringerer Beta-Faktor hat wiederum positive Auswirkungen auf die Kapitalkosten (Weighted Average Cost of Capital, WACC) des Unternehmens, da der Beta-Faktor oft ein wichtiges Kriterium beim Zugang zu Kapital ist.[1]

Studien haben gezeigt, dass Unternehmen, deren Kapitalmarktkommunikation von einem hohen Maß an Transparenz und deren Beziehung zum Kapitalmarkt daher von Vertrauen geprägt ist, langfristig eine positive Kursperformance zu verzeichnen haben.[2]

Transparenz bedeutet allerdings nicht uneingeschränkte und wahllose Preisgabe aller Informationen, die das Unternehmen betreffen. Es bedeutet Veröffentlichung der Angaben, die gesetzlich gefordert ist, zusammen mit denen, die für die Zielgruppen des Unternehmens von entscheidender Bedeutung sind. Zwischen diesen beiden Arten von Informationen gibt es bedeutende Schnittmengen. Das Gesetz sieht vor, dass hiervon Informationen ausgenommen sind, deren Veröffentlichung für das Unternehmen so schädlich wäre, dass kein Investor ein Interesse an ihrer Bekanntgabe haben kann. Beispiele hierfür sind noch nicht als Patent eingetragene Neuentwicklungen oder noch nicht abgeschlossene Unternehmenstransaktionen.

Hinzu kommt, dass ein Unternehmen auch Informationen vom Markt aufnehmen muss, um seine eigene Kommunikation transparent zu machen. Der tatsächliche Informationsbedarf der Marktteilnehmer kann je nach Zeitpunkt und Rahmenbedingungen stark variieren und sollte daher immer wieder überprüft werden. Nur wer das Feedback der Analysten einholt, kann seine Kommunikation stetig verbessern und somit an der Spitze bleiben. So sollte man die Kapitalmarktkommunikation nicht als Monolog, sondern als Dialog mit dem Markt sehen.

Die Erfolgsformel lautet: Die richtige Information mit der richtigen Detailtiefe zur richtigen Zeit an die richtige Zielgruppe. Im Folgenden soll gezeigt werden, mit welchen Instrumenten und Strategien ein Unternehmen dieses Ziel erreichen, seine Kapitalmarktkommunikation transparenter machen und das Vertrauen des Marktes in das eigene Unternehmen stärken kann, welche Elemente die Unternehmensberichterstattung heute umfasst, welche Vorgaben und Standards zur Herstellung von Transparenz heutzutage üblich sind und inwiefern die heutigen Systeme noch Optimierungspotential haben, um mehr Transparenz und damit mehr Vertrauen zu erzeugen. Darüber hinaus wird ein Blick darauf geworfen, wie die Unternehmensberichterstattung der Zukunft aussehen könnte und welche fundamentalen Chancen darin liegen.

Elemente der Unternehmensberichterstattung

Handelsrechtliche Berichterstattungspflichten

Aus der Perspektive des Unternehmens enthält die externe Kommunikation sowohl gesetzlich geforderte als auch freiwillige Elemente der Berichterstattung. Zu den rechtlich verpflichtenden Elementen gehören zum einen solche, die alle Unternehmen betreffen, und zum anderen diejenigen, die entweder nur Kapitalgesellschaften oder sogar nur börsennotierte Unternehmen erfüllen müssen. Die besonderen Vorschriften für börsennotierte Unternehmen werden im nächsten Kapitel behandelt.

Das zentrale Element der Unternehmensberichterstattung ist der Jahresabschluss. Bestehend aus der Bilanz und der Gewinn- und Verlustrechnung (GuV) gewährt der Abschluss einen Blick ins Herz des Unternehmens – die reinen Zahlen. Geregelt in § 242 des Handelsgesetzbuches (bzw. § 290 Abs. 1 Satz 1, HGB Konzernabschluss), trifft die Pflicht zur Aufstellung eines Jahresabschlusses jedes Unternehmen, das bestimmte Größenkriterien überschreitet und das in den Geltungsbereich des deutschen Handelsrechts fällt. Die Inhalte des Abschlusses sind gesetzlich normiert und die Einhaltung dieser Vorgaben muss bei Unternehmen ab einer bestimmten Größe von einem unabhängigen Wirtschaftsprüfer geprüft werden. Das daraufhin erteilte Testat verleiht den Angaben des Abschlusses eine entsprechend hohe Vertrauenswürdigkeit.

Der geprüfte Abschluss ist sozusagen die Grundlage der Transparenz, da sich fast alle anderen Elemente der Berichterstattung auf die Zahlen des Abschlusses beziehen. Transparent sind die Zahlen jedoch nur dann, wenn deutlich wird, wie sich eine bestimmte Größe (z.B. das operative Ergebnis) zusammensetzt beziehungsweise wie sie berechnet wird. Diesen Transfer leisten zum einen die Rechnungslegungsnormen, die einen Rahmen für die rechnerische Abbildung von Transaktionen bilden, und zum anderen der Anhang zum Abschluss, den nur Kapitalgesellschaften zusätzlich aufstellen müssen (§ 264 Abs. 1 Satz 1 HGB bzw. § 313 Abs. 1 Satz 1 HGB Konzern). Darüber hinaus tragen Zahlen nur zur Transparenz bei, wenn sie vergleichbar sind und zwar sowohl innerhalb des Unternehmens über einen Zeitraum von mehreren Jahren als auch mit den Zahlen anderer Unternehmen. Das bedeutet, dass ein Unternehmen dieselben Erfolgszahlen (finanzielle Leistungsindikatoren) in jedem seiner Abschlüsse verwenden sollte. Dabei sollte es diese Erfolgszahlen so auswählen, dass sie mit denen der Wettbewerber vergleichbar sind. Ein Ansatz, der ganz erheblich dadurch erschwert wird, dass es für viele der finanziellen und noch mehr für die nichtfinanziellen Leistungsindikatoren leider noch keine einheitlichen Definitionen gibt.

Für sich allein jedoch trägt der Abschluss nur wenig zur Transparenz bei. Es bedarf genauerer Erläuterungen, um zu verstehen, welche Rahmenbedingungen oder welches Ereignis zu einem bestimmten Ergebnis geführt haben.

Zum größten Teil wird die Geschichte hinter den Zahlen in einem anderen bedeutenden Element der Unternehmensberichterstattung erzählt – dem Lagebericht. Gesetzlich verpflichtend für Kapitalgesellschaften (§ 264 Abs. 1 Satz 1 HGB), soll der Lagebericht unter anderem den Geschäftsverlauf und die Lage der Gesellschaft umfassend und vor allem verständlich darstellen. Der Inhalt des Lageberichts ist gesetzlich vorgeschrieben und Gegenstand der Abschlussprüfung durch den Wirtschaftsprüfer, wodurch die Aussagen im Lagebericht besonderes Vertrauen genießen. Ebenso wie der Abschluss beschäftigt sich der Lagebericht zum großen Teil mit dem abgelaufenen Geschäftsjahr, also mit der Vergangenheit beziehungsweise der Gegenwart des Unternehmens. Der Lagebericht erläutert die Inhalte des Abschlusses und setzt sie in Bezug zu den Entwicklungen und Ereignissen des Geschäftsjahres, um so nicht nur zu verdeutlichen, wo das Unternehmen wirtschaftlich und finanziell steht, sondern auch, wie es dazu gekommen ist. So stellt er unter anderem die entscheidenden finanziellen, aber auch die nichtfinanziellen Leistungsindikatoren[3] dar (z.B. transportierte Tonnage, Passagiere, Abonnentenzahlen, aber auch Sustainability-Faktoren wie CO_2-Ausstoß) oder zeigt auf, welche Geschäftssegmente (z.B. nach regionalen Aspekten oder nach Geschäftsfeldern segmentiert) in dieser Berichtsperiode für die Performance des Unternehmens ausschlaggebend waren. Schon hieraus lassen sich viele Hinweise für die künftigen Entwicklungsmöglichkeiten des Unternehmens ablesen.

Der Lagebericht enthält aber auch in die Zukunft gerichtete Komponenten. Er soll die Risiken und Chancen, denen sich das Unternehmen im kommenden Geschäftsjahr (bzw. darüber hinaus) im Marktumfeld gegenübersieht, beschreiben und einen Ausblick auf den zukünftigen Geschäftsverlauf und eine Prognose für das zu erwartende Ergebnis abgeben. Hier lässt sich durch eine adäquate Darstellung tatsächlich ein erhebliches Mehr an Transparenz und damit ein Vertrauensgewinn schaffen. Je besser die Analyse und Beschreibung des für das Unternehmen relevanten Marktumfelds und der gegenwärtigen Wirtschaftslage sind, desto zutreffender lassen sich die Risiken und Chancen für das Unternehmen beschreiben. Je genauer die für die Prognose zugrunde gelegten werttreibenden Faktoren dargelegt werden, desto besser sind Investoren und Analysten in der Lage, die Prognose nachzuvollziehen und ihr zu vertrauen. Dies ist vor allem für das Erwartungsmanagement wichtig.

So weit die Theorie, doch viele Unternehmen behandeln den Lagebericht wie ein Pflichtprogramm und füllen ihn mit inhaltsarmen Formulierungen, die den Leser eher frustrieren, als einen Erkenntnisgewinn liefern. Das muss nicht so sein. Besonders im Hinblick auf die Risikoberichterstattung reduzieren viele Unternehmen ihre Aussagen auf Standardformulierungen, ohne konkret auf aktuelle Risiken in der jeweiligen Markt- und Unternehmenslage einzugehen. Auch beim Ausblick besteht erhebliches Verbesserungspotential. Besonders in Krisenzeiten scheuen sich viele Unternehmen, konkrete Prognosen abzugeben und die zugrunde liegenden Annahmen und Szenarien zu beschreiben. Unternehmensberichterstattung ist aber keine Schönwetterübung. Auch und gerade wenn das Unternehmen selbst oder die gesamte Wirtschaft schwere Zeiten durchleben, muss die Berichterstattung auf gleichem Niveau aufrechterhalten, besser sogar intensiviert werden. Wenn ein Unternehmen nicht bereit ist, auch negative Nachrichten offen zu kommunizieren, seine Reaktion darauf und die Perspektiven darzustellen, wird man seinen positiven Meldungen ebenfalls kein Vertrauen schenken.

Die gesetzlichen Vorgaben zur Erstellung des Lageberichts werden durch die Standards des Deutschen Rechnungslegungs Standards Committee e.V. (DRSC) ergänzt und verdeutlicht.[4] Doch die Erfahrung hat gezeigt, dass auch diese Standards noch einen erheblichen Interpretationsspielraum lassen. Daher sind Diskussionen bezüglich einer erneuten Änderung der Standards und Empfehlungen durch den DRSC im Gange, um eine weitere Konkretisierung der Inhalte herbeizuführen.

Ein wichtiger Faktor bei der Gestaltung des Lageberichts ist die Kontinuität. Transparenz entsteht hier vor allem über die Vergleichbarkeit der Faktoren mit denen der Vorjahre und über den Abgleich der Prognose mit der Ist-Situation. Der Lagebericht sollte sich über die Jahre immer auf dieselben Werttreiber und Leistungsindikatoren beziehen und diese fortschreiben, um die Entwicklung des Unternehmens kontinuierlich darzustellen, wobei begründete Änderungen vorgenommen werden können.

Besonders hervorzuheben sind hierbei sogenannte Non-GAAP-Leistungsindikatoren.[5] Hierbei handelt es sich um Kennzahlen, die nicht durch einen der gängigen Rechnungslegungsstandards definiert sind (z.B. EBITDA). Die finanziellen Non-GAAP-Leistungsindikatoren werden oft aus Zahlen aus dem Abschluss entwickelt, die geprüft sind, deren Zusammensetzung konsistent nachvollziehbar ist und die dadurch eine besondere Glaubwürdigkeit genießen. Wachsende Bedeutung gewinnt der Lagebericht in letzter Zeit vor allem dadurch, dass in zunehmendem Maße Bestandteile aus dem nicht gesetzlich normierten, freiwilligen Teil des Geschäftsberichts in den Lagebericht mit aufgenommen werden. Sie werden hier in Beziehung zum Zahlenwerk gesetzt und erlauben auf diese Weise tiefe und konsistente Einblicke ins Unternehmen. Dadurch, dass diese Teile in den Lagebericht integriert werden, der wie gesagt Gegenstand der Abschlussprüfung ist, genießen sie eine höhere Glaubwürdigkeit. Allerdings ist die Tiefe der Prüfung des Lageberichts notwendigerweise nicht vergleichbar mit der Intensität der Prüfung der Bestandteile des Abschlusses.

Ein Beispiel für ein freiwilliges Element der Berichterstattung, dessen Aufnahme in den Lagebericht empfehlenswert sein kann, ist der Compliance-Bericht. Corporate Compliance, die Sicherstellung der Einhaltung von rechtlichen Vorschriften durch das Unternehmen und seine Mitarbeiter, ist nicht zuletzt auch durch prominente Fälle in der deutschen Wirtschaft ein Thema, dem vor allem seitens der Öffentlichkeit viel Beachtung geschenkt wird. Doch nur wenige Unternehmen berichten bisher in einer kohärenten, standardisierten Form über ihre Bemühungen zur Verhinderung von Korruption, Betrug, Kapitalmarktdelikten, Umweltverstößen, Menschenrechtsverletzungen, Verstößen gegen Waffenkontrollgesetze etc., je nachdem, was dem Tätigkeitsbereich des Unternehmens sinnvoll entspricht. Dabei bietet sich hier den Unternehmen eine Möglichkeit, den verantwortungsvollen Umgang mit geschäftsinhärenten Risiken darzustellen und sich so als vertrauenswürdigen Partner für eine Investition zu präsentieren. Es ist also grundsätzlich empfehlenswert, eine Darstellung der Systeme und Prozesse, welche die Einhaltung von Gesetzen im Unternehmen sicherstellen, zumindest in den freiwilligen Teil des Geschäftsberichts mit aufzunehmen.

Gleiches gilt für eine Vielzahl anderer Elemente, die als freiwillige Bestandteile in den Lagebericht integriert werden können, wie zum Beispiel ein Umweltbericht oder der sogenannte Corporate Social Responsibility Report. Der Anteil der Unternehmen, der solche Berichte zumindest in den Geschäftsbericht mit aufnimmt, steigt stetig. Insbesondere die Energiebranche nutzt diese Möglichkeit, um ihr Engagement für eine nachhaltige und verantwortungsbewusste Energiegewinnung transparent zu machen und so Vertrauen (zurück) zu gewinnen.

Das am 29. Mai 2009 in Kraft getretene Bilanzrechtmodernisierungsgesetz (BilMoG) enthält unter anderem auch einige Novellierungen zum Thema Lagebericht. Zum einen müssen die Unternehmen, die den Kapitalmarkt in Anspruch nehmen, zukünftig ihr rechnungslegungsbezogenes Kontroll- und Risikomanagementsystem genauer beschreiben und zum anderen eine Erklärung zur Unternehmensführung veröffentlichen, die eine Beschreibung der Arbeitsweise des Vorstands, des Aufsichtsrats und der jeweiligen Ausschüsse enthält. Dies könnte in erheblichem Maße zur Transparenz der Unternehmensführung beitragen und das Vertrauen der Investoren stärken, wenn die Unternehmen es schaffen, hierbei echte Einblicke in ihre Entscheidungsprozesse zu geben. Ob die Unternehmen jedoch die Chance nutzen, sich als verantwortungsvoll, risikobewusst und nachhaltig handelnd zu präsentieren, bleibt abzuwarten.

Es bleibt festzuhalten: Ein Unternehmen, das die geprüfte und damit vertrauenswürdige Plattform von Abschluss und Lagebericht nicht nutzt, um mit klaren und verständlichen, zielgruppenorientierten und an der aktuellen Unternehmens- und Marktlage ausgerichteten Informationen kontinuierlich überzeugende Einblicke in das Unternehmen zu geben, vergibt eine Chance, belastbare Beziehungen zu (potentiellen) Investoren und Analysten aufzubauen und zu erhalten.

Publizitäts- und Verhaltensregelungen für börsennotierte Unternehmen

Die im vorigen Kapitel beschriebenen Berichterstattungspflichten gelten unabhängig davon, ob ein Unternehmen an der Börse notiert ist oder nicht. Nimmt das Unternehmen einen organisierten Kapitalmarkt durch eigene Wertpapiere in Anspruch, so gilt zusätzlich eine ganze Anzahl weiterer Publizitäts- und Verhaltensvorschriften. Diese werden aufgrund ihres Bezugs zur Börsennotierung als Zulassungsfolgepflichten bezeichnet.

Die zentralen Zulassungsfolgepflichten betreffen unter anderem:

- Veröffentlichung von Jahres-, Halbjahres- und Quartalsfinanzberichten beziehungsweise von Zwischenmitteilungen der Geschäftsführung,

- Veröffentlichung von Ad-hoc-Mitteilungen,

- Veröffentlichung von Directors' Dealings,

- Veröffentlichung von Stimmrechtsmitteilungen,

- Führung von Insiderverzeichnissen,

- Abgabe einer Erklärung zur Unternehmensführung inklusive der Entsprechenserklärung zum Deutschen Corporate Governance Kodex (DCGK).

Stärkung der Transparenz

Zulassungsfolgepflichten haben den Zweck, die Transparenz der Berichterstattung börsennotierter Unternehmen zu erhöhen. Dies rührt daher, dass Transparenz für an der Börse notierte Unternehmen von größerer Bedeutung ist als für Unternehmen ohne Börsenlisting. Dieser Grundsatz ist nicht zuletzt Folge der typischen Anteilseignerstruktur eines börsennotierten Unternehmens. Denn hier sind die Anteile der Gesellschaft nicht in der Hand einiger weniger, der Unternehmensführung in vielen Fällen namentlich bekannter und nahestehender Gesellschafter oder Aktionäre. Vielmehr zeichnet sich die Aktionärsstruktur der meisten börsennotierten Unternehmen durch eine Vielzahl oftmals anonymer Anteilseigner aus, die unter Umständen sehr unterschiedliche Anlageziele – von der kurzfristigen Spekulation bis hin zum jahrzehntelangen Investment – verfolgen.

Doch unabhängig von Person und Ziel einigt alle Aktionäre das Bedürfnis nach Transparenz in der Unternehmensberichterstattung und damit nach allgemein zugänglichen, verlässlichen und vollständigen Informationen über ein börsennotiertes Unternehmen. Denn die Leichtigkeit und Unverbindlichkeit in Kauf und Verkauf von an der Börse gehandelten Aktien bringt es mit sich, dass der durchschnittliche Aktionär wenig bis gar keinen direkten Kontakt zu dem Unternehmen hat, dessen Aktien er hält. Börsennotierte Unternehmen müssen daher ein höheres Maß an Transparenz sicherstellen als Unternehmen ohne Börsennotierung.

Grundsätze der Zulassungsfolgepflichten

Zulassungsfolgepflichten bilden Vertrauen, indem sie börsennotierten Unternehmen einen festen Rahmen für den Umgang mit den Kapitalmarktteilnehmern und insbesondere für deren Informationsversorgung vorgeben. Klare Formatvorlagen und eine fest vorgegebene zeitliche Abfolge (z.B. bei der Regelberichterstattung) beziehungsweise eine gesetzliche Definition der Berichterstattungsanlässe (so z.B. bei der Ad-hoc-Berichterstattung) sind kennzeichnend für die meisten der Zulassungsfolgepflichten.

Wichtigstes Prinzip ist hierbei die informatorische Gleichbehandlung der Aktionäre, wie sie im Gesetz (§ 30a Abs.1 Nr.1 WpHG) vorgeschrieben und auch im DCGK ausdrücklich angesprochen ist (DCGK Ziff. 6.3 Satz 1). Der Gleichbehandlungsgrundsatz findet seinen deutlichsten Ausdruck in der Pflicht, Insiderinformationen unverzüglich zu veröffentlichen und damit jedem Marktteilnehmer zeitgleich, mittels einer Ad-hoc-Meldung (§ 15 WpHG), zugänglich zu machen. Nur durch diese sofortige Veröffentlichung kann das Entstehen von Informationsasymmetrien zwischen den Marktteilnehmern und somit eine Ungleichbehandlung verhindert werden. Diese Form der Gleichbehandlung ist von großer Bedeutung für die Förderung der Investitionsbereitschaft der einzelnen Marktteilnehmer. Kein vernünftiger Investor wäre bereit, seine Entscheidung zum Kauf einer Aktie von Informationen abhängig zu machen, die anderen Marktteilnehmern womöglich schon früher zur Verfügung standen. Doch einfach ist die Befolgung dieses Grundsatzes nicht, und nicht nur die Wirtschaftspresse berichtet immer wieder über häufig durch Fahrlässigkeit und Unkenntnis bedingte Verstöße. Die gesetzlichen Vorgaben und auch die ergänzenden Auslegungen der Bundesanstalt für Finanzdienstleistungsaufsicht (BaFin) lassen einen nicht unerheblichen Auslegungsspielraum. Oft sind ausgefeilte Strukturen und Prozesse und beachtliche Rechts- und Marktkenntnis im Unternehmen nötig, um die Einhaltung dieser Vorgaben sicherzustellen.

Gleichzeitig sollte die Kommunikation mit dem Kapitalmarkt nicht nur an der Erfüllung der gesetzlichen Pflichten ausgerichtet sein, sondern eben auch die Informationsinteressen der Investoren und Analysten im Auge haben. Diese beiden Perspektiven decken sich zwar häufig, aber nicht immer, und sind manchmal sogar gegenläufig. Hier gilt es, die richtige Balance zu finden und rechtliche Anforderungen mit denen des Marktes in Einklang zu bringen.

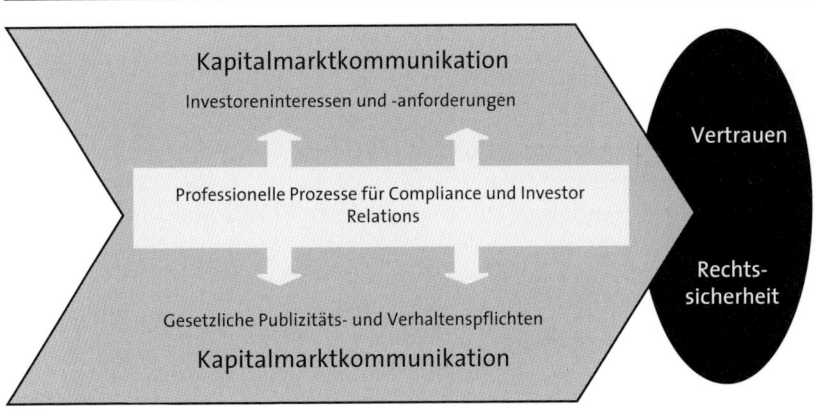

Abbildung 1: Gesamtkontext und Nutzen von transparenter Kapitalmarktkommunikation.

Ein weiteres übergreifendes Prinzip der Zulassungsfolgepflichten ist das der externen Kontrolle. Wie bereits gesagt, müssen die Bestandteile des Jahresfinanzberichts zwingend der Abschlussprüfung durch einen gesetzlichen Abschlussprüfer unterzogen werden. Bei den Halbjahres- und Quartalsfinanzberichten ist die Möglichkeit einer prüferischen Durchsicht oder einer Abschlussprüfung gesetzlich ausdrücklich vorgesehen. Es hat sich gezeigt, dass das Vertrauen der Kapitalmarktteilnehmer in die geprüften beziehungsweise einer prüferischen Durchsicht unterzogenen Berichte deutlich höher ist als in die nicht geprüften.[6] Aber von dieser Möglichkeit macht noch längst nicht jedes Unternehmen Gebrauch.

Eine weitere Form der Kontrolle stellt das sogenannte Enforcement der Rechnungslegung dar. Seit Mitte 2005 überprüft die als privatrechtlicher Verein organisierte Deutsche Prüfstelle für Rechnungslegung (DPR) gemeinsam mit der BaFin stichprobenartig oder anlassbezogen die Rechnungslegungsunterlagen nicht nur der börsennotierten, sondern aller kapitalmarktorientierten Unternehmen in Deutschland. Ziel ist es, die in Dax, MDax, SDax und TecDax gelisteten Unternehmen im Schnitt alle vier bis fünf, alle übrigen Unternehmen alle acht bis zehn Jahre zu überprüfen.

Folge von Verstößen

Verstößt ein Unternehmen gegen seine an die Börsennotierung gekoppelten Berichterstattungs- und Verhaltenspflichten, so sind daran eine ganze Anzahl möglicher negativer Folgen und Sanktionen geknüpft. Stellt beispielsweise die DPR im Rahmen ihrer Prüfung einen oder mehrere Fehler in der Rechnungslegung fest, so hat das Unternehmen diese Fehlerfeststellung zu veröffentlichen. Diese auf den ersten Blick wenig bedrohlich scheinende Folge stellt für die meisten betroffenen Unternehmen einen vertrauensschädigenden Umstand dar, den sie doch nach Kräften vermeiden wollen.

Objektiv gravierender aber sind die übrigen gesetzlichen Sanktionen, die bei Verletzung von Zulassungsfolgepflichten drohen. Insbesondere das Wertpapierhandelsgesetz (WpHG) enthält hierfür einen ganzen Katalog bußgeldbewehrter Ordnungswidrigkeitstatbestände. In bestimmten Fällen droht den beteiligten Personen sogar eine Freiheitsstrafe von bis zu fünf Jahren. Auch formuliert das WpHG eigene Schadenersatzansprüche, die von demjenigen geltend gemacht werden können, der sich durch eine unterlassene Verbreitung wahrer Insiderinformationen oder durch eine erfolgte Verbreitung unwahrer Insiderinformationen geschädigt sieht.

Bedauerlicherweise nicht sanktionierbar ist die Nichtbeachtung der Empfehlungen des Deutschen Corporate Governance Kodexes. Seine Regeln sind zum einen Teil Wiederholung der gesetzlichen Verpflichtungen und zum anderen Empfehlungen der Kommission. Das Aktiengesetz schreibt börsennotierten Unternehmen zwar vor, dass sie Abweichungen vom Kodex anzeigen müssen, aber eine Nichteinhaltung der Empfehlungen ahnden kann man nicht. Das BilMoG schreibt nun vor, dass die Abweichung vom Kodex nicht nur angezeigt, sondern auch erklärt werden muss, warum von einer bestimmten Regelung abgewichen wurde. Aber der Wahrheitsgehalt dieser Erklärung ist nicht überprüfbar. Aus diesen Gründen kann der DCGK noch nicht in dem Maße zur Vertrauensbildung beitragen, wie es wünschenswert wäre.

Drohender Verlust des Investorenvertrauens

Das größte Risiko bei einer Verletzung von Zulassungsfolgepflichten besteht jedoch in dem drohenden Vertrauensverlust der Kapitalmarktteilnehmer. Verstößt ein börsennotiertes Unternehmen gegen die aus dem Listing erwachsenden Obliegenheiten, so zeigt es, dass es entweder nicht willens oder aber nicht in der Lage ist, regelkonform zu handeln. Dies stellt in jedem Fall ein schlechtes Signal an den Markt dar. Die Investoren müssen hier mit der Gefahr rechnen, seitens des Unternehmens über anlagerelevante Sachverhalte gar nicht, nicht rechtzeitig oder nicht ausreichend informiert zu werden.

Börsennotierte Unternehmen leben aber vom Vertrauen der Kapitalmarkteilnehmer, die sich sonst vom Unternehmen ab- und anderen Unternehmen zuwenden. Der Kapitalmarkt hat stets Alternativen und ist nie auf ein bestimmtes Unternehmen angewiesen. Umgekehrt gilt dies nicht. Ist hier das Vertrauen verspielt, wird ein Unternehmen nicht den Erfolg am Kapitalmarkt haben, den es mit dem Vertrauen der Marktteilnehmer haben könnte.

Es lohnt sich also für ein börsennotiertes Unternehmen in jedem Fall, der Erfüllung der Zulassungsfolge die nötige Aufmerksamkeit zu schenken und sich durch adäquate organisatorische Maßnahmen vor Fehlern und damit vor Schäden durch Sanktionen und durch den Verlust des Anlegervertrauens zu schützen.

Freiwillige Berichterstattung zur Erfüllung von Markterwartungen

Der Geschäftsbericht als strategisches Element der Unternehmenskommunikation

Ein Unternehmen kann sich heute in seiner Kommunikation nicht nur auf die Einhaltung gesetzlicher Regelungen beschränken. Neben den bereits beschriebenen gesetzlichen Pflichten stehen vor allem kapitalmarktorientierte Unternehmen vor der zusätzlichen Herausforderung, die Erwartungen von Investoren und Analysten mindestens zu erfüllen.

Der freiwillig erstellte Geschäftsbericht hat sich als wesentliches Kommunikationsinstrument etabliert und bildet Berichtselemente ab, die teilweise gesetzlich gefordert sind, teilweise freiwillig zur Erfüllung obengenannter Erwartungen integriert werden. In seiner klassischen Form liefert er Informationen über Leistung und Rahmenbedingungen des abgelaufenen Geschäftsjahres sowie Prognosen für die künftigen Geschäftsjahre. Dabei werden in der Regel folgende offenlegungspflichtige Unterlagen abgebildet:

- Bericht des Aufsichtsrats,

- (Konzern-)Jahresabschluss,

- (Konzern-)Lagebericht,

- Versicherung der gesetzlichen Vertreter,

- Konzern-Bestätigungsvermerk.

Vor dem Hintergrund der vielfältigen Stakeholderinteressen nutzen Unternehmen den Geschäftsbericht in erster Linie als Marketinginstrument. Nicht gebunden an gesetzliche Regelungen sind dessen Planung und Erstellung vollumfänglich auf die Erfüllung von Kommunikationszielen ausgerichtet. Diese Ziele werden abhängig von unternehmensindividuellen Gegebenheiten von der Kommunikationsbeziehungsweise Investor-Relations-Strategie abgeleitet, welche Bestandteile einer übergeordneten Unternehmensstrategie sind. Der Geschäftsbericht tritt im Kommunikationsmix somit neben verwandte Kommunikationselemente wie beispielsweise Analystenpräsentation, Roadshow, Internetauftritt – aber auch Imagekampagnen, Werbespots und Anzeigen. Zu beobachten ist, dass der Geschäftsbericht in der Praxis häufig, zumindest thematisch, in gleicher Weise in der Verantwortung des Marketingvorstands liegt wie in der des Finanzvorstands.

Dementsprechend sind marketingrelevante Entscheidungen im Rahmen der Planung und Erstellung des Geschäftsberichts zu treffen. Dies betrifft folgende Bereiche und erfolgt meist unter Corporate-Identity-Richtlinien:

- Inhaltliche Gestaltung auf Basis der an den Geschäftsbericht gerichteten Erwartungen (Struktur, Bestandteile, inhaltliche Schwerpunkte, roter Faden, Stil),

- Optische Gestaltung (Layout, Grafiken, Übersichtlichkeit, Stil),

- Form (Hardcopy, PDF-Dokument, Online),

- Veröffentlichungsdatum.

Der Geschäftsbericht richtet sich an inhomogene Zielgruppen, die unterschiedliche Erwartungen und Ansprüche an Form und Inhalt haben. Die wesentlichen Zielgruppen sind Investoren (Institutionelle Investoren und Privataktionäre), Multiplikatoren (Analysten, Wirtschafts- und Finanzjournalisten), Geschäftspartner, Kunden, Mitarbeiter und die Öffentlichkeit.

In der Regel legen Investoren und Analysten besonderen Wert auf quantitative Informationen, die unmittelbar den sogenannten Shareholdervalue beeinflussen, während für Geschäftspartner, Kunden und Mitarbeiter eher Imagewerte wie Zuverlässigkeit und Nachhaltigkeit im Vordergrund stehen.

Die optimale Gewichtung der Informationen im Geschäftsbericht ist nicht leicht zu finden und in der Regel mit Zielkonflikten verbunden, wenn man allen Zielgruppen gleichermaßen gerecht werden möchte. Für die Unternehmen gilt es, Prioritäten zu setzen und dann das jeweils adäquate Verhältnis zwischen qualitativen und quantitativen, verpflichtenden und freiwilligen sowie berichtenden und erläuternden Informationen zu finden.

Wertorientierte Berichterstattung

Im Umfeld des Kapitalmarkts unterliegen Unternehmen der Prämisse, Mehrwert zu schaffen und den Unternehmenswert zu steigern. Dementsprechend sind Organisation und Strategie eines Unternehmens auf dieses Prinzip ausgerichtet. Der Geschäftsbericht spiegelt dies zum einen in seiner Funktion als Marketinginstrument und zum anderen in seiner Berichterstattung über die Unternehmensleistung wider. Er nimmt maßgeblichen Einfluss auf den von Investoren- und Analystenseite ermittelten Unternehmenswert. Für beide ist der Geschäftsbericht in der Regel primäre Quelle, wenn es darum geht, erstmals das Geschäftsmodell, die Strategie und vor allem das Entwicklungspotential eines Unternehmens zu verstehen. Investoren und Analysten sollen aufgrund der im Geschäftsbericht abgebildeten Informationen in die Lage versetzt werden, den Wert und die zu erwartende Wertentwicklung des potentiellen Investments einzuschätzen. Der Geschäftsbericht behält nur dann seinen Stellenwert in der Beurteilung von Analysten und Investoren, wenn er darauf ausgerichtet ist, die tatsächlichen Verhältnisse darzustellen. Insofern ist es Aufgabe des Unternehmens, rein marketingrelevante mit wertrelevanten Sachverhalten in Einklang zu bringen.

Vor diesem Hintergrund bedeutet wertorientierte Berichterstattung eine konsequente Ausrichtung des Geschäftsberichts auf die insbesondere für Investoren und Analysten unternehmenswertrelevanten Aspekte. Für den Vertrauensaufbau und -erhalt bei den Kapitalmarktteilnehmern ist ein möglichst hoher Grad an Transparenz erforderlich, auch wenn beispielsweise aus wettbewerbstaktischen Gründen die Informationsbedürfnisse des Adressatenkreises sicher nie vollständig befriedigt werden können und auch nicht müssen. Denn die verbleibende Informationslücke kann durch das geschaffene Vertrauen geschlossen werden – ein wichtiger psychologischer Faktor bei der angemessenen Bewertung.

Unternehmenswertrelevante Aspekte sind insbesondere die langfristige, strategische Ausrichtung der Gesellschaft, die Qualität des Managements, die nachhaltig solide Geschäftsentwicklung und die Entwicklungspotentiale.

Es gibt vier wesentliche miteinander verknüpfte Bereiche, die ein Unternehmen im Rahmen der wertorientierten Berichterstattung inhaltlich abdecken sollte. Die strategischen Ziele des Unternehmens und deren Umsetzung sind zu erläutern. Dabei ist die Abhängigkeit des Zielerreichungsgrads vom Marktumfeld und seinen externen Einflüssen herauszustellen. Leistungsindikatoren sind anzugeben, anhand derer man die zu erwartende Leistung des Unternehmens besser einschätzen kann. Am Ende dieser Berichtskette steht die Darstellung der erzielten und der künftigen Leistung des Unternehmens. Der Schlüssel zum Vertrauen der Anleger liegt dabei in einer möglichst offenen und transparenten Kommunikationspolitik. Diese beinhaltet Erläuterungen, inwieweit Planwerte eingehalten und getroffene Prognosen erfüllt wurden. Durch Soll-Ist-Vergleiche in Verbindung mit Abweichungsanalysen kann der Finanzmarkt sowohl die Leistung des Managements als auch seine Prognosefähigkeit bewerten. Erläuterung von Zusammenhängen und Auswirkungen (Sensitivitäten) ermöglichen dem Adressaten des Geschäftsberichts eine nachhaltige und tiefgehende Beurteilung der Leistungsfähigkeit und letztlich des Unternehmenswerts.

1. Darstellung des Marktumfelds

Ausgangslage und Voraussetzung zur Beurteilung der Unternehmensleistung ist die Kenntnis über volks- und branchenwirtschaftliche Rahmenbedingungen und Voraussetzungen, denen das Unternehmen unterliegt. Hierbei ist es für die Adressaten des Geschäftsberichts wichtig, die Abhängigkeiten von externen Einflussfaktoren auf das Unternehmen herauszuarbeiten zu können. Insbesondere ist auf die Märkte einzugehen, in denen das Unternehmen agiert. Dies beinhaltet Angaben zu deren Eigenschaften, zur Positionierung am Markt und zu rechtlichen Rahmenbedingungen.

2. Strategie und Organisation

Das Reporting über strategische Ziele, Wettbewerbsvorteile und das Risiko-Chancen-Profil sollen dazu dienen, die Konkurrenzfähigkeit des Unternehmens in dem beschriebenen Marktumfeld besser beurteilen zu können und zu erläutern, wie sich das Unternehmen auf die Rahmenbedingungen ausgerichtet hat. Eine gute Darstellung der Führungs-, Kontroll- und Vergütungsstrukturen gibt Aufschluss darüber, wie Unternehmens- und Managerziele miteinander in Einklang gebracht werden.

3. Leistungsindikatoren

Informationen zu Leistungsindikatoren spielen im wertorientierten Geschäftsbericht eine wesentliche Rolle. Mit den Angaben erhalten die Investoren und Analysten einen Einblick in die Stellschrauben des Geschäfts. Es soll deutlich werden, welche Kennzahlen und Aspekte zur Steuerung des Geschäfts verwendet werden und wie diese Indikatoren die Strategieumsetzung beeinflussen. Sie sind für die Einschätzung der künftigen Lage des Unternehmens von zentraler Bedeutung. Abhängig von den unternehmensindividuellen Verhältnissen können dies zum Beispiel Informationen über den Grad der Kundenzufriedenheit, der Mitarbeiterbindung, der Fehlerquoten im Produktionsprozess oder der Innovationsrate sein. Besonders hilfreich zur Wertermittlung sind Sensitivitätsanalysen, welche Relationen zwischen diesen Kennzahlen und der Leistung des Unternehmens herstellen (z.B. die Erhöhung der Kundenzufriedenheit im Segment X um Y Prozent führt zu einer Steigerung der Umsatzerlöse in Höhe von Z Prozent als Folge von Wiederholungskäufen).

4. Leistung

Die Berichterstattung über die Unternehmensleistung umfasst die Darstellung und Erläuterung der finanziellen Ergebnisse des Unternehmens. Wertrelevanz heißt an dieser Stelle insbesondere, Informationen über die Nachhaltigkeit des Ergebnisses sowie über prognostizierte Ergebniswerte zu liefern. Zur Beurteilung der Prognosefähigkeit des Managements sind früher kommunizierte Zielwerte mit Ist-Werten zu vergleichen. Nur auf diese Weise erhalten Investoren und Analysten einen verlässlichen Indikator für künftig zu erwartende Ergebnisse.

Der Geschäftsbericht von morgen

Seit Jahren ist in Deutschland eine stete qualitative Verbesserung der Geschäftsberichte zu beobachten. Unternehmen nehmen konkreter Bezug auf strategische Inhalte und Leistungsindikatoren. Dabei ist zu beobachten, dass trotz gestiegenen Informationsgehalts die Geschäftsberichte nicht umfangreicher werden. Die Qualität und Wertorientierung eines Geschäftsberichts bemisst sich folglich keineswegs an seiner Länge, im Gegenteil, manchmal ist weniger mehr. Auch wenn Unternehmen sich zunehmend um ihren Geschäftsbericht kümmern und ihn verbessern, ist es zur vollumfänglichen wertorientierten Berichterstattung noch ein langer Weg. Denn die Verknüpfung strategischer Ziele oder externer Einflussfaktoren mit dem finanziellen Ergebnis (Sensitivitätsanalyse) oder die Darstellung potentieller Szenarien ist in Deutschland so gut wie gar nicht vorhanden – international aber bei einigen Geschäftsberichten schon gängige Praxis. Es ist zu erwarten, dass Investoren und Analysten fundiertere Angaben auch für deutsche Geschäftsberichte beziehungsweise andere Elemente der Berichterstattung vehementer als bisher fordern werden. Auch der Gesetzgeber wird sich dem Wunsch nach mehr Regulierung infolge der aktuellen Krise kaum verwehren können. Wer hier als Unternehmen vorausdenkt und Maßstäbe setzt, ermutigt gut informierte Analysten und Investoren dazu, über kurzfristige Negativbotschaften hinwegzusehen.

Investor Relations und Erwartungsmanagement
Schnittstelle zwischen Unternehmen und Kapitalmarkt

Die von der Regulierung vorgeschriebenen Transparenzanforderungen sind mit den vom Kapitalmarkt geforderten Angaben nicht immer deckungsgleich. Die Aufgabe der Investor Relations ist es, beide Anforderungen im Einklang zu erfüllen. Die Investoren erwarten von Investor Relations

1. eine aktuelle, vollständige (alle veröffentlichungsfähigen und analytisch relevanten Inhalte enthaltende), detaillierte und flexible Informationsübermittlung sowie

2. Zugang zum Management (zeitnahe Organisation und genaue Planung von Management-Interviews und Unternehmensbesuchen).

Zentraler Bestandteil dieser Schnittstellenfunktion ist es, die Informationslücke zwischen Unternehmen und Investoren zu schließen.

Transparenz aus Investorensicht bedeutet auch, dass hohe fachliche Anforderungen an die Akteure der Investor Relations gestellt werden: hervorragende Unternehmens-, Sektor-, Finanz-, und Kapitalmarktkenntnisse werden vorausgesetzt. Nur mit diesem Handwerkszeug kann Investor Relations Transparenz für den Kapitalmarkt herstellen und eine langfristige und vertrauensvolle Beziehung zu Investoren aufbauen.

Relevante Instrumente und Kanäle

Investor-Relations-Verantwortlichen stehen eine Reihe von Instrumenten zur Verfügung, mit denen die unterschiedlichen Zielgruppen (z.B.

Investoren, Analysten, Finanzjournalisten) bedient werden können. Im Folgenden werden vier Maßnahmen vorgestellt, mit deren Hilfe Unternehmen das Transparenzniveau wesentlich erhöhen können.

1. Online Investor Relations

Investor Relations im Internet wurde lange als wichtiges Instrument für die Ansprache von Privatanlegern bezeichnet, bei dem der Kern des Angebots der Geschäftsbericht ist. Allerdings wird die Internetpräsenz von Investor Relations zunehmend zur ersten Anlaufstation für institutionelle Investoren, die sich schnell einen ersten Eindruck über das Unternehmen hinter der Aktie verschaffen möchten. Auch Finanzanalysten als wichtige Multiplikatoren am Kapitalmarkt recherchieren viele Wochenstunden im Internet und bewegen sich dabei zum Großteil auf Unternehmenshomepages. Hier können Unternehmen durch Transparenz und Gleichbehandlung ihre Kapitalmarktaffinität dokumentieren. Das Prinzip der Gleichbehandlung kann hier gelebt werden, indem alle Medien und Publikationen archiviert und allen Teilnehmern zur Verfügung gestellt werden. Hierzu gehören nicht nur die Analystenpräsentation, sondern auch Streaming-Mitschnitte von Kapitalmarktveranstaltungen oder die Unterlagen, die CEO/CFO für Investoren auf Roadshows im Gepäck haben.

Indem ein Unternehmen allen Teilnehmern sämtliche Publikationen zur Verfügung stellt und es bei den Transparenzlevels nicht selektiv vorgeht (z.B. Spezialpräsentation für den renommierten Investmentfonds), signalisiert es: Kein Teilnehmer erhält einen Informationsvorsprung, ganz gleich ob Privatanleger, unabhängiger Analyst oder Vertreter eines globalen Bankhauses oder Fonds. Dies ist ein zentraler Faktor für den Vertrauensaufbau.

2. Der persönliche Dialog

Bei Investoren-Umfragen werden immer wieder der „Zugang zum Vorstand" und „persönliche Kommunikation" als wichtigste Unternehmensmaßnahmen eingestuft. Folglich kommen Analystentreffen oder One-on-Ones (Einzelgespräche) mit institutionellen Anlegern, zum Beispiel im Rahmen von Roadshows, eine hervorgehobene Stellung zu. Nicht nur Investor-Relations-Vertreter, sondern auch die Vorstandsmitglieder, insbesondere CEO und CFO, sind hier gefordert, im persönlichen Kontakt Strategie, Lage und Geschäftsaussichten korrekt und glaubwürdig zu vermitteln.

Im persönlichen Kontakt bekommt Transparenz noch eine zusätzliche Dimension: Hier spielen detaillierte Finanzdaten, die ohnehin bereits analysiert worden sind, eine untergeordnete Rolle. Investoren wollen nicht nur eine inhaltliche Antwort auf ihre Fragen haben, sondern auch sehen, welchem Manager sie ihr Kapital anvertrauen. Bei der direkten Interaktion mit dem CEO oder CFO werden weiche Faktoren wie Glaubwürdigkeit, Vision, Enthusiasmus, Offenheit für neue Ideen und Überblick über das Geschäft zu harten Kriterien im Anlageentscheidungsprozess. Sogar auf Artikulierung und Körpersprache wird in One-on-Ones geachtet.

Auch bei dieser mündlichen Form der Kommunikation gilt es, sicherzustellen, dass auch unbeabsichtigt keine Insiderinformationen weitergegeben werden. Hierzu muss der Vorstand exzellent in puncto Compliance und freigebender Inhalte durch Investor Relations gebrieft sein. Dies darf allerdings nicht zu übervorsichtigem Kommunikationsverhalten führen. Nur ein souveräner Umgang mit rechtssicherer persönlicher Kommunikation wird das Vertrauen aufbauen, das für eine positive langfristige Anlageentscheidung unverzichtbar ist.

3. Outside-In

Umgekehrt wird Investorenvertrauen gefestigt, wenn CEO und CFO den Markt kennen. Die Kenntnis der Marktlage und damit der genauen Informationsbedürfnisse der einzelnen Markteilnehmer erlaubt es dem Vorstand, durch gezielte Information das Verständnis und damit die Transparenz zu erhöhen. Außerdem können die unternehmensseitigen Akteure ihre Kenntnisse zum Kapitalmarktgeschehen und zum Investor selbst unter Beweis stellen und ihre Kommunikation diesen Aspekten anpassen.

Investor Relations sollten daher ihre Schnittstellenfunktion so nutzen, dass sie Informationen aus dem Kapitalmarktgeschehen an das Unternehmensmanagement zurückspiegeln und somit eine beidseitige Transparenz herstellen. Insbesondere über folgende Aspekte, die das Management bei der Kapitalmarktkommunikation unterstützen, sollten Investor Relations regelmäßig informieren:

- *Wahrnehmung des Unternehmens durch Analysten:* Das Management sollte regelmäßig über das Analysten-Research auf dem Laufenden gehalten werden. Hierzu gehören Ergebnisschätzungen, Kursziele, Empfehlungen und qualitative Kernaussagen.

- *Kursentwicklung und Bewertung:* Ein glaubwürdiger Vorstand weiß, wo sein Unternehmen am Kapitalmarkt steht. Hierzu gehören Kursverlauf, Volumina, Bewertungskennzahlen und natürlich auch Kenntnis über seine Aktionäre.

- *Peer-Group-Analyse:* Ein Überblick über die operativen, finanziellen und bewertungstechnischen Kennzahlen im Vergleich mit den Wettbewerbern hilft nicht nur bei der Investorenansprache, sondern ist auch ein wichtiger Faktor bei der operativen Steuerung.

- *Vor Investorenmeetings gilt es für die Investor-Relations-Verantwortlichen und CEOs/CFOs, sich gründlich vorzubereiten:* Welche Anlagestrategie (z.B. lang- oder kurzfristig, Value oder Growth) verfolgt der Investor beziehungsweise der Fonds? Ist das Haus überhaupt schon investiert und wie haben sich die Holdings entwickelt? Wie groß ist der Fonds, wie viel Geld wird verwaltet und wo liegt das Mindestinvest? Wann und wo erfolgten in der Vergangenheit Treffen mit dem Investor und wie fiel das Feedback aus?

4. Erwartungsmanagement

Neben dem Ausgleich des natürlichen Informationsgefälles haben Investor Relations noch eine weitere wichtige Funktion bei der Vertrauensbildung am Kapitalmarkt. Die Einschätzung eines Unternehmens an der Börse beruht zu einem beträchtlichen Teil auf Erwartungen über die künftigen Chancen und Märkte des Unternehmens, letztendlich über die künftigen freien Kapitalflüsse. Investor Relations haben somit die wichtige Aufgabe, die Erwartungsbildung bei den Investoren zu stabilisieren. Je besser dies gelingt, desto zuverlässiger ist die Research-Arbeit der Analysten und desto weniger sprunghaft ist der Kursverlauf mit dem entsprechend positiven Effekt auf die Risikoprämie. Denn diese sinkt auch mit steigendem Vertrauen der Marktteilnehmer.

Für das effektive und rechtzeitige Steuern der Markterwartungen stehen Investor Relations drei Kerninstrumente zur Verfügung:

- *Prognose/Ausblick:* Krisensituationen können eine Einschätzung der künftigen Geschäftsentwicklung und Ertragslage stark erschweren. Dennoch sollten Unternehmen nicht davon abkehren, den Markt dabei zu unterstützen, realitätsnahe Annahmen zu treffen. Ohne eine solche Guidance verlieren Investoren das Vertrauen in das Unternehmen und wenden sich einer anderen Aktie zu. Zumindest Bandbreiten auf Umsatz- und Ergebnisniveau für die nächsten zwei Geschäftsjahre werden erwartet. Ist auch dies nicht möglich, sollten unternehmensseitig zumindest die wichtigsten Einflussfaktoren und Treiber benannt und deren Entwicklung im Zeitablauf berichtet werden.

- *Chancen- und Risikokommunikation:* Risikoberichterstattung wird allzu oft als Pflichtmaßnahme betrachtet, die einmal jährlich im Lagebericht abgehandelt wird. Der Kapitalmarkt erwartet zunehmend Hinweise auf Geschäftsrisiken an prominenter Stelle und über den

Geschäftsbericht hinaus. Eine aktive Kommunikation seitens CEO oder CFO in Investorengesprächen wird als höchst vertrauensbildend geschätzt. Selbstverständlich dürfen dabei die Chancen nicht zu kurz kommen.

• *Direkte Kommunikation mit Analysten:* Künftige Ergebnisschätzungen von Finanzanalysten weichen oft stark voneinander ab, manchmal sogar vom Ausblick des Unternehmens. Die wirkungsvollste Maßnahme dagegen ist die aktive Kommunikation mit den Finanzanalysten durch Investor Relations. Analysten nehmen die Diskussion und Hinweise gerne auf. Selbstverständlich werden im Dialog nur bereits veröffentlichte Inhalte weitergegeben.

Trends in der Berichterstattung

Managementreporting als Basis für externe Berichterstattung

Transparente externe Berichterstattung an Kapitalmarktteilnehmer, an Eigen- und Fremdkapitalgeber oder an Regulatoren ist ohne ein gut funktionierendes internes Berichtswesen undenkbar. Alle Informationen, die von der Gesellschaft an andere Informationsempfänger weitergereicht werden, durchlaufen geordnete Prozesse der Datenerhebung, -aggregation, -interpretation und einer adressatenspezifischen Filterung. Ziel ist es, aus Daten Informationen zu bereiten und diese dann adressatenspezifisch an die Empfänger zu übermitteln. Das gilt gleichermaßen für gesetzlich verankerte, von Kapitalgebern geforderte sowie für von Analysten erwartete Informationen. Gleichzeitig benötigt das Management selbst in erheblichem Umfang Informationen für die Unternehmenssteuerung, die regelmäßig weit umfassender sind als diejenigen, welche für unterschiedliche Zwecke und aus unterschiedlichen Anlässen an Unternehmensexterne bereitgestellt werden. Das Management besitzt demnach notwendigerweise erheblich weitergehende und deutlich früher verfügbare Informationen über die wirtschaftliche Lage des Unternehmens in der vergangenen Periode, über die Erwartungen künftiger Berichtsperioden und über die operativen und strategischen Planungen für die Zukunft als alle unternehmensexternen Informationsempfänger. Letztlich unterscheiden sich die Prozesse der Gewinnung von Managementinformation und der Information für externe Adressaten lediglich in der Filterung und zeitlichen Verfügbarmachung des „Endprodukts" durch das Management selbst. Berichterstattung an externe Empfänger besteht letztlich nur aus einer Teilmenge der Informationen, die das Management selbst – mehr oder minder intensiv – für Zwecke der Unternehmenssteuerung (und Performance-Messung sowie Risikomanagement) nutzt. Je größer die Asymmetrie der verfügbaren Informationen zwischen Management und externen Adressaten ist, desto abträglicher erscheint dieser Umstand im Hinblick auf transparente und damit vertrauensbildende Berichterstattung an externe Informationsempfänger.

Die Qualität der externen Berichterstattung resultiert also hinsichtlich Vollständigkeit, Verlässlichkeit und Entscheidungsrelevanz sowie hinsichtlich ihrer zeitlichen Verfügbarkeit aus der Qualität und der zeitlichen Verfügbarkeit der Managementinformationen selbst. Ohne eine qualitativ hochwertige Information des Managements für Zwecke der Unternehmenssteuerung ist eine hohe Qualität der externen Berichterstattung nicht zu erwarten. Daneben gilt, je strikter die Trennung der Verantwortlichkeiten für die Prozesse der Informationsbeschaffung für interne und für externe Adressaten ist, desto kostenintensiver gestalten sich die Prozesse. Zum einen bauen Unternehmen redundante Strukturen auf, um die gleichen oder ähnliche Informationen zu generieren, und zum anderen besteht das erhöhte Risiko von Inkonsistenzen zwischen Managementinformationen und externer Kommunikation, was etwa die Kosten externer Prüfungen (durch die Wirtschaftsprüfer, die Betriebsprüfung, der DPR oder anderer Organisationen – etwa der SEC oder der PCAOB bei einem US Listing) signifikant erhöhen kann.

Aus genannten Gründen sollten Unternehmen demnach idealerweise über ein integriertes Berichtswesen verfügen, das sowohl die Informationen für das Management zum Zwecke der Unternehmenssteuerung generiert, als auch alle anderen gesetzlichen oder faktischen Erfordernisse externer Informationsempfänger bedienen kann. Das integrierte Berichtswesen determiniert gleichzeitig, was Unternehmen zur Schaffung von Transparenz und Vertrauen bei externen Informationsempfängern leisten können. Dieses soll im Folgenden näher beleuchtet werden.

Berichterstattung von morgen

Zeitlicher Aspekt der Berichterstattung

Die Praxis der Unternehmensberichterstattung besteht aus Regelberichterstattung und der Ad-hoc-Berichterstattung, wenn kursrelevante Informationen, die nicht der Geheimhaltung unterliegen, kommuniziert werden. Die Regelberichterstattung beinhaltet Quartalsberichte, Halbjahresberichte und den Jahresabschluss, der üblicherweise in Form einer Jahrespressekonferenz kommuniziert wird, und die darauf folgende Publikation des Geschäftsberichts. Daneben erfolgen Analystenkonferenzen, Roadshows, Webcasts und andere Arten der Kommunikation mit den externen Adressaten. Sämtliche obengenannten Kommunikationsmaßnahmen werden inhaltlich aus mindestens monatlich generierten Managementinformationen abgeleitet.

Gemeinsam haben all diese Kommunikationsformen, dass sie einem vom Unternehmen selbst festgelegten Zeitplan folgen (sieht man von den relevanten Zeitvorgaben zur Veröffentlichung in Abhängigkeit des jeweiligen Börsensegments einmal ab) oder sich an außerordentlich signifikante Ereignisse oder Vorgänge knüpfen. Im Grunde bestimmt jedoch das Unternehmen selbst, welche Informationen wann den externen Adressaten zur Verfügung gestellt werden. Das bedeutet, dass die Mehrheit der externen Adressaten sich nur zu bestimmten Zeiten über die wirtschaftliche Situation der Gesellschaft mit aktualisierten Informationen versorgen kann und diese Informationen darüber hinaus überwiegend aus Performance-Informationen der vergangenen Berichtsperiode bestehen.

Aus Sicht der (potentiellen) Investoren sowie aller anderen externen Adressaten wäre es jedoch wünschenswert, jederzeit aktuelle Informationen über ein jeweiliges Unternehmen verfügbar zu haben. Für die Zukunft ist zu erwarten, dass Unternehmen ihre sich ständig verbessernden Systeme der Managementinformationen auch den externen Adressaten – in Teilen – öffnen werden. Echtzeitinformationen werden in vielen Unternehmen dem Management on-demand in Form von Dashboards oder Management Cockpits bereits zur Verfügung gestellt. Umsatzzahlen, Cashflows, Working Capital, Kostenarten und Funktionskosten, Zinsergebnis, Auftragsbestand, Investitionsvolumen und viele Informationen mehr werden laufend intern generiert und dem Management ohne Zeitverzögerung zur Verfügung gestellt. Die Technologien der großen Systemhäuser oder auch die Nutzung von XBRL (eXtensible Business Reporting Language) erlauben bereits heute, nahezu weltweit konsolidierte Finanzinformationen in Echtzeit zu generieren. Dass diese Informationen in Zukunft auch externen Adressaten etwa über die Website des Unternehmens ohne Zeitverzug zur Verfügung gestellt werden, ist technisch möglich und im Interesse der Informationsempfänger. Daher prognostizieren wir zumindest eine Ergänzung der bestehenden Praxis der Unternehmensberichterstattung durch die Möglichkeit der Echtzeitabfrage wesentlicher Unternehmensinformationen für externe Adressaten. Durch die Bereitstellung von Teilen der Managementinformationen an externe Adressaten bedienen die Unternehmen gleichsam das Bedürfnis nach hinreichend verlässlichen Informationen.

Neben der zeitlichen Komponente der Unternehmensberichterstattung ist der Inhalt der Informationen für externe Adressaten von entscheidender Bedeutung. Hierbei gibt es keine wichtigen und unwichtigen Informationen, sondern lediglich nützliche und weniger nützliche für den jeweiligen Zweck der Informationsbeschaffung. Letzterer ist ausschließlich dem Nutzer selbst bekannt. Hieraus folgt, dass auch der externe Adressat die Möglichkeit haben sollte, Einfluss auf die Art der erhaltenen Informationen zu nehmen. Wünschenswert wäre, dass auf der Unternehmenswebsite ähnlich wie bei einem Dashboard oder Cockpit verschiedene Inhalte definiert und individuell zur Verfügung gestellt werden. Hierbei handelt es sich jedoch nicht nur um finanzielle Informationen der Vergangenheit und der aktuellen Berichtsperiode mit den entsprechenden Vergleichzahlen, sondern vielmehr auch um nichtfinanzielle Informationen. Diese sollen dem Empfänger – wie dem Management – einen tieferen Einblick in die aktuelle Lage der Gesellschaft ermöglichen als etwa reine Umsatzzahlen, Liquiditätszahlen oder Angaben zur Vermögenslage etc. Hierbei ist vor allem an Informationen zur Wettbewerbssituation, zu Forschung und Entwicklung, zu personalbezogenen Informationen etc. zu denken. Insgesamt soll der Adressat Informationen zum Markt- und Wettbewerbsumfeld, zur Strategie und Organisation, zum Wertmanagement und schließlich zur Performance und deren Entwicklung in der Vergangenheit individuell auswählen und in Echtzeit abrufen können; zumindest aber so häufig, wie sie dem Management zur Verfügung gestellt werden. Ergänzt werden sollten die vergangenheitsorientierten Finanzinformationen und die nichtfinanziellen Informationen um eine rollierende Vorausschaurechnung, bei der die Planung finanzieller Ergebnisse für das Geschäftsjahr aufgrund der tatsächlichen Performance des laufenden Jahres angepasst wird.

Neben den Unternehmen selbst gibt es eine Vielzahl von Organisationen, die Informationen über Unternehmen sammeln, interpretieren, in Beziehung zu Vergleichsunternehmen setzen und zur Verfügung stellen. Hierzu zählen Analysten, Presse, Funk und Fernsehen, Ratingagenturen, Wirtschaftsforschungsinstitute etc. Im Idealfall analysieren und strukturieren Unternehmen diese und stellen sie dem externen Informationsempfänger redaktionell bearbeitet zur Verfügung. Hierbei dient die redaktionelle Bearbeitung nicht zur Filterung der Informationen in positive und weniger positive Berichterstattungen und auch nicht zur reinen chronologischen Sammlung von Pressespiegeln, sondern der Interpretation, Kommentierung und Einbindung dieser externen Informationen in die eigene Kommunikation mit externen Adressaten.

Die möglicherweise interessanteste Neuerung der Unternehmensberichterstattung, sowohl für das Management selbst als auch für externe Adressaten, könnte die Möglichkeit der Simulation von unternehmerischen Entscheidungen und deren Einfluss auf künftige Vermögens-, Finanz- und Ertragslagen sein. Während heutige Prognosen meist bei Umsatzgrößen, Margen oder bestenfalls bei Betriebsergebnissen für die nächste Berichtsperiode, die zum Zeitpunkt der Veröffentlichung in vier bis maximal acht Wochen endet, schließen, ist hier vielmehr die längerfristige Simulation von Auswirkungen lenkender Eingriffe durch das Management oder durch exogene Einflussfaktoren (Krisensimulation o.Ä.) gemeint. Es ist ratsam, dieser Vorausschau einen größeren Raum zu geben und unterschiedliche Projektionen der wirtschaftlichen Entwicklungen zu veröffentlichen. Hierdurch kann dem externen Adressaten, insbesondere allen Arten von Kapitalgebern, ein Instrument zur Risikoabschätzung ihres Engagements an die Hand gegeben werden, das bislang nicht verfügbar ist. Die Simulationen sollten nicht lediglich eine Darstellung des Budgets enthalten, sondern eine tatsächliche Simulation der künftigen wirtschaftlichen Entwicklung basierend auf einer oder mehreren möglichen gesamtwirtschaftlichen Entwicklungen in der Zukunft. Daneben wäre es sinnvoll, auch diskrete Managemententscheidungen zu simulieren, die das Potential haben, für sich einen spürbaren Einfluss auf die künftige Vermögens-, Finanz- oder Ertragslage zu nehmen. Hierzu können die Neueröffnung oder Schließung von Standorten zählen, der Ausbau oder die Einstellung von Produktgruppen, die Expansion in oder der Rückzug aus bestimmten Regionen, M&A-Aktivitäten etc. All diese zu definierenden Szenarien sollten simuliert werden vor dem Hintergrund von positiven, neutralen oder negativen Marktentwicklungen und dabei die spezifischen Auswirkungen auf künftige Kennziffern der konsolidierten Bilanz-, Ertrags- und Cashflowgrößen berücksichtigen. Einen weiteren Schritt stellt die Möglichkeit dar, den externen Adressaten selbst Szenarien definieren zu lassen und deren Auswirkungen auf die Planabschlüsse zu verfolgen.

Hierbei handelt es sich im Wesentlichen um Zukunftsmusik, denn zurzeit bestehen weder geeignete Formulierungen der Wirkungszusammenhänge in komplexen Unternehmensorganisationen, um solche Simulationen zu erstellen, noch existieren geeignete Tools, um diese zu brechen. Nichtsdestotrotz wird in diesem Bereich die Zukunft der Unternehmensberichterstattung liegen, sowohl für das Managementreporting als auch für die Informationsgestellung an externe Adressaten.

Zusammenfassung

Wir gehen davon aus, dass die Unternehmensberichterstattung von morgen im Wesentlichen geprägt sein wird von vier Trends:

1. Vereinheitlichung von interner und externer Berichterstattung, wobei die externe Berichterstattung ein „Kuppelprodukt" der Managementinformationen sein wird.

2. Unternehmensinformationen werden unabhängig von einem definierten Finanzkalender on-demand von der Website der Unternehmen verfügbar sein.

3. Externe Adressaten werden Einfluss nehmen können auf Art und Umfang der bereitgestellten Informationen, je nach dem spezifischen Zweck der Informationsgewinnung.

4. Die Simulation der Auswirkungen gesamtwirtschaftlicher Entwicklungen und diskreter Managemententscheidungen auf künftige Vermögens-, Finanz- und Ertragslagen wird an Bedeutung zunehmen.

Selbst wenn in allen vier genannten Bereichen noch ein weiter Weg vor den Kapitalmarktteilnehmern liegt, wird sich im Zuge eines gesteigerten Transparenzbedürfnisses und des daraus resultierenden Vertrauenszugewinns der Unternehmen der Trend verfestigen und nicht mehr umkehren.

Fußnoten

1   Tiffe, Pia: Beurteilung von Investor Relations Maßnahmen aus Sicht von Finanzanalysten, GoingPublicMedia, Wolfratshausen, 2007, S. 30.

2   The Extel Pan-European Investor Relations Review, 2nd Edition, 2009, S. 9.

3   Nur bei großen Kapitalgesellschaften, vgl. § 289 Abs. 3 HGB.

4   Insbesondere DRS 15 (Lagebericht) und DRS 5 (Risikobericht).

5   GAAP = Generally Accepted Accounting Principles, hier stellvertretend für kodifizierte Rechnungslegungsnormen.

6   von Rosen, Rüdiger (Hg.): Verhalten und Präferenzen deutscher Aktionäre, Studien des deutschen Aktieninstituts, Heft 42, 2009, S.14f.

II

Praxis

Transparenz als Erfolgsfaktor in der Bankwirtschaft

Jörg E. Allgäuer, Nadine Stegemann und Rainer Brandt

Einleitung

„Vertrauen ist die Währung, in der gezahlt wird", sagte Bundeskanzlerin Angela Merkel angesichts der weltweiten Finanz- und Wirtschaftskrise. Ein Satz, der für Banken in besonderem Maße gilt. Dieser amorphe psychologische Zustand, den wir gemeinhin Vertrauen nennen, ist wichtiger als klar definierte Werte, er ist wichtiger als Geld und Gold, um nachhaltig und langfristig arbeiten zu können.

Damit ist die Herstellung von Vertrauen, aber auch von Transparenz, die wichtigste Aufgabe einer Bank in ihrer Gesamtheit und speziell ihrer Unternehmenskommunikation. Um dieser Aufgabe gerecht zu werden, lohnt zunächst ein Blick auf diejenigen Mechanismen, die Vertrauen zerstören. Ohne die Beantwortung der Frage „Wie geht Vertrauen verloren?" fehlt nämlich ein wichtiges Element für den erfolgreichen Aufbau oder Wiederaufbau einer Vertrauensbasis.

Bertolt Brecht sagte: „Vertrauen wird dadurch erschöpft, dass es in Anspruch genommen wird." Der Mensch vertraut ganz selbstverständlich und automatisch darauf, dass Flugzeugmotoren nicht ausfallen, ihn Krankheiten nicht treffen oder hohe Renditeerwartungen auch eintreten. Diese Form des Vertrauens ist in ihrer Totalität rational nicht gerechtfertigt. Sie repräsentiert vielmehr ein psychologisches Muster des Menschen: Vertrauen grundsätzlich walten zu lassen, weil das Leben mit seinen vielfältigen Unsicherheiten sonst nur schwer erträglich wäre. Es ist daher auch kaum überraschend, dass dieses Vertrauen mit jedem unvermeidlicherweise eintreffenden Schicksalsschlag aufs Neue erschüttert wird. Die Inanspruchnahme verbraucht es. Und dies ist in der Regel nicht zu verhindern, da die Erwartungshaltung jedes Einzelnen zu groß ist. Es liegt scheinbar in der Natur dieses psychologischen Kniffs, dass der Mensch immer wieder enttäuscht wird.

Das einzige Gegenmittel ist, einen realistischen Blick auf die Risiken zu vermitteln und eine Verdrängung ins Unterbewusste möglichst zu verhindern. Für Banken heißt dies, transparent über Risiken und ihre möglichen Folgen zu informieren, was auch mit sich bringt, eine eventuell vorhandene Unsicherheit für den Kunden erlebbar und nachvollziehbar zu machen – eine Strategie, die auf den ersten Blick dem eigenen Geschäft schadet. Es gibt aber dennoch keinen anderen Weg. Zur Aufgabe der Unternehmenskommunikation gehört es eben auch, diese „Verunsicherung", also eine gesunde Skepsis der Kunden, einzufordern. Denn Folge dieser Skepsis ist ein Plus an Transparenz, ein Plus an Mündigkeit des Kunden und ein Plus an Ehrlichkeit. Dies führt zusammengenommen zu einem Plus an Vertrauen, welches wiederum der Unsicherheit entgegenwirkt. Die Kunst der Kommunikation von Finanzdienstleistern besteht also auch darin, mit Elementen der Unsicherheit Sicherheit zu erzeugen, ohne dabei die Kunden zu täuschen oder in falsche Sicherheit zu wiegen.

Seit dem Ausbruch der Finanzmarktkrise steht der Finanzsektor allerdings zusätzlich vor einer ganz anderen Herausforderung: Er muss Vertrauen nicht nur aufbauen, sondern verlorengegangenes Vertrauen wieder zurückgewinnen. Eine ungleich schwerere Aufgabe. Vor rund 2.000 Jahren hat Seneca einen Hinweis gegeben, wie man dieser Aufgabe in Ansätzen gerecht werden könnte: „Zwei Dinge verleihen am meisten Kraft: Vertrauen auf sich selbst und Vertrauen auf die Wahrheit." Wahrheit und Wahrhaftigkeit sind wie kaum etwas anderes gefordert, wenn es darum geht, die Vertrauensbasis zu erneuern. Dazu gehört die Wahrheit über eigenes Versagen, die Wahrheit über eigene Unzulänglichkeiten und die Wahrheit über falsche Grundsatzentscheidungen in der Finanzwirtschaft. Dazu gehört aber auch, die Kunden mit eigenen übertriebenen Renditeerwartungen und falschen Vorstellungen von hohen Erträgen ohne Verlustrisiko zu konfrontieren. In beiden Punkten hat die Unternehmenskommunikation eine anspruchsvolle Aufgabe: Sie muss die Öffentlichkeit mit den Schwächen und Fehlern des eigenen Unternehmens konfrontieren, ohne dabei seine Seriosität grundsätzlich in Frage zu stellen. Und sie muss einen Kundendialog initiieren, der zu einem aufrichtigeren Umgang sowie zu klareren Absprachen führt. Beides geht nur, wenn im Unternehmen selbst sowie im Verhältnis zu den Kunden und zur Öffentlichkeit ein Höchstmaß an Transparenz herrscht.

Wie schwierig das Maß an Transparenz jedoch im Arbeitsalltag einer Bank umzusetzen ist und wie sich Öffentlichkeit und Bank begegnen, wird uns im Folgenden beschäftigen. Darüber hinaus wird dargestellt werden, wie die HypoVereinsbank versucht, diesem komplexen Thema gerecht zu werden, und welche Aufgaben sich für die Zukunft stellen.

Vertrauen in Banken

Eine Forsa-Umfrage vom Januar 2009 zeigt, dass gerade Banken beim Thema Vertrauensbildung Nachholbedarf haben. Den Ergebnissen zufolge ist das Vertrauen in Banker im Jahr 2008 so stark gefallen wie nie zuvor. Mit einem Minus von 12 Prozent ist die Berufsgruppe im Vorjahresvergleich der größte Verlierer im Ranking. Schlechter schneiden in dieser Studie nur noch Parteien, Manager von Großunternehmen sowie der Zentralrat der Muslime ab.

Problem Imagebildung

Bei der Vertrauensbildung haben Finanzdienstleister völlig unabhängig von der Finanzmarktkrise ein spezielles Problem: Ihre Produkte sind in der Regel austauschbar, sie sind meist nicht mit Emotionen verbunden, und man kann sie weder anfassen noch effektvoll präsentieren. Ein Auto kann erlebt werden. Vor dem Kauf ist eine Probefahrt möglich, es wird eine Bilderwelt um das Fahrzeug herum erschaffen und ein Image kreiert. All dies ist Banken nicht oder nur sehr eingeschränkt möglich. Die Produkte selbst sprechen meist nicht für die Bank. Niemand ist stolz darauf, von der XY-Bank einen Kredit bekommen zu haben oder bei ihr ein Girokonto zu unterhalten. Ein schnittiger Sportwagen trägt da deutlich mehr zur eigenen Imagebildung bei. Seine positiven Eigenschaften werden dabei auf den Produzenten übertragen, es entsteht ein handfester Markenwert.

Banken steht dieser Weg nicht offen. Dennoch benötigen sie wie kaum eine zweite Branche ein gutes Image und positive Eigenschaften, die mit ihnen verbunden werden. Schließlich sollen ihre Kunden ihnen eine ganz besonders sensible Aufgabe anvertrauen: ihre Geldgeschäfte.

Da Banken in der Regel nicht mit augenfälligen, erlebbaren Produkten den Beweis dafür antreten können, die Richtigen für diese Geschäfte zu sein, müssen sie – mehr als andere – als Gesamtunternehmen überzeugen. Ein Beispiel: Kaum ein Konsument interessiert sich für die Schokoladenfabrik selbst, solange die von ihr produzierten Pralinen im Geschmack gut sind. Kein Anleger wird jedoch ein Wertpapier kaufen, wenn er von dessen „produzierender Fabrik" nicht überzeugt ist. Und nach den Erfahrungen der Finanzmarktkrise wird sich dieser Trend nochmals verschärfen.

Vor diesem Hintergrund braucht jede Bank das unbedingte Vertrauen ihrer Kunden in die Leistungskraft und Seriosität des gesamten Unternehmens. Hierzu gibt es keine Alternative. Deshalb müssen Banken besondere Anstrengungen unternehmen, um Vertrauen herzustellen.

Ein Instrument hierzu ist die Transparenz. Ohne sie kann kein Vertrauen wachsen und kein Erfolg im Bankgeschäft erreicht werden. Entscheidungen, Produkte und Strukturen müssen für die Öffentlichkeit und für jeden einzelnen Kunden transparent und verständlich sein. Sind sie es nicht, bergen sie die Gefahr, Vertrauen zu zerstören.

Dimensionen des Vertrauens

Gerade weil das Vertrauen einen so wichtigen Grundstein für den unternehmerischen Erfolg verkörpert, ist das stark gesunkene Vertrauen in Banken und damit verbunden auch in ihre Mitarbeiter zweifelsohne bedenklich. Jedoch muss der Begriff Vertrauen in Bezug auf Banken differenziert betrachtet werden: Denn obwohl das Vertrauen in Bankmitarbeiter und vor allem Bankmanager signifikant gesunken ist, bringt die überwiegende Mehrheit der Bevölkerung noch immer ihr Geld zur Bank – daran hat auch die Finanzkrise nichts geändert. Aber würden Kunden ihr Geld einer Institution überlassen, deren Mitarbeitern sie schon grundsätzlich nicht vertrauen? Natürlich nicht. Die Angst, dass die Bank pleite geht oder der Berater das Geld veruntreut, besteht bei den meisten Menschen ganz offensichtlich nicht. Vielmehr bezieht sich der Vertrauensverlust hauptsächlich auf die Beratungsqualität. Viele Kunden fühlen sich schlichtweg schlecht oder falsch beraten. Sie glauben, dass Bankberater vor allem die Produkte verkaufen, mit denen sie selbst die höchsten Erträge erzielen. Die Anleger befürchten, dass im Beratungsgespräch nicht ihr Interesse, sondern das der Bank im Vordergrund steht.

Diese Angst muss insbesondere vor dem Hintergrund der kontinuierlich steigenden Produktvielfalt gesehen werden, die viele Anleger überfordert. Am leichtesten ist das Phänomen am Beispiel des Zertifikatemarktes aufzuzeigen: Dieser Markt bietet in Deutschland eine Vielzahl unterschiedlicher Produkte. Darunter sind beispielsweise Index-, Basket-, Tracker-, Discount-, Bonus-, Hebel-, Garantie-, Sprint-, Airbag- oder Outperformance-Zertifikate. Sicherlich gibt es sogar noch weitere Variationen, denn es werden kontinuierlich neue Produkte entwickelt. Diese Vielfalt ist gewaltig und daher überwältigend. Viele Produkte sind darüber hinaus zu komplex, um von mehr als einem Bruchteil der Kunden verstanden zu werden. Die meisten Kunden fühlen sich daher schlichtweg überfordert, wenn sie aus der Fülle dieser strukturierten Produkte das richtige auswählen sollen. Angeboten und verkauft wurden diese Papiere dennoch vielen Privatkunden.

Banken sind an dieser Stelle in Zukunft mehr denn je gefordert, die Transparenz zu erhöhen, um verlorengegangenes Vertrauen zurückzugewinnen. So ist es für das Geschäft mit der großen Mehrheit der Kunden wichtig, dass die Anzahl einfacher, leicht verständlicher Produkte wieder zunimmt. Die Beratung muss sich zukünftig noch intensiver an dem Bedarf der jeweiligen Zielgruppe orientieren. Kunden, die ausdrücklich einfache Produkte wie Tages- oder Festgeld anfragen, müssen diese Angebote erhalten, ohne in Verkaufsgesprächen die breite Palette komplexer Anlageprodukte offeriert zu bekommen – auch wenn solche Produkte für Banken lukrativer wären.

Kein Zurück zum „Sparbuch-Banking"

Diese Forderung bedeutet aber keineswegs, dass Banken zukünftig nur noch Sparbücher, Festgelder und Bausparverträge anbieten sollten. Ganz im Gegenteil: In einer globalisierten, immer komplexer werdenden Welt sind vielfältige Produktangebote wichtig und volkswirtschaftlich notwendig. Nur weil die Mehrfachverbriefung von Subprime-Papieren eine Ursache für die derzeitige Finanz- und Wirtschaftskrise ist, sind Verbriefungen nicht grundsätzlich schlecht. Vielmehr sind sie, richtig eingesetzt, sogar volkswirtschaftlich sinnvoll und spielen eine zentrale Rolle. Ebenso wenig ist das breite Angebot an Zertifikaten schlecht, nur weil die Produkte für einige Anleger zu komplex sind. Gut informierte Anleger können diese Produkte entsprechend ihrer Markterwartung sehr zielgerichtet einsetzen und ihr Wertpapierdepot dadurch ausgewogener gestalten.

Damit wird offensichtlich, dass die Forderung nach einfachen Produkten alleine nicht sinnvoll ist. Vielmehr müssen Banken verstärkt darauf achten, die Kunden entsprechend ihrer Bedürfnisse zu betreuen.

Transparenz von Banken

Auch das Thema Transparenz hat bei Banken zwei Dimensionen: die Transparenz der Produkte, auf die bereits eingegangen wurde, und die Transparenz der Institute selbst. Dabei war das Geschäft einer Bank in den Ursprüngen ganz einfach und transparent: Früher liehen Banken das Geld ihrer Sparer an ihre Kreditnehmer aus und wickelten obendrein den allgemeinen Zahlungsverkehr ab. Mit diesem einfachen Geschäftsmodell bestand im Bankgeschäft ein hohes Maß an Transparenz.

Heute sehen wir bei Banken eine hohe Intransparenz. Vor allem die Solidität der Kreditinstitute selbst ist für Dritte immer schwerer zu beurteilen. Dafür sind vor allem drei Aspekte verantwortlich:

- Erstens die Möglichkeit, riskante Geschäfte durch komplexe Off-Balance-Konstruktionen außerhalb der eigenen Bilanz zu führen. Damit können Risiken nicht vollständig eingeschätzt werden.

- Zweitens das hohe Volumen weltweiter Handelsaktivitäten, die losgelöst von irgendeinem Grundgeschäft erfolgen, und damit rein spekulativ und in der Summe kaum noch nachvollziehbar sind.

- Drittens die vielfältigen internationalen Bilanzierungsregeln, die – je nach Bilanzierungsart und je nach Nutzung der Bewertungswahlrechte – zu sehr unterschiedlichen Ergebnissen führen.

Durch diese Aspekte ist es sogar für Analysten schwer, den wahren Zustand der jeweiligen Banken zeitnah zu erkennen. Für Kunden ist es schlichtweg unmöglich, sich ein exaktes Bild davon zu machen, wie gut sich die eigene Hausbank im Wettbewerb schlägt. Die Möglichkeit, an dieser Stelle durch Transparenz Vertrauen zu schaffen, bleibt somit vollkommen ungenutzt. Da hilft auch die vierteljährliche Veröffentlichung der Bilanzen nicht viel, denn die Vergleichbarkeit der Ergebnisse ist selbst für interessierte, mit den Grundzügen der Materie vertraute Anleger kaum möglich.

Ein kurzes Beispiel soll das Problem verdeutlichen: Nach internationalen Bilanzierungsregeln (IFRS) müssen Wertpapiere, die im Handelsbuch gehalten werden und daher mit dem Ziel einer kurzfristigen Gewinnerzielung erworben wurden, am Bilanzierungsstichtag mit dem an der Börse festgestellten Marktwert (z.B. dem Schlusskurs) bilanziert werden. Dadurch haben fallende Kurse von Wertpapieren, die im Handelsbuch gehalten werden, eine direkte Auswirkung auf die Gewinn- und Verlustrechnung. Entscheidet sich das Management beim Kauf der Wertpapiere für eine langfristige Anlage, werden die Papiere üblicherweise ins Anlagebuch gebucht. Da sie dort – je nach Typ – langfristig oder sogar bis zur Endfälligkeit gehalten werden, dürfen solche Anlagen mit ihren jeweiligen Anschaffungskosten zum Zeitpunkt der Erstverbuchung bilanziert werden, ohne weitere Marktwertschwankungen nachvollziehen zu müssen. Im Oktober 2008 hatten Banken darüber hinaus die bisher einmalige Möglichkeit, bestimmte im Kurs gefallene Wertpapiere entgegen der bisher geltenden Regeln ins Anlagebuch umzubuchen, wenn sie sich verpflichteten, diese Papiere ebenfalls entweder bis zur Endfälligkeit oder bis in absehbare Zukunft zu halten, also ihre Handelsabsicht aufgaben. Wenn Bank A ihre Aktien im Handelsbuch führt, während Bank B diese Papiere im Anlagebuch bucht, haben zwar beide Institute die gleichen Wertpapiere in der Bilanz, sie weisen aber sehr unterschiedliche Ergebnisse aus. Dieses Beispiel zeigt schnell, dass die Information: „Bank X hat einen Gewinn von Y erzielt" ohne Zusatzinformationen kaum Aussagekraft hat.

Die Bedeutung dieser Intransparenz sollte von der Branche, aber auch von der Politik nicht unterschätzt werden. Gerade in Zeiten, in denen Banken bei der Kreditvergabe von ihren Kunden ein besonders hohes Maß an Transparenz fordern, ist es wichtig, selbst mit gutem Beispiel voranzugehen. Hier wären international einheitliche Vorschriften wünschenswert.

Das richtige Maß an Transparenz ist entscheidend

Über die Tatsache, dass die Transparenz insgesamt erhöht werden muss, herrscht inzwischen Einigkeit. Aber wo ist die Grenze? Wie viel Transparenz ist gut und wann schadet sie? Was sollte nicht oder nur wohl dosiert an die Öffentlichkeit gelangen? Diese Fragen müssen in der Diskussion zum Thema Transparenz ebenfalls erlaubt sein. Denn die Forderung nach Transparenz sollte nicht bedingungslos sein und zu vollständig gläsernen Unternehmen führen. Unternehmen müssen ihre langfristigen Unternehmensstrategien auch in Zukunft zunächst ohne Beteiligung der Öffentlichkeit und ohne Störfeuer von außen entwickeln können. Gespräche über Kooperationsvorhaben, über mögliche Fusionen oder über Expansionspläne sollten idealerweise erst dann an die Öffentlichkeit gelangen, wenn sie beschlossen und vertraglich fixiert sind. Gleiches gilt für heikle Themen wie Personalabbau oder Standortschließungen.

In diesen Fällen ist ein vorübergehender Verzicht auf völlige Offenheit gleich aus mehreren Gründen sinnvoll: Erstens, um den Verhandlungsprozess nicht zu gefährden. Wettbewerber könnten beispielsweise das eigene Vorhaben durch Gegenmaßnahmen verhindern oder durch Gegenangebote verteuern. Zweitens, um Spekulationen Einhalt zu gebieten. Gerade in Zeiten nervöser Aktienmärkte führen kleinste Unsicherheiten oft zu einer extrem hohen Volatilität. Zweistellige Kursausschläge sind heute keine Seltenheit mehr, können für Unternehmen aber sehr negative Auswirkungen haben. Drittens, weil Unsicherheit im eigenen Unternehmen zu Produktivitätsverlusten führt. Stehen Abbaumaßnahmen über lange Zeit im Raum, drehen sich die Diskussionen am Arbeitsplatz nicht mehr um die eigentliche Arbeit, sondern um die Ängste, dem Abbau zum Opfer zu fallen. Daraus entstehen oft Machtkämpfe, unkollegiales Verhalten und schlussendlich sogar Mobbing. Zudem werden Mitarbeiter, die um ihren Job bangen, schneller unsicher und machen leichter Fehler.

Hier wird ein Dilemma der Unternehmenskommunikation offensichtlich. Aus Unternehmenssicht wäre eine späte Bekanntgabe von Stellenstreichungen sinnvoll, gleichzeitig haben die Mitarbeiter aber einen Anspruch darauf, frühzeitig über die bevorstehenden Maßnahmen informiert zu werden. Einen Königsweg gibt es hier nicht. Ein hohes Maß an Transparenz kann in einem solchen Fall für das Unternehmen selbst zwar auch negative Auswirkungen haben, aufgrund der Verpflichtungen gegenüber den Mitarbeitern und den eigenen ethischen Prinzipien mag es trotzdem angezeigt sein.

Ein weiteres Beispiel zeigt, dass maximale Transparenz sogar gefährlich sein kann: Als die Bundesregierung im Herbst 2008 offiziell versicherte, dass deutsche Sparer keine Angst um ihr Geld haben müssten, löste dies in Teilen der Bevölkerung zunächst Beunruhigung aus. Nach dem Motto: „Es muss ja schon schlimm sein, wenn eine solche ‚Staatsgarantie' notwendig ist." In diesem Fall war es geradezu eine Pflicht der Banken, die Lage nicht durch ein hohes Maß an Transparenz eskalieren zu lassen. Kaum vorstellbar, was passiert wäre, wenn Schlagzeilen wie „Geldtransporter werden knapp" oder „Schließfächer fast ausverkauft" die Zeitungen betitelt hätten.

Kontraproduktive Transparenz?

Schnell wird deutlich, dass maximale Transparenz auch kontraproduktiv sein kann. Die Schwierigkeit liegt daher darin, das richtige Maß an Transparenz zu finden. Hier gibt es keine Goldene Regel, kein Schema, an das es sich zu halten gilt. Dieser Umstand macht die Unternehmenskommunikation vor allem in Krisenzeiten besonders herausfordernd. Gerade in turbulenten Zeiten stehen viele Kommunikationsexperten vor dem großen Dilemma, dass sie sich nur zwischen zwei scheinbar schlechten Strategien entscheiden können. Kommunizieren sie nicht und hüllen sich in Schweigen, weil die Nachrichtenlage morgen ohnehin wieder anders sein wird, werden sie für mangelnde Transparenz an den Pranger gestellt. Gehen sie in die Offensive und kommunizieren in dem sicheren Wissen, morgen von der Realität überholt zu werden, wird ihnen schlechte Kommunikation unterstellt.

Es ist legitim und richtig, sich im Krisenfall zunächst Zeit für eine fundierte Einschätzung der Sachlage zu nehmen, bevor die Öffentlichkeit informiert wird. Wichtig ist allerdings, dass auch in Krisenzeiten die Kommunikation nicht abbricht. Wer jede Information verweigert, vermittelt schnell den Eindruck, er habe etwas zu verbergen. Vielfach wird dann spekuliert, dass es dem Unternehmen schlechter gehe, als bisher vermutet. Dabei bietet transparente Kommunikation gerade in Krisenzeiten auch große Chancen. Gerade dann ist es wichtig, den Kontakt zum Kunden zu suchen, denn Menschen wünschen sich insbesondere in schwierigen Zeiten Bestätigung und Ermutigung.

Dies gilt auch für Bankkunden: Besonders in turbulenten, unübersichtlichen Phasen haben Anleger das Bedürfnis, dass Banken ihnen Sicherheit vermitteln. Sie wollen mit ihren Verlusten aus Kapitalmarktgeschäften nicht alleine gelassen werden. Vielmehr wünschen sie sich eine individuelle Beratung und Erklärungen für aktuelle Entwicklungen. Daher ist es wichtig, dass Banken gerade in schwierigen Wirtschaftszeiten viel Präsenz zeigen und kompetente Aufklärungsarbeit leisten. Institute, deren Mitarbeiter sich überdurchschnittlich viel Zeit für persönliche Gespräche nehmen können, punkten gerade in unsicheren Zeiten, denn der regelmäßige persönliche Kontakt ist und bleibt der wichtigste Erfolgsfaktor für eine vertrauensvolle Partnerschaft.

Ein weiterer Erfolgsfaktor ist die Zeit. Kaum jemand vertraut seinem Gesprächspartner beim ersten Kennenlernen, vielmehr entsteht Vertrauen erst im Laufe der Zeit. Im persönlichen Dialog darf daher nicht nur der kurzfristige Anlage- beziehungsweise Provisionserfolg im Mittelpunkt stehen, sondern auch die ganzheitliche Beratung, welche die persönliche Lebensplanung in die langfristige Finanzplanung einbezieht. Wer seinen Kunden gut kennt, kann ihn schneller, aber auch deutlich besser beraten. Wichtig für die Auswahl des richtigen Produktes sind die individuelle Risikobereitschaft des Anlegers sowie dessen Finanzkenntnisse. Beide Themen müssen im persönlichen Gespräch ausführlich besprochen und bei der Produktauswahl berücksichtigt werden. So kann der Kunde optimal betreut werden. Daher sollte ein Senior, der bisher nie am Kapitalmarkt investiert hat, in diesen volatilen Zeiten ebenso wenig in dieses Segment einsteigen wie ein junger, vollkommen unerfahrener Investor. Auch sollten Berater grundsätzlich von kreditfinanzierten Spekulationen abraten.

Finanzberater müssen sich darüber bewusst sein, dass sie eine ganz besondere, auch gesellschaftliche, Verantwortung tragen. Es ist ihre Pflicht, jeden Kunden über die mit der Investition verbundenen Risiken aufzuklären. Sie müssen auch dann vor übermäßig riskanten Investitionen warnen, wenn dadurch kurzfristig attraktive Provisionserträge verlorengehen. Es muss oberstes Gebot sein, dass Produkte nur dann verkauft werden, wenn Kunden die damit verbundenen Risiken vollständig verstanden haben. Darüber hinaus müssen die Produktrisiken in Zukunft deutlicher benannt werden.

Diese Erkenntnis muss sich im Management der Banken schnellstmöglich durchsetzen, denn nur wenn die Institute ihren Beratern den Freiraum lassen, zu Lasten kurzfristiger Erträge die individuellen Kundenbedürfnisse in den Mittelpunkt zu stellen, können diese Ihrer Pflicht verantwortungsbewusst nachkommen. Institute, die dies verinnerlichen und statt kurzfristiger Erträge andere Kriterien für die Erfolgsmessung ihrer Mitarbeiter anwenden, legen gerade in Krisenzeiten den Grundstein für vertrauensvolle Partnerschaften mit ihren Kunden und damit verbunden für langfristigen Erfolg.

Dieser langfristige, nachhaltige Erfolg ist jedoch nur möglich, wenn sich das gesamte Unternehmen einer transparenten, vertrauensbildenden Unternehmenspolitik verpflichtet fühlt und diese Verpflichtung auch systematisch organisiert und öffentlich nachvollziehbar ist.

Transparenz und Vertrauen in der HypoVereinsbank

Ausgehend davon, dass Transparenz die Voraussetzung für Vertrauen ist und dass Vertrauen die Basis für den nachhaltigen Erfolg ist, drängt sich die Frage auf, wie Transparenz und Vertrauen in einem Unternehmen hergestellt werden können. Hierzu ist es notwendig, zunächst eine Übereinkunft darüber zu erzielen, was das Unternehmen unter Transparenz und Vertrauen versteht. Nach erfolgter Definition wird das Ergebnis in einen Wertekanon gegossen. In einem nächsten Schritt muss diese Übereinkunft gelebt und Abweichungen überzeugend sanktioniert werden. Die HypoVereinsbank hat sich als eine der ersten Banken entschlossen, diesen Prozess systematisch zu organisieren und anzugehen. Dazu musste sich die Bank zunächst der ethischen Prinzipien bewusst werden, auf deren Basis Transparenz und Vertrauen erst wachsen können.

Geleitet war der Entschluss, der Bank eine nachhaltige ethische Grundlage zu geben, auch von einer Grunderkenntnis: Ethisch korrektes Handeln hat nicht nur Vorteile für die Gesellschaft. Auch das Unternehmen profitiert langfristig von einer kohärenten Geschäftspolitik mit hohen, nachvollzieh- und überprüfbaren moralischen Maßstäben, denn es ist Teil der Gesellschaft, bestimmt ihre Werte mit und wird langfristig nur erfolgreich bleiben können, wenn die eigenen Handlungsweisen gesellschaftlich akzeptiert sind.

Integrity Charter bildet das Wertekorsett der Bank

Die HypoVereinsbank hat sich – wie die gesamte UniCredit Group, zu der die Bank gehört – mit der sogenannten Integrity Charter einen festen und verlässlichen Rahmen gegeben. Sie regelt die ethischen Standards des Handelns, die Verhaltensprinzipien für die geschäftlichen

Entscheidungen und die Grundlagen für das Miteinander im Haus sowie mit den Geschäftspartnern.

Die Integrity Charter ist im übertragenen Sinne das interne Grundgesetz, das Transparenz und Vertrauensbildung ermöglicht beziehungsweise den Weg dazu beschreibt. An ihr haben sich alle Entscheidungen und Beziehungen zu orientieren. Daraus abgeleitet bedeutet dies auch: Die sozialen und ökologischen Folgen der Geschäfte der Hypo-Vereinsbank sind genauestens zu prüfen. Wenn die Folgen nicht den Standards der Charter standhalten, ist konsequenterweise auf kurzfristige Erträge zu verzichten. Es bedeutet auch, dass die Bank in umweltverträgliche Technologien und Zukunftsbranchen investiert, selbst wenn es hier kurzfristig nur eingeschränkte Renditeerwartungen gibt.

Nun reicht eine Charter nicht aus, um Transparenz und Vertrauen dauerhaft herzustellen. Das geschriebene Wort muss zum Leben erweckt werden. Das Finanzinstitut hat aus der Charter zahlreiche konkrete Prozesse und institutionalisierte Verhaltensweisen abgeleitet. Exemplarisch seien an dieser Stelle drei Bereiche genannt, in denen der Erfolg der Strategie, mehr Vertrauen und mehr Transparenz herzustellen, besonders gut ablesbar ist. Es sind die Bereiche Mitarbeiter, Kunden sowie Produkt-/Geschäftspolitik.

Mitarbeiter als Vertrauensmanager

Nicht zufällig stehen die Mitarbeiter an erster Stelle. Muss doch zu allererst ein intakter, verlässlicher und fairer Umgang untereinander hergestellt sein, um gegenüber Dritten transparent und vertrauensaufbauend agieren zu können. Werte, Identität und Personalmanagement sind die unentbehrlichen Grundlagen für nachhaltigen Geschäftserfolg. Nur wenn die Mitarbeiter sich mit der Geschäftsphilosophie identifizieren und sie mittragen, kann sie auch auf Kunden und Gesellschaft abstrahlen.

Fairness, Transparenz, Respekt, Gegenseitigkeit, Freiheit und Vertrauen sind die sechs Prinzipien, die in der Integrity Charter festgelegt sind und auf die sich jeder Mitarbeiter berufen kann. Über die Werte selbst und ihre Umsetzung in den Arbeitsalltag wird im Rahmen des Integrity Charter Days einmal im Jahr konzernweit intensiv diskutiert. Das System justiert sich auf diesem Weg automatisch nach und kann sich an aktuelle Entwicklungen anpassen. Ergänzt wird diese Funktion durch regelmäßige Mitarbeiterbefragungen, deren Ergebnisse in den Planungsprozess der Bank einfließen.

Verstöße gegen diese von der breiten Mitarbeiterschaft getragenen Prinzipien werden in den turnusgemäß mindestens einmal im Jahr stattfindenden Mitarbeitergesprächen angesprochen. Das Verhalten fließt in die Bewertung der Arbeitsleistung ein und ist mitentscheidend für weitere Karriereschritte. Zur Bewältigung von Konflikten hat die HypoVereinsbank ein Mediationssystem, das „Restorative Justice System", eingeführt. Es dient zur schnellen Schlichtung von internen Streitigkeiten und gewährleistet die Anwendung der Integrity Charter. Darüber hinaus steht konzernweit ein Ombudsmann-System zur Verfügung, das von jedem Mitarbeiter in Konfliktfällen als Anlaufstelle genutzt werden kann. Es ist direkt beim Vorstandsvorsitzenden der UniCredit Group angesiedelt. Auch auf diesem Weg soll unterstrichen werden, wie zentral die Orientierung an den Werten ist, und dass die Integrity Charter auch vom Topmanagement getragen wird.

Kundenzufriedenheit als Gradmesser des Unternehmenserfolgs

Entscheidend für den Erfolg einer Bank ist das Vertrauensverhältnis zwischen ihr und ihren Kunden. Deshalb hat das Institut auf Basis der Integrity Charter zahlreiche Maßnahmen ergriffen, um dieses Vertrauensverhältnis zu schützen und weiterzuentwickeln. Klare Vorschriften und Richtlinien gewährleisten, dass die Mitarbeiter sich an gesetzliche Regelungen halten und ihre Handlungen an den Integritätsansprüchen ausrichten. Im Code of Conduct und in den Compliance-Richtlinien sind eindeutige Regeln zum Umgang mit Interessenskonflikten, zu Korruptions- und Geldwäscheprävention sowie zu korrektem Verhalten gegenüber Wettbewerbern oder in schwierigen Entscheidungssituationen festgeschrieben.

Dies allein reicht jedoch nicht aus, um Transparenz und Vertrauen im Kundenverhältnis zu gewährleisten. Aus diesem Grund hat die Bank die Kundenzufriedenheit zu einem entscheidenden Gradmesser für den Erfolg ihrer Arbeit gemacht. Die Konzentration auf die Zufriedenheit der Kunden verhindert vielfach fast automatisch, dass intransparente Verhaltensweisen um sich greifen und es zu Störungen im Vertrauensverhältnis kommt. Ein zufriedener Kunde ist in der Regel auch ein Kunde, der seinem Geschäftspartner in hohem Maße vertraut. Seit 2007 verfügt die HypoVereinsbank mit „Listen to Act" über ein Programm, das systematisch die Kundenkommunikation fördert. Wünsche und Anregungen der Kunden werden gezielt aufgenommen. Zusätzliche Kundenbefragungen, Servicebarometer und Testkäufe messen die Zufriedenheit der Kunden. Der erreichte Grad an Zufriedenheit beim Kunden bestimmt die Höhe des Gehaltes der Mitarbeiter entscheidend mit. So konnte bei der Zufriedenheit eine Win-Win-Situation geschaffen werden, von der Kunde und Mitarbeiter gleichermaßen profitieren: Der Kunde wird mit seiner kompletten Bedarfsstruktur ernst genommen. Darüber hinaus erhält er durch die systematische Möglichkeit zu Anregungen und Kritik indirekte Mitgestaltungsmöglichkeiten am Geschäftsmodell der Bank. Gleichzeitig wird die Leistung der Mitarbeiter beim Aufbau und der Pflege des Kundenvertrauens gehaltsbestimmend anerkannt. Eine ausschließliche Messung an individuellen Beiträgen zum Ertrag der Bank findet bewusst nicht statt. Die Leistungsbeurteilung ist in diesem Sinne diversifiziert.

Gesellschaftliche Verantwortung als Teil der Geschäftspolitik

Zu guter Letzt muss ein Haus wie die HypoVereinsbank auch in seiner Produkt- und Geschäftspolitik den Kriterien der Transparenz, der Nachhaltigkeit und des Vertrauens genügen. Hierzu hat sich die Bank ebenfalls eine Reihe von klaren Regelungen vorgegeben. So gehörte die Bank 2003 zu den zehn Banken, die sich erstmals eindeutige Verhaltensmaßgaben bei großen Projektfinanzierungen gegeben haben. Diese sogenannten „Equator Principles" gewährleisten die Einhaltung der Umwelt- und Sozialstandards der Weltbank-Gruppe. Bei entsprechenden Projekten ist beispielsweise eine Umweltrisikoprüfung Pflicht. Für die Anwendung der Weltbankstandards hat die HypoVereinsbank ein Kompetenzzentrum eingerichtet. Mitarbeiter der beteiligten Abteilungen erarbeiten hier unter anderem neue Analyseinstrumente.

Um die gesellschaftliche und politische Dimension ihrer Arbeit noch besser erfassen und in den Arbeitsalltag einfließen lassen zu können, sucht die UniCredit Group aktiv den Dialog mit Nichtregierungs-Organisationen wie dem WWF oder Amnesty International. Gemeinsam mit ihnen entwickelt die Bank spezielle sektorspezifische Grundsätze. Diese Grundsätze sind dann konzernweit gültig. Ihre Einhaltung ist im Kreditprozess fest verankert. Darüber hinaus bewerten das Corporate Social Responsibility Management, die interne Revision und – falls erforderlich – die Compliance-Abteilung die betreffenden Engagements.

Unternehmenskommunikation als Abbild der Werteorientierung

Über ihr Verhalten, ihre Entscheidungen und die Grundlagen dieser Entscheidungen gibt die HypoVereinsbank regelmäßig in ihrem Nachhaltigkeits-Reporting und in einem umfassenden Internetauftritt zu diesem Bereich Auskunft. Sie ist also auch auf dieser Ebene transparent und gibt Rechenschaft über die Erfüllung der eigenen Ansprüche ab. Die Berichterstattung über diesen Teil der Aktivitäten beziehungsweise des Verhaltens der Bank ist voll in die Kommunikationsstrategie der Bank eingebunden. Insgesamt ist die Kommunikation den gleichen Werten und ethischen Prinzipien verpflichtet wie das interne und externe Miteinander von Mitarbeitern, Geschäftspartnern, Anteilseignern und der Öffentlichkeit. So ist die transparente und auf Vertrauensbildung ausgerichtete Kommunikationspolitik ein exaktes Abbild des inneren Zustands der Bank und ihrer externen, ethisch gebundenen Verhaltensweisen. Nur so kann eine moderne Kommunikationsstrategie tatsächlich funktionieren. Kommunikation ist immer dann überfordert, wenn sie ein von der Realität deutlich abweichendes Image herstellen soll, wenn sie den gewünschten internen Verhältnissen weit vorauseilt oder erreichte Prinzipientreue nach innen durch eigene Mängel konterkariert. Die Unternehmenskommunikation hat den Anspruch, die Bank so darzustellen, wie sie tatsächlich ist. Sie ist in den Wertekanon eingebunden und lässt sich – wie alle anderen Unternehmensteile auch – an den formulierten Prinzipien und Werten messen.

Fazit

Eine Folge der weltweiten Finanz- und Wirtschaftskrise ist eindeutig: Das Vertrauen in die Banken, in die Bankmitarbeiter und in das Finanzsystem ist nachhaltig zerrüttet. Daher bedarf es erheblicher Anstrengungen und auch erheblicher Verhaltensänderungen seitens der Banken, um diese Vertrauenskrise zu überwinden. Es kann nur den Weg geben, über eine transparente, nachvollziehbare und klaren Regeln folgende Unternehmenspolitik neues Vertrauen aufzubauen. Um mit dieser Strategie jedoch nachhaltige Erfolge zu erzielen, ist deutlich mehr notwendig als Lippenbekenntnisse. Vertrauen und Transparenz müssen in den Unternehmen letztlich genauso professionell, umfassend und dauerhaft gesteuert werden wie die Risiken oder das Kreditportfolio. Transparenz und vertrauensbildendes Verhalten müssen stringent gelebt werden und dürfen nicht einem ständigen Veränderungsdruck ausgesetzt sein, nur weil es in einer aktuellen Situation kurzfristig der bequemste Weg ist.

Nicht zu leugnen ist, dass der Anspruch an eine möglichst hohe Transparenz im Alltagsgeschäft der Banken immer wieder zu Konflikten führt. Natürlich kann extrem transparentes Verhalten in Einzelfällen auch zu Nachteilen für das Unternehmen führen. Für entsprechende Situationen müssen Entscheidungsmechanismen gefunden werden, die zu nachvollziehbaren Lösungen führen. Eine vollständige Transparenz im Sinne einer völligen Offenheit des Unternehmens ist jedoch auch nicht das, was primär erreicht werden muss. Sinnvoll begründete „Betriebsgeheimnisse" werden in der Regel von der Öffentlichkeit auch verstanden und akzeptiert. Sie dürfen aber keine willkürliche Begründung für unnötige Geheimniskrämerei und intransparente Entscheidungsstrukturen sein. Ziel muss vielmehr sein, transparentes Verhalten als eine der entscheidenden Voraussetzungen für das Entstehen von Vertrauen für jeden Mitarbeiter und jede Führungskraft selbstverständlich werden zu lassen. Und die Unternehmenskommunikation ist die Stelle im Unternehmen, die diesen Prozess immer wieder einfordern und gleichzeitig glaubhaft nach außen transportieren muss. Unternehmen und Kommunikatoren, denen dies gelingt, wird auch (wieder) Vertrauen entgegengebracht. Sie werden als kommunikative und betriebswirtschaftliche Gewinner der Krise auf den Zukunftsmärkten erfolgreich sein.

Vertrauen ist das schönste Kompliment

Jan Runau

Vertrauen? Es gibt Worte, die hören wir so häufig, dass ihnen der Reiz des genauen Hinhörens verlorengegangen ist. Vertrauen ist so ein Wort. Jeder benutzt es, und jeder glaubt auch, er würde danach handeln. Genau mit dieser Beliebigkeit verliert dieses Wort seine Exklusivität im Sprachgebrauch.

Aber sein Inhalt bleibt etwas Besonderes. Vertrauen bedeutet Sicherheit und Glaubwürdigkeit. All das vermittelt dem Kunden das gute Gefühl, sich richtig zu entscheiden. Vertrauen zu können ist eine Eigenschaft, die das Leben erleichtert. Misstrauen bedeutet dagegen Stress, weil überall die Gefahr besteht, „übers Ohr gehauen zu werden".

Beim Vertrauen geht es nicht nur um faire Preise oder ordentliche Qualität, sondern auch um Anstand und Moral. Denn wer würde die starke Marke eines Unternehmens kaufen, das permanent gegen gesellschaftliche Regeln verstößt? Vermutlich niemand, weil der moralische Seismograf von Konsumenten sehr empfindlich auf Ungerechtigkeiten und Ungereimtheiten reagiert. Fragen der Schöpfung, der Lebensqualität und des verantwortungsvollen Wirtschaftens beschäftigen den Menschen von heute. Wehe, wenn ein Unternehmen bei den Antworten schlecht abschneidet. Dann bekommt es sofort Probleme mit Interessengruppen, Parteien, Kirchen, Gewerkschaften und Verbrauchern.

Natürlich gibt es Unternehmen, die gnadenlos dem Geld hinterherrennen und sich um Kritik und Mahnungen nicht scheren. Um aber dauerhaft wirtschaftlichen Erfolg zu haben, muss ein Unternehmen gesellschaftlich akzeptiert sein. Diese Erkenntnis ist unumgänglich. Doch diese Erkenntnis unternehmerisch umzusetzen und sich die gesellschaftliche Akzeptanz zu verdienen, ist schwierig, weil Akzeptanz Schwerstarbeit ist.

Kampf um Moral und Ideal

Warum ist das so? Die Gesellschaft entwickelt sich beständig weiter. Wie Wellen entwickeln sich neue Sympathien oder Antipathien, Ängste und Befindlichkeiten. Daraus entstehen Werte, die das Tun eines Unternehmens moralisieren können. Wenn sich Moral und Ideale verändern, die Unternehmen aber auf einer anderen Werteskala unverändert agieren, kommt es über kurz oder lang zu Differenzen. Für die Adidas-Gruppe sind das keine theoretischen Fragestellungen. Wir gehen extrem praktisch damit um. Aber wie bleiben wir „in der Spur" der Vertrauensarbeit? Was bedeutet Transparenz im betrieblichen Alltag?

Unsere Glaubwürdigkeit beginnt nicht im Geschäft, im Stadion oder auf dem Börsenparkett. Sie beginnt in unseren Zulieferbetrieben in über 55 Ländern. Dort stellen wir 221 Millionen Paar Schuhe her und 284 Millionen Bekleidungsstücke, von Shorts über Trikots bis zu Trainingsanzügen.

Nicht nur der interessierte Kunde, sondern auch wir wollen natürlich wissen, unter welchen Bedingungen unsere Produkte hergestellt werden, und wir wollen im guten Sinne diese Bedingungen beeinflussen. Deshalb engagieren wir uns für hohe soziale und umweltgerechte Standards an unseren Produktionsstandorten. Das ist die Moral unseres Handelns, und diese Moral ist für uns absolut bindend. Damit ist verständlich, dass wir ausdrücklich unsere Fürsorgepflicht auch für die Menschen akzeptieren, die in aller Welt und vor allem in den Schwellenländern für uns in den Zulieferbetrieben arbeiten.

Das war nicht immer so. Die Verlagerung der Produktion von eigenen Produktionsstätten in Deutschland und Frankreich in Zulieferbetriebe in Asien begann schon Ende der 1980er Jahre. Eine Konzernfunktion „Soziales und Umwelt" in der Adidas-Gruppe gibt es allerdings erst seit 1997. Im selben Jahr stellte der Adidas-Konzern seinen ersten Verhaltenskodex für Zulieferer vor (die sogenannten „Standards of Engagement") und richtete ein Überwachsungsteam ein. Die Einrichtung dieser Funktion fiel zusammen mit wachsendem öffentlichen Interesse daran, unter welchen Bedingungen Produkte aller Branchen in Asien für einen globalen Markt hergestellt werden. Insbesondere unser Hauptwettbewerber mit Firmensitz in den USA sah sich großer Kritik von amerikanischen Menschenrechtsgruppen und Studentenorganisationen ausgesetzt. So gesehen geschah der verstärkte Fokus auf das Thema innerhalb der Unternehmen der Sportartikelindustrie auch unter dem Druck einer zunehmenden Zahl von kritischen Konsumenten weltweit. Gleichzeitig sorgte dieser öffentliche Druck dafür, dass sich diese Industrie – und gerade die führenden Unternehmen darin – früher als viele andere Branchen dem Thema Nachhaltigkeit verschrieben und verschreiben mussten.

In diesen zwölf Jahren seit der Einrichtung einer Konzernfunktion „Soziales und Umwelt" hat sich viel getan. Seit dem Jahr 2000 erscheint der Adidas-Konzern im Dow Jones Sustainability Index, dem bekanntesten und wichtigsten Index zur Nachhaltigkeit börsennotierter Unternehmen. Seit 2004 wird Adidas dort als Branchenführer geführt. Wir sind zudem seit 2001 auch im FTSE4Good Index gelistet. 2007 wurde der Adidas-Konzern mit dem B.A.U.M.-Umweltpreis für die Erfolge seines Sozial- und Umweltprogramms ausgezeichnet. Zahlreiche weitere unabhängige Organisationen aus dem In- und Ausland bestätigen seit vielen Jahren das wegweisende Engagement der Adidas-Gruppe im Bereich Nachhaltigkeit. Wir haben viel erreicht, dennoch – um bei einer Sportmetapher zu bleiben – sind wir noch nicht am Ziel angekommen.

Die Kunst der angemessenen Kritik

So erleben wir zum Beispiel auf unseren Hauptversammlungen permanent kritische Stellungnahmen zu den sozialen, wirtschaftlichen und ökologischen Bedingungen in unseren Zulieferbetrieben, als hätte sich gar nichts getan. Natürlich können und müssen wir Kritik aushalten. Aber bei einigen „Hardlinern" wirkt es so, als hätten sie ein emotionales Problem damit, dass ein im Dax-30 notiertes Unternehmen nicht nur an Dividende und Cashflow denkt. Das Dilemma dieser Kritiker ist offensichtlich: Wir wollen einfach nicht den negativen Vorgaben sorgsam gepflegter Vorurteile entsprechen. Dabei ist es gar nicht so einfach, eine schlüssige Kritik zu äußern. Wer mitreden will, muss sich auskennen mit wissenschaftlichen Expertisen zur Klimaforschung, mit Chemie und Materialkunde, mit mikro- und makroökonomischen Bedingungen in den Schwellenländern. So ist es einfach, den Monatslohn einer Fabrikarbeiterin in Thailand in Relation zu setzen mit dem Millionengehalt von David Beckham, der zweifellos einer der größten und bekanntesten Werbeträger der Marke Adidas ist. Aber wozu führt dieser Vergleich, wenn die Arbeiterin in ihrem Land deutlich über dem üblichen Durchschnittslohn und eventuell sogar besser bezahlt wird als eine Lehrerin oder Krankenschwester?

Es geht hier also um zum Teil komplizierte Zusammenhänge, die man nicht mit lapidaren Schlagworten umfassen kann. Wir üben uns in Geduld gegenüber unseren Kritikern, aber unsere Kraft investieren wir vollständig in die lohnende Zusammenarbeit mit Stakeholdern, die über Erfahrung und Wissen verfügen.

Genau diese Experten beteiligen wir an unseren wichtigen gesellschaftlichen und ökologischen Entscheidungen. Wir arbeiten zusammen mit der Internationalen Arbeitsorganisation (ILA), wir sind Mitbegründer der Fair Labor Association (FLA), die unabhängige Überwachungen von Zulieferern übernimmt. Wir pflegen den ständigen Dialog mit Regierungen und Nichtregierungsorganisationen auf allen Kontinenten und stellen uns den Fragen von Repräsentanten von US-amerikanischen Hochschulen. Es versteht sich von selbst und ist nur richtig, wenn wir die Botschaft kommunizieren, dass wir diese Arbeit unmöglich alleine leisten könnten und dass wir deshalb zwingend auf ehrliche und fundierte Mitarbeit angewiesen sind. Ehrlichkeit und Transparenz in diesem Zusammenhang sind uns wichtig: Es geht uns schließlich nicht um Geheimnistuerei oder Ausgrenzung, sondern um gute und brauchbare Ergebnisse.

Zwischen Regeln und Kontrollen

Was wir machen, wie wir es machen und welche Ziele wir haben, veröffentlichen wir schon seit Jahren konkret auf unserer Homepage. Seit 2000 veröffentlichen wir jährlich einen Sozial- und Umweltbericht. Dieser Bericht gibt einen Überblick über die Adidas-Gruppe als verantwortungsbewusstes Unternehmen. Er beschreibt die gesellschaftlichen und politischen Zusammenhänge unserer Arbeit. Mittlerweile sind wir dazu übergegangen, einen weitaus detaillierteren Sozial- und Umweltbericht ins Internet zu stellen. Dort listen wir auf, inwieweit wir unsere Zielsetzungen für das Jahr erreicht haben, veröffentlichen unsere Leistungsdaten sowie weitere Informationen zu unserem Umgang mit Sozial- und Umweltfragen. Unter dem Stichpunkt „Nachhaltigkeit" findet man unsere Stellungnahmen zu kritischen arbeits- und umweltbezogenen Angelegenheiten sowie Fallstudien. Zudem bieten wir einen Überblick über die Standards, die wir in Bezug auf Arbeitsrechte, Gesundheit, Sicherheit und Umwelt – speziell in unserer Beschaffungskette – eingeführt haben. Daraus sollen hier in Umrissen nur einige Punkte erwähnt werden, um damit den Umfang der Arbeit zu skizzieren, die von unserem Expertenteam zum Thema Nachhaltigkeit geleistet wird:

Erstens: Wir haben für unsere eigenen Standorte und für die Zulieferbetriebe verbindliche Regeln und Standards definiert. Sie basieren auf den Menschen- und Arbeitnehmerrechtskonventionen der Internationalen Arbeitsorganisation (ILO) und der UNO. Dieses Regelwerk enthält klare Vorgaben

• zu umweltbewussten, sicheren und gesunden Arbeitsbedingungen,

• zu angemessenen Löhnen und Sozialleistungen,

- zur Koalitionsfreiheit,

- zum Verbot von übermäßigen Überstunden sowie von Zwangs- und Kinderarbeit und

- zum Schutz vor Belästigung und Diskriminierung.

Diese Standards helfen uns bei der Auswahl von Geschäftspartnern für die Herstellung unserer Produkte. Sie dienen auch als Leitprinzipien, um mögliche Probleme in Zulieferbetrieben frühzeitig zu erkennen und zu lösen.

Zweitens: Damit unsere Geschäftspartner überhaupt in der Lage sind, diese Regeln umzusetzen und weiterzuentwickeln, unterstützen wir sie zum Beispiel beim Personalmanagement. Dazu zählt ein betriebseigenes Beschwerdesystem, um Probleme in den Fabriken frühzeitig zu erkennen und zu beheben. Außerdem ermutigen wir die Arbeitnehmer in den Zulieferbetrieben dazu, ihre Rechte zu wahren und sich aktiv an Entscheidungen zu beteiligen.

Drittens: Wir bieten spezielle Schulungen und Workshops für Vorgesetzte und Manager in den Zulieferbetrieben an, um sie bei der Einhaltung unserer Standards und der Umsetzung vorbildlicher Maßnahmen (Best Practice) zu unterstützen. Zu diesen Workshops gehören beispielsweise Einführungsschulungen über die Arbeitsplatzstandards und die Richtlinien für das operative Geschäft oder detaillierte Schulungen über wirksame Maßnahmen im Bereich Sicherheit, Gesundheit und Umweltschutz am Arbeitsplatz.

Viertens: Damit wir genau Bescheid wissen, ob die Standards für die Arbeitsplätze eingehalten werden, kontrollieren wir die Fabriken häufiger und intensiver als früher. Auf diese Weise können wir auch Risiken für Verstöße besser einschätzen, die Ursachen dafür ermitteln und mit konkreten Schulungen Schwachstellen beseitigen.

Fünftens: Sollte ein Zulieferer hinsichtlich der Arbeitsplatzstandards schlechte Ergebnisse aufweisen, arbeiten wir rasch an einer gemeinsamen Lösung. Sollten jedoch anhaltende und ernsthafte Verstöße auftreten und die Produktionsleitung mangelnde Bereitschaft zur Beseitigung der Verstöße zeigen, sprechen wir eine offizielle Verwarnung aus. Nach dreimaliger Verwarnung für ein wiederholt festgestelltes Problem beenden wir die Zusammenarbeit.

Sechstens: Wir verpflichten unsere Hauptzulieferer, sogenannte Umweltmanagementsysteme einzuführen. Damit können sie negative Auswirkungen der Produktion auf die Umwelt sofort feststellen und ihre Folgen reduzieren. Außerdem forcieren wir Verfahren, um Umweltverträglichkeit der Materialien in unseren Produkten zu verbessern und die Umweltverschmutzung durch die Produktionsstätten zu verringern.

Siebtens: Wir optimieren fortlaufend unsere Auftrags- und Produktionsplanung, um die Umweltauswirkungen zu reduzieren, die durch den Transport unserer Produkte weltweit entstehen. Hierzu haben wir Umweltrichtwerte für Transportunternehmen und Speditionen erarbeitet, um daran unsere Geschäftspartner objektiv zu messen.

Achtens: Bei der Herstellung und Verpackung unserer Produkte legen wir immer größeren Wert auf die effiziente Nutzung von Ressourcen. Damit minimieren wir die ökologischen Auswirkungen unserer Produkte, ohne dabei Abstriche bei Funktion und Qualität machen zu müssen. Vor diesem Hintergrund haben wir mit der Kollektion „Adidas Grün" unser erstes ökologisch optimiertes Produktkonzept entwickelt. „Adidas Grün" unterscheidet sich von anderen „Öko-Kollektionen" durch die klare Kennzeichnung, die die Umweltverträglichkeit jedes einzelnen Produkts erläutert.

Substanz statt Modegag

Wir haben kein Interesse an schnellen Schlagzeilen, weil unser Engagement kein Modegag ist, sondern eine tiefe Überzeugung. Außerdem ist es extrem gefährlich, ein kompliziertes und zudem emotional besetztes Thema mit ein paar markanten Botschaften „aufzumotzen". Die Erfahrung zeigt, dass daraus oft Missverständnisse und Fehldeutungen entstehen. Wir achten extrem penibel auf die Substanz unserer Kommunikation. Wir wollen fundierte Inhalte vermitteln, und das schaffen wir nur mit einem langen Atem.

Natürlich hat diese Vertrauensarbeit auch etwas mit Image zu tun, und dieses Image setzt permanente Glaubwürdigkeit voraus. Image wirkt wie eine geheimnisvolle Kraft, die die Menschen bindet. Deshalb ist es eine große Herausforderung für unsere Öffentlichkeitsarbeit, das Image so zu steuern, dass es seine Kraft nicht verliert. In dieser Kraft steckt alles, was uns ausmacht. Unsere Geschichte, unsere Moral, unser Sinn für den Sport und unser Ehrgeiz, immer zu den Besten zu gehören. Und diese Kraft entlädt sich nicht im Verborgenen, sondern für alle sichtbar und in aller Öffentlichkeit. Das ist kein Wunder, weil Adidas weltweit eine der beliebtesten Marken bei jungen Leuten ist.[1] Adidas hat in Deutschland eine Markenbekanntheit von deutlich über 90 Prozent.[2] Selbst wenn wir uns vor der Öffentlichkeit verstecken wollten, es wäre also gar nicht möglich.

Bekanntheit aber reicht uns nicht, wir wollen auch beliebt sein – und wir sind es auch. Meinungsforscher bestätigen uns regelmäßig höchste Imagewerte.[3] Fest steht jedenfalls, dass Bekanntheit und Beliebtheit für uns die zwei Seiten einer Geldmünze sind. Wir bezahlen jeden Tag mit dieser Währung, weil die Menschen ihr vertrauen. Diese Währung ist hart und berechenbar. Deshalb tun wir alles dafür, ihren Wert permanent zu steigern. Gerade weil Adidas aber ein bedeutsames Unternehmen ist, müssen wir uns noch mehr anstrengen, um den hohen Erwartungen gerecht zu werden.

Mediale Trittbrettfahrer

Klar ist auch, dass manche Kritiker ihre Kritik nur deshalb auf uns projizieren, um ihrer Sache damit genügend Aufmerksamkeit zu verschaffen. Wären wir ein kleines und unbekanntes Unternehmen, würden wir wahrscheinlich nicht zur Zielscheibe dieser Art von Kritik werden, weil die nötige öffentliche Aufmerksamkeit fehlte.[4] Bei besonders einseitiger Berichterstattung fragen wir uns natürlich manchmal, ob sich Transparenz überhaupt auszahlt. Denn Transparenz ist kein Wert an sich. Es muss nicht per se vernünftig sein, alle Quellen permanent offenzulegen, damit Journalisten oder andere Gruppen sich daraus bedienen. Was machen wir also?

Unsere Antwort erscheint zunächst paradox: Wir bekämpfen den Missbrauch der Offenheit mit noch mehr Offenheit. Denn in der gesamten Beurteilung unseres Engagements für Transparenz und Nachhaltigkeit wird eines doch sehr deutlich: Würden wir auch nur einen Schritt zurückgehen, um die Möglichkeiten der unsachgemäßen Kritik einzugrenzen, ginge damit auch unsere gesamte Aufbauarbeit unter.

Noch mehr Offenheit bedeutet für uns zum Beispiel, dass wir unsere Stakeholder auffordern, uns zu schreiben, wie sie unsere Arbeit im Bereich Nachhaltigkeit bewerten. Auf unserer Corporate-Website www.adidas-group.com, auf der wir auch unseren jährlichen Sozial- und Umweltbericht veröffentlichen, kann jeder Interessierte seine Meinung zu diesem Thema ungehindert mitteilen und mit uns in den Dialog treten. Wir veröffentlichen unsere Antworten genauso wie Fallstudien zu aktuellen Themen im Bereich Nachhaltigkeit.

Im Kern bedeutet dies, dass wir nicht nur offen sind, sondern uns auch offen geben. Das ist ein großer Unterschied: Denn wir präsentieren nicht nur unsere Ergebnisse, sondern wir schaffen dem Publikum auch ein Forum für Diskussionen und Bewertungen. So zu handeln ist für uns auch eine Frage der Geisteshaltung: Wie gehen wir mit Kritikern um? Sind wir lernfähig und aufgeschlossen? Haben wir den Mut zum Diskurs?

Offenheit statt kleinkariertem Denken

Diese Fragen bedeuten im Umkehrschluss, dass wir unbedingt Überheblichkeit, Besserwisserei und Mittelmäßigkeit vermeiden müssen: Wer sich gehen lässt, weil er glaubt, dass ein starkes Unternehmen nicht verlieren kann, riskiert den Abstieg. Wenn wir nur einmal damit anfingen, uns gehen zu lassen, weil wir uns für unschlagbar hielten, würde der Vertrauensverlust einsetzen und voll durchschlagen. Das geht ganz schnell und ohne Rücksicht auf Verdienste.

Ich wage sogar die These, dass Erfolg und Transparenz sich gegenseitig bedingen. Je erfolgloser ein Unternehmen ist, desto größer ist die Gefahr für Vertuschung. Denn in jeder Niederlage schwingt die Angst mit, mit Offenheit nur noch alles schlimmer zu machen. Umgekehrt erleichtert der Erfolg den souveränen Umgang mit kritischen Themen. Die Adidas-Gruppe ist frei von solchen Zwängen. Unsere Öffentlichkeitsarbeit setzt auf Transparenz, und wir genießen es, wenn unsere Konsumenten uns im Gegenzug ihr wichtigstes Gut schenken: ihr Vertrauen.

Fußnoten

1 TRU Global Teen Study 2009.

2 U.a. Markenranking „Best Brands" 2009, durchgeführt u.a. von der Gesellschaft für Konsumforschung (GfK).

3 U.a. Sportfive Fußballstudie 2009, durchgeführt von Sport+Markt.

4 Diese „mediale Trittbrettfahrerei" mag für die Kritiker eine raffinierte Methode der kostengünstigen Inszenierung sein, aber es funktioniert nur dann, wenn die Medien mitspielen. Wir haben nichts gegen journalistische Recherchen in unseren Zulieferbetrieben, weil wir nichts zu verheimlichen haben. Aber man kann sich leicht ausmalen, dass bei diesen Besuchen der kritische Reflex der Journalisten manchmal stärker ausgeprägt ist als der lobende. Allerdings regen wir uns weniger über sprachliche und inhaltliche Zuspitzungen auf als über schludrig recherchierte Geschichten oder bewusste Manipulationen.

Transparenz in der Konsumentenkommunikation

Mathias Mehlen

Wie Kommunikation das Kerngeschäft beeinflusst

Was Kommunikation gegenüber den Kunden bei McDonald's bedeutet? Darauf gab es bis zum Jahrtausendwechsel eine relativ einfache Antwort: verkaufen, verkaufen, verkaufen. Für das Unternehmen lag der Fokus lange Zeit auf dem Verkauf seiner Produkte. Informationen zum Unternehmen, zu den Produkten und ihrer Herkunft, zu Hygienestandards in den Restaurants: Das und mehr blieb den Gästen verborgen. Das Unternehmen war in Bezug auf Transparenz eine klassische Black Box.

Anfang des neuen Jahrtausends aber gerieten die Verkaufszahlen unter Druck. Das Unternehmen machte Fehler, verlor den Gast aus den Augen und ignorierte die wachsende Zahl kritischer Stimmen. Damit sank das Vertrauen der Gäste in die Marke McDonald's. Krisen wie BSE oder Vogelgrippe taten ihr Übriges, so dass schließlich im ersten Quartal des Jahres 2001 die Verkaufszahlen in Europa um 6 Prozent zurückgingen. Das Unternehmen verzeichnete erstmals in seiner Geschichte einen Rückgang und musste für das erste Quartal sogar eine Gewinnwarnung herausgeben. Neben anderen Fehlern entpuppte sich Intransparenz als wirtschaftliches Risiko – und geriet damit in den Fokus des Managements.

Das Unternehmen musste etwas tun, wenn es das Vertrauen der Gäste und damit auch den wirtschaftlichen Erfolg zurückgewinnen wollte. Diese Situation war die Geburtsstunde des „Plan to Win", dessen zentraler Ansatz die Rückkehr und Konzentration auf die Kernkompetenzen des Unternehmens ist. Durch den „Plan to Win" mit seinen fünf P's setzte sich das Unternehmen das Ziel, alle Unternehmensbereiche wieder auf die Produkte (products), die Preise (prices), die Mitarbeiter (people), die Restaurants (places) und Werbung (promotion) zu fokussieren. Anhand der ersten Kategorie lässt sich der Gedanke des „Plan to Win" am besten wie folgt zusammenfassen: Tue das, was Du am besten kannst: Burger braten! McDonald's besann sich auf sein Kerngeschäft und leitete zugleich einen umfassenden Wandel der Unternehmenskultur ein. Alle Entscheidungen und Maßnahmen werden stets daraufhin geprüft, ob sie den „Plan to Win" unterstützen. Für die Kommunikation bedeutete dies eine Ausrichtung an den Werten Offenheit und Transparenz.

Kommunikation gegenüber den Konsumenten

Nicht zuletzt die BSE-Krise hatte gezeigt, wie wichtig es ist, den Gästen gegenüber zu erklären, warum sie sich auf die Marke verlassen können. Die wachsende Rolle der Verbraucherschutzorganisationen und der Zeitgeist machten die Konsumenten zunehmend kritischer gegenüber Unternehmen. Zu Recht wollten Verbraucher genauer wissen, woher die Produkte stammen, die sie essen, wie sie verarbeitet werden und was sie am Ende beinhalten. Das Unternehmen war bereit, sich dieser Verantwortung zu stellen, denn nur wenn die Gäste wieder Vertrauen in die Qualität von Big Mac & Co. entwickeln würden, kämen die Verkaufszahlen wieder in Schwung.

Zentrale kommunikative Maßnahmen der Transparenzinitiative waren dabei die Offenlegung der Nährwerte und die sogenannte Qualitätsscout-Kampagne, durch die Interessierte einen Einblick in die Produktionskette erhalten. Die Idee hinter beiden Maßnahmen: Die Gäste können auf der Basis von umfassenden Informationen eine bewusste Kaufentscheidung treffen. Die Informationen schaffen Wissen, und Wissen führt zu Vertrauen – Es gibt nichts zu verbergen. Daneben sind der tägliche Kundenkontakt und die Verarbeitung von Anfragen ein Grundbestandteil der Unternehmenskommunikation.

Nährwertinformationen

Auf das steigende Informationsbedürfnis seiner Gäste reagierte das Unternehmen erstmals im Jahre 1994. In doppelseitigen Anzeigen in Magazinen wie Spiegel oder Stern wurden die Nährwerte der Produkte veröffentlicht. Mittlerweile gibt es eine Vielzahl von Möglichkeiten, sich über die Nährwerte zu informieren, etwa durch Poster, die im Restaurant aushängen, auf den Rückseiten der Tablettunterlagen, in Broschüren, Pocket-Tabellen und im Internet. Zu jedem Produkt werden der Energiewert in Kilojoule, der Kalorienwert, der Gehalt an Eiweiß, Kohlenhydraten, Zucker, Fett, gesättigten Fettsäuren, Ballaststoffen, Salz pro 100g/100ml, pro Portion sowie in Relation zum empfohlenen Tagesbedarf angegeben. Auch die wichtigsten enthaltenen Hauptallergene können eingesehen werden.

Im Jahr 2006 schließlich führte das Unternehmen weltweit auch auf allen Produktverpackungen eine Nährwertkennzeichnung ein und war damit das erste Unternehmen, lange bevor in Deutschland über eine Nährwertampel oder GDA-Angaben diskutiert wurde. Offenbar war mit dieser Initiative der richtige Weg gewählt worden. Im Rahmen einer Veranstaltung der EU-Aktionsplattform für Ernährung, körperliche Bewegung und Gesundheit in Brüssel Anfang November 2006 lobte EU-Kommissar Markos Kyprianou – zuständig für Gesundheit und Verbraucherschutz – ausdrücklich die Nährwertangaben-Initiative als innovativ und wichtig. Laut Kyprianou trage das Unternehmen damit wesentlich zur Aufklärung der Verbraucher bei und leiste einen zentralen Beitrag zur Bekämpfung von Übergewicht und Fettleibigkeit in Europa.

In Zusammenarbeit mit dem unabhängigen Marktforschungsinstitut cv2, Ernährungsexperten sowie Experten der Europäischen Kommission, der Wissenschaft und der Lebensmittelindustrie wurden nicht nur die Einstellungen der Restaurantbesucher zu Ernährung und die Akzeptanz von Kennzeichnungssystemen untersucht, sondern auch das heute auf allen Verpackungen sichtbare farblich unterlegte Informationsschema zu Nährwerten entwickelt. Dieses orientiert sich an den Empfehlungen von Institutionen wie der Weltgesundheitsorganisation (WHO) oder der Deutschen Gesellschaft für Ernährung (DGE). Ebenfalls grafisch markiert ist der Anteil des jeweiligen Nährwertes am empfohlenen Tagesbedarf – dem sogenannten Guideline Daily Amount (GDA). Auch die kleinen Gäste wurden berücksichtigt. Zwar zeigen die Verpackungen generell Nährwertangaben für Erwachsene. Für Produkte, die Bestandteil des Happy Meal sind, werden jedoch zusätzlich Nährwertangaben für Kinder dargestellt. Da die geltenden GDAs ebenfalls nur Richtwerte sind, bietet McDonald's seinen Gästen an, sich auf der Website den ganz persönlichen Tagesbedarf an den jeweiligen Werten zu errechnen, um so die Mahlzeit noch besser in eine ausgewogene Ernährung integrieren zu können.

McDonald's hat mit diesen Maßnahmen deutlich gemacht, dass das Unternehmen nichts zu verbergen hat und die Menschen jederzeit Einblick in die Zusammensetzung der Produkte erhalten. Aber auch Risiken waren mit der Offenlegung und Kennzeichnung der Nährwerte verbunden. Zum einen mussten sich die entwickelten Kennzeichnungen in der Praxis bewähren und alleine in Deutschland dem kritischen Urteil von mehr als 2,5 Millionen Gästen pro Tag standhalten. Zum anderen war nicht sicher, ob die Gäste ihr Kaufverhalten aufgrund der nun verfügbaren Informationen zum Nachteil von des Unternehmens ändern würden.

Seit Einführung der Nährwertinformationen, vor allem der Verpackungskennzeichnung, ist die Frage nach deren Kenntnis und Verständlichkeit fester Bestandteil von monatlich stattfindenden repräsentativen Gästeumfragen. Hinsichtlich der Nährwertangaben wurden die Gäste sowohl befragt, ob die Nährwertangaben leicht zu finden sind, ob sie verständlich sind, als auch, ob die Angaben für die Gäste eine glaubwürdige Informationsquelle über die Produkte sind. Im ersten Jahr der Abfrage (2006) gaben durchschnittlich 41 Prozent der Gäste an, dass die Angaben leicht zu finden seien. Nach 42 Prozent im Jahr 2007, waren 2008 durchschnittlich schon 46 Prozent der Gäste dieser Meinung, im April 2008 wurde der Wert von 50 Prozent überschritten. Die Zahlen des ersten Quartals 2009 zeigen zwar einen Trend zur nochmaligen Steigerung des Jahresdurchschnitts, offensichtlich ist damit aber das bestehende Potential ausgeschöpft.

Es zeigt sich zudem, dass das Interesse an Informationen und das Nutzungsverhalten stark nach Gästegruppen variiert: Jugendliche und junge Erwachsene interessieren sich generell weniger für Nährwertinformationen, sind sich aber durchaus bewusst, wie Produkte generell von ihrem Nährwertprofil einzuschätzen sind. Dagegen interessieren sich gerade Mütter, die mit ihren Kindern zu McDonald's kommen, sowie junge Frauen sehr stark für die zur Verfügung gestellten Informationen. Trotz der Kennzeichnung und des Informationsangebotes hat sich das Bestellverhalten der Gäste nicht signifikant verändert. Allerdings passen diejenigen Gäste, die sich über die Nährwerte der verzehrten Produkte informieren, das restliche Ernährungsverhalten an diesem Tag entsprechend an. Auch auf die Gästezahlen hatte diese Transparenzmaßnahme keine negativen Auswirkungen. Im Gegenteil: Nach einer Stagnation in den Jahren 2002 bis 2004 bei rund 740 Millionen Gästen pro Jahr stiegen die Gästezahlen seit 2005 kontinuierlich auf rund 942 Millionen im Jahr 2008 an. Die offene und transparente Kommunikation war aber sicherlich nur ein Grund für diesen wiedergewonnenen Gästezuspruch.

Ein großes Investitionsprogramm zur Modernisierung der Marke hatte ebenfalls das Gästevertrauen zentral gestärkt. Dem „Plan to Win" folgend, führte McDonald's neue Designs für die Restaurants ein, erweiterte die Produktpalette um unter anderem Salate oder Wraps, bot den Gästen mit der Einführung von McCafé ein Coffeeshop-Erlebnis und investierte in die Servicequalität.

Qualitätsscout-Kampagne

Die allgemeine Verunsicherung der Verbraucher durch Medienberichterstattung zu Lebensmittelkrisen wie zum Beispiel BSE führte auch bei McDonald's zu steigenden Verbraucheranfragen. Entsprechend hatte McDonald's nach einem Weg gesucht, die hohe Qualität der Produkte glaubwürdig zu kommunizieren. Schon damals hatte man erkannt, dass vor allem das Urteil von Verbrauchern selbst die größte Glaubwürdigkeit bei anderen Verbrauchern besitzt. Am einfachsten also wäre gewesen, die Tore des Unternehmens und seiner Lieferanten zu öffnen und allen Interessierten Einlass und Einblick zu gewähren. Praktisch ist eine solche Maßnahme jedoch nicht umsetzbar, immerhin handelt es sich um Lebensmittel verarbeitende Betriebe mit strengsten hygienischen Anforderungen und nicht um Showrooms. Es war also wichtig, ein Konzept zu finden, das grundsätzlich über einen derartigen Weg des „Tore-Öffnens" die Qualität der Produkte und Produktion vermittelt, aber praktikabel bleibt. All diese Überlegungen mündeten schließlich im Jahr 2004 in das Konzept der Qualitätsscouts. Bei dieser Initiative besuchen einige ausgewählte Personen stellvertretend für die Vielzahl der Gäste die Produktionsstätten und begutachten die Prozesse in den Restaurants, um sich so von der Produktqualität und den hohen Qualitätsstandards zu überzeugen und das über verschiedene Kommunikationskanäle anderen Gästen und Verbrauchern mitzuteilen. In einer ersten Phase konzentrierte sich die Qualitätsscout-Kampagne unter dem Motto „Wissen, was drin steckt" auf Vermittlung von Hintergründen zu den Nährwertinformationen und Einblicke in die hohen Standards zur Lebensmittelsicherheit. In der zweiten Phase seit 2008 liegt der Fokus der Qualitätsscout-Touren mit dem Motto „Wissen, wo's herkommt" auf der Herkunft der Produkte und der Partnerschaft mit der deutschen Landwirtschaft. Hier erhalten die Qualitätsscouts die Möglichkeit, den Produktionsprozess vom Feld bis auf das Tablett selbst mitzuverfolgen. Bewerben kann man sich für eine von vier Touren bei Lieferanten: die Salat-, Brötchen-, Kartoffel- oder Rindfleischtour.

Ein zentraler Aspekt: Bei den Qualitätsscouts handelt es sich um echte Gäste, nicht um bezahlte und gecastete Schauspieler. Zudem wurde im Auswahlprozess darauf geachtet, dass durchaus auch Gäste ausgewählt werden, die eine kritische Einstellung zu McDonald's haben und eine glaubwürdige Perspektive mitbringen, weil sie beispielsweise Eltern oder Ernährungswissenschaftler sind. Dazu hatten die Bewerberinnen und Bewerber in Fragebögen und Interviews ihre Motivation zur Teilnahme am Qualitätsscout-Programm erläutert.

Schließlich war es auch wichtig, dass sich die ausgewählten Qualitätsscouts für kommunikative Maßnahmen eigneten, das heißt, Spaß am Umgang mit Kameras und Fotografen mitbringen, unbefangen agieren und gern über Erlebtes berichten. McDonald's war bei den Touren stets mit einem Filmteam vor Ort, um die Touren zunächst für das Internet zu dokumentieren. Im Jahr 2005 wurden auch erstmals TV-Spots mit

Teilnehmern aus vergangenen Touren produziert. Heute ist die filmische Dokumentation verschiedener Qualitätsscout-Touren fester Bestandteil der Qualitätskommunikation in unserem Unternehmen. Nicht zuletzt deshalb stieg die Bewerberzahl seit dem Start enorm. Hatten sich im Jahr 2004 noch 270 Menschen beworben, waren es im Jahr 2008 schon über 5.300. Im Frühjahr 2009 hatten sich schon kurz nach Beginn der Ausschreibungsphase bereits über 6.600 Menschen für eine Qualitätsscout-Tour beworben. Das Transparenzangebot wird also angenommen.

Allerdings wurde schnell deutlich, dass die Kampagne eine inhaltliche Schwäche hatte. Trotz der vorher erwähnten internen Auswahlkriterien gingen viele Verbraucher und Journalisten davon aus, dass es sich bei den Qualitätsscouts um bezahlte Schauspieler handelte und nicht um echte Gäste. Auch wenn dieser Umstand die Glaubwürdigkeit der Kampagne nur unwesentlich beeinflusst hat, wurden dennoch zusätzliche Maßnahmen ergriffen, um die Authentizität der Qualitätsscouts zu erhöhen. Im Jahr 2008 ging McDonald's deswegen erstmals eine Kooperation mit der Social-Media-Plattform „MySpace" ein. Dadurch können sich Nutzer von MySpace als Qualitätsscouts bewerben. Die anschließende Auswahl erfolgt zusammen mit der MySpace-Community selbst. Die so ausgewählten „MySpace-Qualitätsscouts" werden für ihre Tour mit Fotoapparat und Videokamera ausgestattet und dürfen völlig frei ihre Tour dokumentieren und darüber auf MySpace berichten. Wegen des großen Erfolges wird die MySpace-Kooperation auch im Jahr 2009 fortgesetzt.

Regelmäßige Interaktion mit den Gästen als Teil des Transparenzgedankens

Über die Herkunft und Zusammensetzung der Produkte zu berichten oder diese von ausgewählten Personen dokumentieren zu lassen ist die eine Seite transparenter Kommunikation. Die andere Seite ist das Restaurant erlebnis der Gäste. Bei einem Unternehmen mit deutschlandweit über 1.300 Restaurants und mehr als 2,5 Millionen Gästen pro Tag gibt es natürlich manchmal Pannen oder Grund zur Beschwerde. Abseits aller Initiativen und Kampagnen hängen Glaubwürdigkeit, Vertrauen und damit wiederum die wirtschaftliche Stärke eines Unternehmens ganz entscheidend davon ab, wie es auf aktive Anfragen und Beschwerden seiner Gäste und Kunden reagiert. Ein gut funktionierender Kundenservice ist ein wichtiges Element für echte Transparenz.

Den gibt es auch bei McDonald's und anders als in anderen Unternehmen ist der Kundenservice in die Kommunikationsabteilung integriert. Hierdurch werden alle relevanten Kommunikationskontakte – von Journalisten über Politiker, Verbandsvertreter, Mitarbeiter bis hin zu den Gästen – effektiv in einer Abteilung gebündelt und miteinander vernetzt.

Einen Kundenservice gab es zwar schon seit Bestehen des Unternehmens, aber mit dem Umschwung in der Unternehmensstrategie Anfang des neuen Jahrtausends wurde der Kundenservice neu geordnet. Gab es im Jahr 2000 durchschnittlich noch rund 25.000 Kontakte im Kundenservice, so waren es 2008 schon durchschnittlich 81.000. Zwei Drittel der Fälle aus dem Jahr 2008 waren Anfragen, Lob, Ideen und Vorschläge. Nur ein Drittel betraf Beschwerden, ein Zeichen, dass viele Gäste einen durchaus positiven Dialog suchen. Diese Zunahme der Kontakte insgesamt hängt vor allem mit der Vereinfachung der Kontaktmöglichkeiten zusammen. Über die Kontaktseite der Homepage können Gäste und Interessierte in wenigen Schritten ihre Fragen ganz leicht an das Unternehmen stellen. Die Kategorisierung und zentrale Erfassung der Gästekontakte nutzte McDonald's auch dazu, häufige Fragen zu clustern und ein aktives Informationsangebot auf der Homepage in Form der „Häufigen Fragen" bereitzustellen, damit Gäste noch schneller an eine Erstinformation kommen.

Anfang dieses Jahrzehnts wurden die Prozesse im Kundenservice gestrafft und neu geordnet, um mehr Transparenz gegenüber den Kunden zu schaffen. Denn Vertrauen in das Unternehmen wird vor allem durch umfassende und zeitnahe Informationen und Fakten zu den Anfragen der Gäste gesichert. Der neue Prozess sieht vor allem vor, dass alle Anliegen zentral gesteuert und koordiniert werden. Zwar beantworten Franchise-Restaurants Kundenreklamationen weiterhin selbst, sie können aber vom zentralen Kundenservice durch Antwortvorschläge und Informationen zum Sachverhalt unterstützt werden. Die Franchise-Struktur ist ein wichtiger Einflussfaktor für die Effektivität und Wahrnehmung aller Transparenzanstrengungen des Unternehmens. Das Unternehmen ist wesentlich auf die Mitwirkung seiner Franchise-Nehmer angewiesen. Andererseits kann das Unternehmen seinen Franchise-Nehmern, die selbständige Unternehmer sind, in vielen Bereichen auch nur Angebote für die Umsetzung bestimmter Prozesse oder Maßnahmen machen, sie aber nicht dazu verpflichten.

Welche Prozesse stehen nun genau hinter der Bearbeitung von Kundenanfragen? Alle Kundenanfragen abseits der Ansprache des Personals am Tresen gehen zunächst zentral im Service Center ein. In einem ersten Schritt bestätigt der Kundenservice immer sofort den Eingang der Anfrage und dass diese bearbeitet wird. Der Kundenservice kategorisiert schließlich die Beschwerden und Anfragen. Handelt es sich um Reklamationen, die ein Franchise-Restaurant betreffen, werden die Anfragen an den betreffenden Franchise-Nehmer weitergeleitet. Der Gast erhält direkt vom Franchise-Nehmer eine Antwort. Betrifft eine Anfrage ein Restaurant des Unternehmens oder das Unternehmen allgemein, bearbeitet der Kundenservice diese Anfrage direkt und antwortet auch dem Gast. Eine erste Antwort muss innerhalb von 48 Stunden an den Gast gehen. Durch die zentrale Erfassung und Kategorisierung aller Anfragen im Kundenservice kann McDonald's jetzt auch überprüfen, wie diese Transparenz-Maßnahme angenommen wird, und vor allem natürlich, welche Bereiche die Gästeanfragen betreffen. Derartige Auswertungen sendet der Kundenservice auch jederzeit nach Anfrage an Fachabteilungen, Geschäftsleitung und Restaurants.

Vor allem die Arbeit im Kundenservice gibt viel Aufschluss über Möglichkeiten und Grenzen von Transparenz als Unternehmensstrategie. Zwar ist eine spezielle Umfrage zum Kundenservice bei erst für das Jahr 2010 geplant, aber die 2008 durchgeführte Umfrage zur Corporate Social Responsibility (CSR) gibt erste Hinweise auf die Relevanz von Transparenz in Form des Kundenservice. Auch die bisherigen Erfahrungen aus der praktischen Arbeit im Kundenservice zeigen, dass Transparenz für das Unternehmen hinsichtlich der täglichen Restauranterlebnisse der Gäste als positiv und sinnvoll zu betrachten ist.

Grundsätzlich sind das Angebot von Informationen und Dialogmöglichkeiten natürlich etwas, das Gäste oder Kunden von einem Unternehmen heute als selbstverständlich erwarten. Allerdings birgt die Art und Weise, wie man diesen Dialog mit seinen Gästen oder Kunden gestaltet, sehr großes Potential. Denn meistens entscheidet sich die Einstellung eines Gastes zu erst durch die Art und Weise, wie mit seiner (kritischen) Anfrage umgegangen wird.

Für McDonald's ist der Kundenservice schon lange kein rein formales Instrument mehr, um Kundenanfragen abzuarbeiten. Vielmehr sind die Gästekontakte eines der zentralen Elemente, um den Kundenservice (Customer Service) langfristig zu einem Management der Kundenbeziehungen (Customer Relationship Management) weiterzuentwickeln. Beispielsweise bietet das Unternehmen seinen Gästen, die sich mit einer Frage an den Kundenservice gewandt haben, die Möglichkeit, künftig automatisch Informationen zu erhalten, die die Frage betreffen. Dabei eröffnet sich die Möglichkeit, mit den Gästen in einen Dialog zu treten und sie stärker an das Unternehmen zu binden.

Allerdings bringt diese neue und verbesserte Art von Transparenz und dialogorientiertem Kundenservice auch neue Herausforderungen und Probleme mit sich. Vor allem durch Möglichkeiten des Web 2.0 finden sich immer mehr Seiten und Foren im Internet, auf denen Informationen zu finden sind, wie man sich angeblich am besten beschwert, um Wertschecks zu erhalten. Aufgrund dieser Entwicklungen muss das Unternehmen inzwischen viel Zeit in die Internetrecherche investieren, um sicherzustellen, dass der Kundenservice sich auf Bearbeitung berechtigter Anliegen konzentriert.

Zusammenfassung

Transparenz ist keine Kommunikationsaufgabe, sondern Bestandteil der Unternehmenskultur. So ist es auch niemals die Kommunikation alleine, die einen so umfassenden Imagewandel wie in den vergangenen Jahren bewirken kann. Allein in den ersten vier Jahren der Neuausrichtung haben McDonald's Deutschland und seine Franchise-Nehmer rund 1 Milliarde Euro in die Modernisierung der Marke investiert. In einem umfassenden Programm wurden unter dem Motto „Nicht größer, sondern besser" vor allem bestehende Restaurants modernisiert und an vielen Standorten mit McCafés ausgestattet.

Der wirtschaftliche Druck war Anfang des Jahrzehnts der Auslöser für die Bereitschaft im Management, durch weitreichende Maßnahmen einen Wandel der gesamten Unternehmenskultur einzuleiten. Der neue Kurs des intensiven und transparenten Dialogs mit allen relevanten gesellschaftlichen Gruppen, angefangen bei den Medien, über Politik, Verbände, Nichtregierungsorganisationen, bis hin zu den Gästen, führte zu einer spürbaren und messbaren Steigerung der Akzeptanz und des Vertrauens in das Unternehmen. Vor allem war dieser Kurs auch Motor für wirtschaftlichen Erfolg, wie die Zahlen belegen. Seit 2005 konnte McDonald's die Umsatzzahlen wieder deutlich steigern, nachdem sie zwischen 2002 und 2004 bei rund 2,3 Milliarden Euro pro Jahr gelegen hatten. Von 2005 bis 2008 erhöhte sich der Jahresumsatz auf rund 2,8 Milliarden Euro.

Nicht zuletzt für die „Kommunikatoren" des Unternehmens machen diese neuen Rahmenbedingungen – offen und transparent kommunizieren zu dürfen – die tägliche Arbeit angenehm und befriedigend. Für einen derartigen Wandel ist jedoch ein langer Atem nötig und das

Bewusstsein, sich in einem fortdauernden Prozess zu befinden. Es wird immer Themen geben, zu denen das Unternehmen kommunizieren und sich kritischen Fragen stellen muss. Auch in Zukunft wird McDonald's dabei die Strategie der transparenten Kommunikation verfolgen.

Transparenz und Vertrauen als Basis für nachhaltigen Erfolg

Elisabeth Schick

Ein Besprechungsraum auf dem Gelände der BASF in Ludwigshafen. An den langen, zum U gestellten Tischen sitzen Nachbarn des Unternehmens: ein Konditor als Vertreter des örtlichen Gewerbevereins, die Elternsprecherin eines nahegelegenen Gymnasiums, der Leiter einer Mannheimer Behörde. Insgesamt 25 Teilnehmer sind es an diesem Mittwochabend im April 2009. Die meisten kommen schon seit langem zu den vierteljährlichen Treffen des Nachbarschaftsforums. Gerade spricht Werksleiter Bernhard Nick über ein aktuelles Thema: Wie begegnet BASF der Wirtschaftskrise? Was heißt das für die Mitarbeiter? Die Gäste hören zu, stellen Fragen, haken auch mal kritisch nach. Man redet Klartext miteinander. Weder Parteipolitik noch mediale Selbstdarstellung spielen hier eine Rolle. So können Unternehmen und Nachbarn wirklich offen und vertrauensvoll miteinander sprechen.

Transparenz im Dialog mit den Nachbarn

Seit dem Jahr 2000 gibt es das Nachbarschaftsforum bei der BASF in Ludwigshafen. Es ist einer von 59 regelmäßigen Gesprächskreisen oder Community Advisory Panels (CAPs) der BASF weltweit. Der Anstoß für dieses Instrument kam in den 1980er Jahren aus den USA: Als dort Daten über Schadstoffemissionen von Produktionsstandorten veröffentlicht werden mussten, wollten die Unternehmen die publizierten Werte den direkt Betroffenen vermitteln. Mittlerweile gehören CAPs bei Chemieunternehmen fest ins Repertoire der Standortkommunikation. Die BASF setzt sie an wichtigen Produktionsstätten weltweit ein – ob im spanischen Tarragona, in Shanghai oder in Greenville, Ohio. Überall geht es um ganz konkrete Themen, die das Umfeld bewegen: vor allem Umwelt, Gesundheit und Sicherheit. Die Nachbarn schätzen es, hier Informationen aus erster Hand zu erhalten.

Kommunikation ist keine Einbahnstraße. Genauso wichtig wie das Informieren sind Nachfragen, Zuhören und Zeigen, was das Unternehmen tut. Deshalb suchen wir die offene Diskussion und laden die Teilnehmer zu Besichtigungen ein, zum Beispiel in der Umweltüberwachung. Vergünstigungen für die Gäste gibt es nicht. Sie kommen aus echtem Interesse, sind dem Unternehmen gewogen, aber keinesfalls unkritisch. Über Geruchsbelästigungen durch die Kläranlage oder den

LKW-Verkehr im Stadtgebiet wird auch schon mal leidenschaftlich debattiert. Dann erläutern die BASF-Vertreter Hintergründe und werben um Verständnis. Transparenz im Sinne von freiwilliger Offenheit, die unternehmerisches Handeln nachvollziehbar macht, ist ein wichtiger Erfolgsfaktor für die CAPs. Genauso wichtig ist es aber, der Offenheit Grenzen zu setzen – zum Beispiel dadurch, dass das Besprochene eben nicht auf die parteipolitische Bühne oder in die Medien gelangt. Bedingung für einen ehrlichen Dialog ist die richtige Mischung aus Offenheit und Vertraulichkeit. So können die Nachbarschaftsforen dazu beitragen, eine nachhaltige Vertrauensbasis zwischen Unternehmen und Umfeld zu schaffen und zu festigen.

Transparenz als immaterieller Vermögenswert

Transparenz schafft Vertrauen – aber wie? Ganz sicher nicht in isolierten Einzelaktionen ohne inneren Zusammenhang. Damit Transparenz vertrauensbildend wirken kann, muss sie allgegenwärtig sein in dem, was ein Unternehmen sagt oder tut, und zwar allen seinen Stakeholdern gegenüber. Transparenz ist Bestandteil des Unternehmensalltags und muss sich dort in allen ihren Facetten entfalten. Dazu gehört, aufrichtig und auf Augenhöhe zu kommunizieren, aktiv und freiwillig zu informieren, komplexe Zusammenhänge verständlich und unternehmerische Entscheidungen nachvollziehbar zu machen. Nur so kann ein stimmiger Gesamteindruck von Offenheit und Transparenz entstehen. Das gilt nicht nur für die Nachbarschaft, sondern für alle Stakeholder wie Kunden, Lieferanten, Investoren, Vertreter von Regierung und Kommunen, Journalisten, Meinungsbildner und Nichtregierungsorganisationen – und auch für die Mitarbeiter.

Transparenz und Offenheit sind dabei kein Selbstzweck. Sie dienen dem Unternehmenserfolg. Der Wirtschaftsethiker Andreas Suchanek hat dies als Goldene Regel für verantwortliches Handeln von Unternehmen so formuliert: „Investiere in die Bedingungen der gesellschaftlichen Zusammenarbeit zum gegenseitigen Vorteil."[1] Wir investieren Transparenz, was durchaus mit Aufwand verbunden ist. Die Bedingung der gesellschaftlichen Zusammenarbeit, die durch diese Investition verbessert wird, ist das Vertrauen unserer Stakeholder. Es zeigt sich im Wohlwollen unserer Nachbarn, in der Zuversicht unserer Mitarbeiter, im Interesse von Kunden an unseren Produkten und Leistungen, in der Gesprächsbereitschaft von Politikern, Behörden oder Organisationen. In diesem Sinne stellt eine stabile und belastbare Vertrauensbasis für Unternehmen einen immateriellen Vermögenswert dar.

Der Nutzen dieses Vermögenswerts liegt auf der Hand: Vertrauen sichert dem Unternehmen Handlungsspielräume. Die sogenannte „License to Operate", also die gesellschaftliche Akzeptanz der Unternehmenstätigkeit, ist unabdingbare Voraussetzung für den Unternehmenserfolg. Sie gerät in Gefahr, wenn das Unternehmen den Erwartungen und Ansprüchen seiner Stakeholder zuwiderhandelt. Das kann passieren, wenn es zum Beispiel an einem Produktionsstandort zu einer Störung kommt, von der auch die Nachbarschaft betroffen ist. Genauso kann das Unternehmen in Legitimationsnot geraten, wenn es angesichts einer weltweiten Wirtschaftskrise rigide Sparmaßnahmen durchführen muss. Gerade in solchen Situationen wirkt eine zuvor aufgebaute Vertrauensbasis stabilisierend. Der Vertrauensbonus gleicht die aktuellen negativen Eindrücke aus und sorgt dafür, dass die License to Operate und damit die Voraussetzung für den Unternehmenserfolg erhalten bleibt.

Die zitierte Goldene Regel spricht von gegenseitigem Vorteil, also für Unternehmen und Stakeholder. Wenn das Unternehmen das kommuniziert, was für die jeweiligen Stakeholder relevant und nachvollziehbar ist, versetzt es sie damit in die Lage, fundierte Entscheidungen zu treffen – sei es, dass sie als Kunde zwischen verschiedenen Anbietern wählen, als Behörde über den Bau einer Anlage befinden oder als Investor über den Kauf von Aktien entscheiden.

Transparenz als oberste Führungsaufgabe

Wer ist bei BASF verantwortlich für die Transparenz? Die Umsetzung konkreter Maßnahmen ist oft Aufgabe der Unternehmenskommunikation. Doch das Thema insgesamt bei einer bestimmten Funktion anzusiedeln, wäre zu kurz gedacht. Transparenz ist ein Querschnittsthema und gehört daher zum Selbstverständnis und zum Wertekanon des Unternehmens. Auch wenn das Stichwort Transparenz nicht in jedem Fall explizit fällt, so ist die Bereitschaft zu transparentem Handeln doch in vielen Fällen eine Grundvoraussetzung.

Bei der BASF haben wir in unserem Selbstverständnis festgeschrieben: „Wir eröffnen Erfolgschancen durch vertrauensvolle und verlässliche Partnerschaft." Zwei unserer sechs Grundwerte beschreiben Kommunikations- und Handlungstransparenz, also Offenheit im Austausch mit Stakeholdern und Nachvollziehbarkeit in unserem unternehmerischen Tun:

Gegenseitiger Respekt und offener Dialog:

Wir gehen fair und respektvoll miteinander um. Wir suchen den offenen, vertrauensvollen Dialog im Unternehmen, mit unseren Geschäftspartnern und relevanten gesellschaftlichen Gruppen.

Integrität:

Wir handeln in Übereinstimmung mit unseren Worten und Werten. Wir achten die Gesetze und respektieren die allgemein anerkannten Gebräuche der Länder, in denen wir tätig sind.

Zu jedem Grundwert gibt es wiederum weitere Leitlinien, die konkretisieren, wie wir im Unternehmensalltag handeln wollen. In den Leitlinien zum Grundwert „Gegenseitiger Respekt und offener Dialog" geht es ganz direkt um Transparenz gegenüber den Stakeholdern. Dort haben wir festgeschrieben: „Unsere Kommunikation im Unternehmen, mit unseren Geschäftspartnern, Nachbarn und gesellschaftlich relevanten Meinungsbildnern ist durch einen offenen und sachlichen Dialog geprägt. Unsere Mitarbeiter werden rechtzeitig durch offene Information und Kommunikation, auch über Hierarchie- und Einheitsgrenzen hinweg, in Arbeits- und Entscheidungsprozesse eingebunden. Wir stehen zu betrieblicher Partnerschaft mit den Arbeitnehmervertretungen und arbeiten in gegenseitiger Achtung vertrauensvoll mit ihnen zusammen."

Die Arbeitnehmervertretungen stehen eher selten im Blickpunkt, wenn es um den Dialog eines Unternehmens mit seinen Stakeholdern geht. Doch auch hier ist Transparenz wichtig. Obwohl – oder vielleicht gerade weil – viele Rahmenbedingungen in der Kommunikation zwischen Unternehmen und Arbeitnehmervertretung in Deutschland durch das Betriebsverfassungsgesetz geregelt sind, ist ein freiwilliges Mehr an Transparenz und Offenheit oft entscheidend für eine gut funktionierende Sozialpartnerschaft. So pflegen wir bei der BASF über die formelle Kommunikation in Gremien und Ausschüssen hinaus bei Bedarf einen ganz pragmatischen, informellen Austausch zwischen Management und Arbeitnehmervertretern. Gerade bei Themen mit großem Konfliktpotential wie etwa Entgeltverhandlungen oder Ausgliederungen von Unternehmensteilen lassen sich so die Grenzen und Verhandlungsspielräume wechselseitig besser ausloten. Dadurch kann man bei aller Härte in der Sache das Konfliktausmaß eingrenzen und auf dem Verhandlungsweg zu einem einvernehmlichen Ergebnis kommen – im Interesse aller Betroffenen. Auch hier gilt es, die Balance zwischen Offenheit und Vertraulichkeit zu halten. Ein offenes Gesprächsklima und der informelle Austausch dürfen nicht zur Kungelei werden.

Bei allem, was im Rahmen unserer Unternehmenstätigkeit geschieht, haben die Grundwerte und Leitlinien der BASF absolute Verbindlichkeit. Grundlage hierfür ist unsere Compliance, also die Verpflichtung zur Einhaltung nicht nur der gesetzlichen Vorgaben, sondern auch der selbst gewählten Verhaltensregeln. Das Compliance-Programm gibt allen Mitarbeitern konkrete Handlungsanleitungen zu gesetzlichen Bestimmungen und der entsprechenden Unternehmenspolitik. Verstöße werden nicht toleriert. Im Jahr 2008 haben über 26.000 Mitarbeiter an den verpflichtenden Compliance-Schulungen teilgenommen. Jeder Beschäftigte kann sich vertraulich Rat und Hilfe holen, wenn er in seinem Arbeitsumfeld Hinweise auf Verstöße entdeckt – sei es bei einem der weltweit 80 Compliance-Beauftragten oder bei einer eigens eingerichteten Telefon-Hotline. Als eines der ersten deutschen Großunternehmen haben wir Anfang 2003 einen Chief Compliance Officer ernannt. Er ist verantwortlich für die kontinuierliche, gruppenweite Weiterentwicklung des Programms und berichtet direkt an den Vorstandsvorsitzenden. Als zugelassener Rechtsanwalt hat der Chief Compliance Officer die notwendige Unabhängigkeit für dieses Amt – er ist gleichermaßen der Transparenz wie der Vertraulichkeit verpflichtet.

Transparenz als Voraussetzung für Nachhaltigkeit

Transparenz steht bei BASF in engem inhaltlichen Zusammenhang mit nachhaltiger Unternehmensführung und Corporate Social Responsibility (CSR). Nach einer Definition der Europäischen Kommission dient CSR den Unternehmen als Grundlage, um auf freiwilliger Basis soziale und Umweltbelange in die Unternehmenstätigkeit zu integrieren. Wir haben das Leitbild der nachhaltig zukunftsverträglichen Entwicklung fest in unserer Strategie und unserer operativen Tätigkeit verankert. Es beruht auf der Erkenntnis, dass ökonomischer, ökologischer und sozialer Fortschritt langfristig nur im Einklang miteinander möglich sind und die nachfolgenden Generationen ein Recht auf gleiche Entwicklungschancen haben wie die heutige. Für die BASF ist nachhaltiges Wirtschaften der Weg zu langfristiger Wertschöpfung. An diesem Kurs, so betont BASF-Chef Jürgen Hambrecht, halten wir auch in stürmischen Zeiten fest. Schließlich zeigt sich gerade in der Krise, dass Unternehmen, die nachhaltig wirtschaften und verantwortlich handeln, langfristig erfolgreicher sind.

Um sicherzustellen, dass alle Aktivitäten der Gruppe am Leitbild der Nachhaltigkeit ausgerichtet werden, hat die BASF 2001 als eines der weltweit ersten Unternehmen einen Nachhaltigkeitsrat (Sustainability Council) gegründet. Das Gremium wird geführt von Vorstandsmitglied Harald Schwager, außerdem gehören dem Gremium die Leiter von neun Bereichen an – darunter funktionale, operative und regionale Bereiche. Diese Besetzung zeigt, dass BASF Nachhaltigkeit als echtes Querschnittsthema für die gesamte Organisation begreift. Hauptaufgabe des Sustainability Council ist die Strategieentwicklung für die drei Handlungsfelder Ökonomie, Ökologie und Gesellschaft. Regionale Lenkungskreise unterstützen die Umsetzung der Strategien. Ein Sustainability Center koordiniert von Ludwigshafen aus unternehmensinterne Projekte und Teams und ist gleichzeitig verantwortlich für den Dialog und die Kooperationen mit Umweltorganisationen, Wirtschaftsverbänden, Politik, Ratingagenturen und globalen Initiativen.

Wie hängen nun Transparenz und Nachhaltigkeit zusammen? Die freiwillige Ausrichtung der Unternehmenstätigkeit an wirtschaftlichen, ökologischen und sozialen Belangen kann nur im Dialog mit den verschiedensten Anspruchsgruppen gelingen. Umgekehrt erwartet die Öffentlichkeit von einem Unternehmen, das sich ganz an dem Leitbild der Nachhaltigkeit ausrichtet, besondere Offenheit und Aufrichtigkeit. Daher ist Transparenz gleichzeitig notwendige Voraussetzung und Wesensmerkmal einer nachhaltigen Unternehmensführung. Wie die BASF sich diesem Anspruch stellt – und auf welche Herausforderungen wir dabei treffen –, lässt sich am besten mit konkreten Beispielen verdeutlichen.

Leitmedium BASF Bericht

Das Leitmedium unserer Nachhaltigkeits-Kommunikation ist der BASF Bericht. Er richtet sich an alle Stakeholder. An seiner Entwicklung lässt sich ablesen, warum wir seit langem Vorreiter beim Thema Transparenz sind – und dass dafür immer wieder Neuerungen nötig sind. 1988, als sich unser Jahresbericht noch auf die klassischen Finanzthemen beschränkte, haben wir als eines der ersten Unternehmen in Europa zusätzlich einen Umweltbericht veröffentlicht. Zunächst bestand diese Publikation noch aus einzelnen, journalistisch aufbereiteten Beispielen. In den Folgejahren traten im Dienst von mehr Transparenz nachprüfbare Daten und Fakten in den Vordergrund. Die ersten Indikatoren für diese neue Form der Berichterstattung hat die BASF gemeinsam mit dem deutschen und dem europäischen Chemieverband entwickelt. Ab dem Berichtsjahr 2000 wurden Jahres- und Umweltbericht ergänzt durch einen Bericht zur gesellschaftlichen Verantwortung. In dieser Publikation ging es um Verhaltenskodizes, Wahrung der Menschenrechte, Einhaltung internationaler Arbeitsstandards oder auch Beziehungen zu Lieferanten und Vertragspartnern. Dieser Sozialbericht wurde ab dem Berichtsjahr 2001 durch unabhängige Wirtschaftsprüfer verifiziert. Deloitte & Touche schrieben in ihrem Testat, dass sie ihre Arbeit „nach der sich derzeit noch entwickelnden Praxis für die Verifizierung von Nachhaltigkeitsberichten" ausrichteten. Mit anderen Worten: BASF hatte so früh um die unabhängige Überprüfung des Berichts gebeten, dass es dafür noch gar keine Richtlinien gab.

Im Folgejahr veröffentlichten wir erstmals globale Ziele auf den Gebieten Umweltschutz, Arbeitssicherheit, Transportsicherheit und Produktverantwortung, an denen wir uns seitdem messen lassen. Der nächste Entwicklungsschritt war die Vereinigung von Jahres-, Umwelt- und Sozialbericht zum Unternehmensbericht des Jahres 2003. Damit gab die BASF als eines der ersten Unternehmen weltweit das Signal, dass alle drei Säulen der Nachhaltigkeit untrennbar miteinander verbunden sind. Außerdem wurden die wesentlichen Daten zu Ökonomie, Umweltschutz und sozialer Verantwortung im Sinne von mehr Transparenz ausführlicher und übersichtlicher aufbereitet. Hierfür wurde zum ersten Mal der Index der Global Reporting Initiative (GRI) genutzt. Im Gegensatz zu den bisherigen Eigenentwicklungen aus der Industrie wurden die GRI-Indikatoren in einem aufwendigen Verfahren von einer Vielzahl von Stakeholdern zusammengestellt – ein großer Schritt zu mehr Glaubwürdigkeit.

Mit dem BASF Bericht 2007 waren wir einmal mehr Vorreiter, indem wir den bisherigen Finanzbericht, der sich mit der detaillierten Darstellung unseres Geschäfts vor allem an Analysten und Investoren richtete, und den bisherigen Unternehmensbericht zusammengeführt haben. Das war ein starkes Zeichen: Für die BASF ist Nachhaltigkeit der Kern der Unternehmenstätigkeit und kann daher nicht getrennt von der verpflichtenden Finanzberichterstattung betrachtet werden. Darüber hinaus haben wir unsere globalen Ziele überarbeitet. Im Bericht stehen nun ökonomische, ökologische und Mitarbeiterziele, so dass alle Facetten der Nachhaltigkeit abgedeckt werden. Die Umweltziele wurden verschärft und durch neue Klimaschutzziele ergänzt. Mit der neu gestalteten Berichterstattung wendeten wir gleichzeitig die überarbeiteten, anspruchsvolleren G3-Richtlinien der GRI an und erreichten auf Anhieb das höchste Anwendungslevel A+. Mitte 2009 ist BASF noch immer das einzige Dax-Unternehmen, das seine Finanz- und Nachhaltigkeitsberichterstattung in einer integrierten Publikation zusammengeführt hat und gleichzeitig die Einstufung auf höchstem GRI-Anwendungslevel erhält.

Umgang mit guten und weniger guten Nachrichten

Insgesamt ging die Entwicklung des BASF Berichts einher mit dem Wandel der Gesellschaft – ein wechselseitiger Prozess, auf den wir uns sehr früh eingelassen haben und den wir auch weiter vorantreiben. So stellen wir etwa im aktuellen Bericht nicht nur Erfolge dar, sondern zeigen auch, wo es Verbesserungsbedarf gibt, etwa anhand der Ergebnisse unserer globalen Mitarbeiterbefragung oder Analysen von Unfällen und Beinah-Unfällen im Rahmen des Responsible Care Managements. Der offene Umgang mit den weniger guten Nachrichten ist für ein Chemieunternehmen naturgemäß besonders sensibel. Andererseits besteht die Herausforderung gerade darin, glaubhaft darzulegen, wie wir aus Fehlern lernen. Entsprechendes Feedback von Ratingagenturen und regelmäßiges Benchmarking mit anderen Unternehmen liefern uns hier Argumente für die interne Überzeugungsarbeit.

Eine Frage stellt sich in solchen Gesprächen immer wieder: Was hat die BASF von der freiwilligen Offenheit? Dass wir seit Jahren Vorreiter bei Transparenz sind, hat uns zwar Einsatz abverlangt, aber eben auch Handlungsspielräume eröffnet. Dass wir mit dem Ansatz, das Vertrauen unserer Stakeholdern durch transparente und glaubwürdige Berichterstattung zu gewinnen, richtig fahren, zeigen unter anderem zahlreiche Auszeichnungen und die Aufnahme in wichtige Nachhaltigkeitsindizes – wie etwa den Dow Jones Sustainability Index. Immer mehr Investoren berücksichtigen bei ihren Anlageentscheidungen neben Renditezielen auch ökologische und soziale Kriterien. Gerade in der aktuellen Finanz- und Vertrauenskrise suchen Investoren nachhaltige und transparente Geldanlagen.

Transparenz rund um die Uhr: die Krisenkommunikation

Ein zentraler Prüfstein für transparente und professionelle Kommunikation ist der Krisenfall. Bei der BASF haben wir ein ausgefeiltes System für die Krisenkommunikation entwickelt. Ein rund um die Uhr einsatzbereites Kommunikationsteam gehört selbstverständlich dazu. Wenn eine Werkfeuerwehr der BASF irgendwo auf der Welt zu einem Einsatz ausrückt, wird ein Kommunikateur informiert. Gibt es zum Beispiel am Standort Ludwigshafen eine Betriebsstörung, ist umgehend ein Pressesprecher vor Ort. Der Grund: Wir wollen die Öffentlichkeit so schnell wie möglich informieren. Parallel zur Presseinformation werden die Mitarbeiter über Intranet benachrichtigt und eine gedruckte Schnellinformation an den Toren verteilt. Unsere Nachbarn erreichen wir über ein regionales Internetportal und auf Wunsch sogar per SMS. Zwar liegen bei der sogenannten Erstmeldung nicht immer alle Informationen über das Schadensereignis vor, doch oberste Priorität hat die Schnelligkeit. Die erste Information muss von der BASF selbst kommen.

Außerdem gilt: Lieber einmal zu viel als einmal zu wenig informieren. Wichtig nach der ersten Meldung ist auch der direkte Dialog. Journalisten erhalten telefonisch Auskunft von Pressesprechern und können den Ort des Schadensereignisses selbst in Augenschein nehmen – sobald alles sicher ist. Mitarbeiter und Nachbarn erhalten über ein kostenfreies Bürgertelefon Rat und Hilfe. Zum Krisenmanagement gehört auch die rasche Weitergabe von Informationen an die Behörden und – wenn der Verdacht auf Außenwirkung besteht – die Warnung unserer Nachbarn. Mehrmals im Jahr trainieren alle betroffenen Einheiten die Abläufe in einer Großschadensalarmübung. Dazu laden wir auch Behördenvertreter und Journalisten ein. Das mag aufwendig klingen, ist aber unverzichtbar, denn in Krisensituationen steht ein Unternehmen im Zentrum des öffentlichen Interesses. Deswegen muss neben den technischen und logistischen Maßnahmen zur Bewältigung der Krise auch die Kommunikation perfekt funktionieren. Denn der Einsatz der Werkfeuerwehr kann noch so gut, die Maßnahmen der Gefahrenabwehr noch so effizient sein, falsches Verhalten im Umgang mit der Öffentlichkeit und schon der Anschein mangelnder Offenheit und Transparenz können alles in Frage stellen. Umgekehrt merken wir, dass wir uns durch transparente und gut organisierte Krisenkommunikation über die Jahre kontinuierlich Vertrauen aufgebaut haben. Der Erfolg ist hier einfach zu messen: Wenn etwas passiert, dann fragt man uns direkt.

Komplexität reduzieren – Beispiel Ökoeffizienz-Analyse

Transparenz herzustellen kann auch darin bestehen, komplexe Zusammenhänge überschaubar zu machen. Gerade beim Thema Nachhaltigkeit, also der Vereinbarkeit von ökonomischen, ökologischen und sozialen Anforderungen, sind meist sehr viele Faktoren im Spiel. Wie soll man da fundierte Entscheidungen treffen? Es reicht nicht, nur die Fakten offenzulegen. Vielmehr muss das Thema so aufbereitet werden, dass es auch für Nichtexperten nachvollziehbar wird. Ein gutes Beispiel hierfür ist unsere Ökoeffizienz-Analyse. Dieses strategische Instrument liefert Informationen darüber, in welchem Verhältnis wirtschaftliche Kenngrößen eines Produkts oder Verfahrens zu den Auswirkungen auf die Umwelt stehen. Dabei betrachten wir den gesamten Lebensweg von Produkten oder Herstellungsverfahren. Bei den

Umweltauswirkungen analysieren wir zum Beispiel Ressourcen- und Energieverbrauch, Emissionen oder ein eventuelles Gefahrenpotential. Aus der umfassenden Untersuchung ergibt sich ein ökologischer Fingerabdruck. Damit gehen wir übrigens schon deutlich über das hinaus, was herkömmliche Ökobilanzen abbilden. Parallel dazu werden die ökonomischen Daten zusammengetragen. Alle Kosten, die von der Herstellung über die Verwendung bis zur Entsorgung eines Produkts eine Rolle spielen, fließen in die Rechnung ein. Der entscheidende Schritt zur Veranschaulichung findet statt, wenn die beiden Dimensionen Ökonomie und Ökologie zusammengeführt werden: Aus allen Daten entsteht ein zweidimensionales Ökoeffizienz-Portfolio. Damit kann man auf einen Blick die Ökoeffizienz eines Produktes oder Verfahrens im Vergleich zu den Alternativen erkennen. Eine komplexe Materie wird hier griffig und verständlich – und damit transparent.

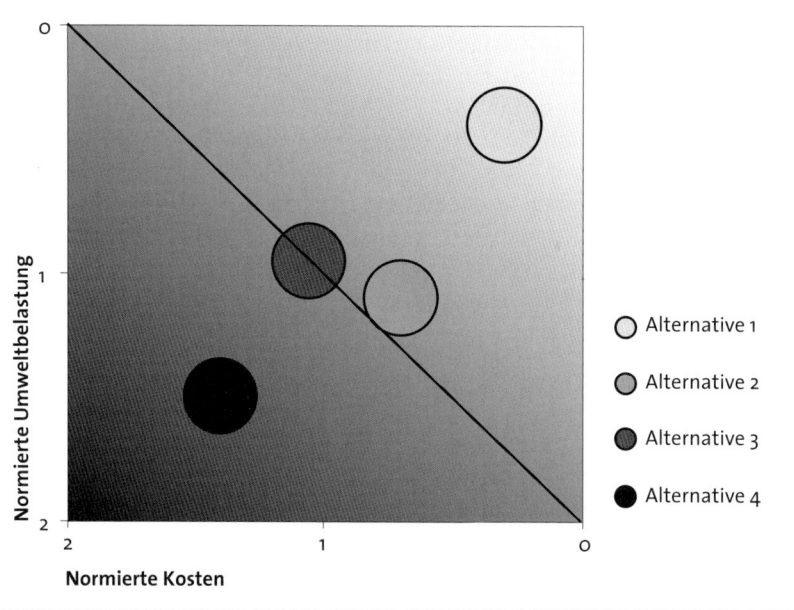

Abbildung 1: Vom ökologischen Fingerabdruck zum Ökoeffizienz-Portfolio: Transparenz kann auch durch Reduktion von Komplexität entstehen.

Um alle drei Dimensionen der Nachhaltigkeit zu betrachten, haben wir unsere Methodik noch um soziale Aspekte erweitert. Unsere Sozio-Ökoeffizienz-Analyse SEEBALANCE® umfasst auch gesellschaftsrelevante Kriterien wie Arbeitsunfälle, Ausbildungsniveau oder Gleichbehandlung. Bei dieser innovativen Entwicklung kooperieren wir seit 2002 mit verschiedenen Forschungsinstituten wie dem Institut für

Geografie und Geoökologie der Universität Karlsruhe, dem Öko-Institut e.V. und der Universität Jena. Ergebnis der Sozio-Ökoeffizienz-Analyse ist eine dreidimensionale Darstellung, die die obige Grafik um die Dimension „Soziale Auswirkungen" erweitert. Durch die grafische Aufbereitung werden hochkomplexe Nachhaltigkeits-Abwägungen anschaulich gemacht und so eine aussagekräftige Entscheidungsgrundlage geliefert.[2]

Mehr als 350 Ökoeffizienz-Analysen haben wir bereits erstellt – stets auf freiwilliger Basis. Die Themen reichen von Mineralwasserflaschen aus Glas und Kunststoff über Geschirrspültabs und Möbelklarlacke bis zur Nachhaltigkeitsbewertung von Äpfeln. Letztere Analyse haben wir für die Rewe Group durchgeführt, mit der die BASF, als wichtiger Hersteller von Pflanzenschutzmitteln, auch ein gemeinsames Konzept für die nachhaltige Produktion von Obst und Gemüse entwickelt hat. Im Kern ging es bei der Analyse darum, den gesamten Lebensweg eines Apfels in Bezug auf Umwelteinfluss und Kosten zu bewerten, von der Rohstoffgewinnung für die Betriebsmittel über den Anbau bis hin zur Bereitstellung im deutschen Supermarkt. Verglichen wurden dabei Äpfel aus Deutschland und Übersee im April. Ein überraschendes Ergebnis: Zwar sind auch im April die regionalen, im Kühlhaus gelagerten Äpfel immer noch kostengünstiger als die importierten. Der Energieverbrauch durch die längere Kühlhauslagerung der heimischen Früchte verursacht jedoch eine ähnlich hohe Umweltbelastung wie der gekühlte Überseetransport von frisch geernteten Äpfeln aus Neuseeland oder Südamerika nach Deutschland. Unsere Methodik der Ökoeffizienz-Analyse wurde durch den TÜV Rheinland zertifiziert. Oft entstehen Analysen in Zusammenarbeit mit oder im Auftrag von Kunden. Im Rahmen von Kooperationsprojekten stellen wir unser Ökoeffizienz-Know-how auch in Entwicklungsländern zur Verfügung. So konnten wir zum Beispiel dazu beitragen, dass afrikanische Textilfärbereien effizienter und zugleich umweltfreundlicher arbeiten können.

Diese Transparenz zahlt sich für uns auch in Form von Netzwerken aus. So werden wir aufgrund unserer freiwilligen Veröffentlichung von Ökoeffizienz-Analysen vermehrt in die Entwicklung internationaler Richtlinien eingebunden. Zum Beispiel sind wir Partner in einem Pilotprojekt zum Thema Carbon Footprint. Mit Carbon Footprint ist dabei die Summe der Treibhausgasemissionen gemeint, die ein Produkt verursacht. Gemeinsam mit neun anderen Unternehmen und unter der Trägerschaft von WWF, Öko-Institut e.V., Potsdam-Institut für Klimafolgenforschung und THEMA1 entwickeln wir einheitliche Berechnungsstandards für produktbezogene Treibhausgas-Bilanzen. Auf Basis unserer Erfahrungen können wir dazu beitragen, dass beim Carbon Footprint künftig der gesamte Lebensweg berücksichtigt wird und die

Umweltauswirkungen nicht nur einseitig an der CO_2-Emission festgemacht werden.

3:1 für den Klimaschutz – Transparenz in der CO_2-Bilanz

Ein weiteres komplexes Thema ist der Klimaschutz. Hier hat die BASF im Februar 2008 ein Zeichen gesetzt und als erstes Industrieunternehmen weltweit eine umfassende CO_2-Bilanz vorgelegt. Sie zeigt, dass BASF-Produkte dreimal mehr CO_2 einsparen können, als bei der Herstellung und Entsorgung aller unserer Produkte emittiert wird – ein 3:1 für mehr Klimaschutz. Die Untersuchung, die vom Öko-Institut e.V. geprüft und bestätigt wurde, baut auf dem Know-how der Ökoeffizienz-Analyse auf. Das Besondere: Die CO_2-Bilanz zeigt zum ersten Mal nicht nur die Emissionen aus der Produktion, sondern macht das ganze Bild sichtbar: Zum einen beziehen wir die Emissionen aus der Rohstoffversorgung und den Vorprodukten sowie die Entsorgung aller Produkte mit ein. Zum anderen haben wir die Lebenswege von 90 repräsentativen Produkten untersucht, durch deren Einsatz in Endprodukten der Ausstoß von CO_2-Emissionen deutlich verringert wird. Dazu zählen beispielsweise Dämmmaterialen, die den Energieverbrauch beim Heizen senken, Kunststoffe, die Autos leichter und damit sparsamer machen, oder Kraftstoffadditive, die ebenfalls den Verbrauch von Autos senken.

Unsere CO_2-Bilanz ist die umfassendste Analyse von Treibhausgas-Emissionen, die ein Unternehmen im Zusammenhang mit seinen eigenen Aktivitäten bisher vorgelegt hat. Damit sind wir in eine neue Dimension von Transparenz vorgestoßen. Und kamen zu bemerkenswerten Erkenntnissen. Zum Beispiel stammt nur ein geringer Anteil der Treibhausgas-Emissionen, die im Lebenszyklus unserer Produkte entstehen, von unseren eigenen Standorten. Der Großteil der Treibhausgase wird an anderer Stelle freigesetzt, zum Beispiel bei der Rohstoffproduktion. Das zeigt: Will man die Auswirkungen von Unternehmensaktivitäten auf den Klimaschutz beurteilen, muss man schon auf Seiten der Emissionen eine viel umfassendere Bilanz ziehen, als das bisher geschehen ist. Und auch das wäre nur die halbe Wahrheit, denn diese Betrachtung würde die enormen Einsparpotentiale außer Acht lassen, die sich aus dem Einsatz unserer Produkte ergeben. Mit den bewerteten Produkten, die BASF im Jahr 2006 verkauft hat, lassen sich 252 Millionen Tonnen CO_2 weltweit einsparen. Das entspricht einem Viertel der jährlichen Emissionen der Bundesrepublik Deutschland. Bei Veröffentlichung der CO_2-Bilanz haben wir uns außerdem freiwillig auf ehrgeizige Klimaschutzziele verpflichtet: Auf Basis des Jahres 2002 will die

BASF bis 2020 die spezifischen Emissionen von Treibhausgasen pro Tonne Verkaufsprodukt um 25 Prozent senken.

Inzwischen ist der Weltchemieverband ICCA dabei, unser Modell einer CO_2-Bilanz zu übernehmen. Außerdem ist die BASF weltweit die Nummer 1 unter den CO_2-intensiven Unternehmen im renommierten Carbon Disclosure Leadership Index. Das sorgt für zusätzliches Interesse bei Investoren. Paul Dickinson, Vorstandsvorsitzender des Carbon Disclosure Project, stellt einen Zusammenhang zwischen Transparenz und Unternehmenserfolg her: „In Zeiten strenger Vorgaben zu CO_2-Emissionen sind Unternehmen mit einer klaren Klimastrategie im Vorteil: Sie können besser mit den damit verbundenen Kosten umgehen als Unternehmen, die dieses Thema aufgeschoben haben. Transparenz ist hier gleichbedeutend mit gutem Management."

Auch im Dialog mit der Politik bringt uns die Transparenz der CO_2-Bilanz weiter. Wir nutzen sie als Anknüpfungspunkt für Gespräche zu Klimaschutz und Emissionshandel. So erhalten wir die Chance, die Umweltdebatte zu modernisieren, die zum Teil noch dem Denken der 1980er Jahre verhaftet ist. Unsere unternehmerische Verantwortung sehen wir auch darin, auf drohende Fehlentscheidungen hinzuweisen. Dabei hilft uns der Ruf als ehrlicher Gesprächspartner, den sich die BASF durch jahrelange Transparenz und Offenheit verdient hat. Man nimmt uns ab, dass es uns ernst ist mit Energieeffizienz und Klimaschutz.

Die ausgewählten Beispiele zeigen, dass Transparenz bei der BASF eine Grundhaltung ist, die im Wertekanon des Unternehmens verankert ist und in der Praxis vielfältige Ausprägungen annimmt. Transparenz ist für uns mehr, als freiwillig mit Informationen in Vorleistung zu gehen. Transparenz bedeutet auch, mit dem Gegenüber auf Augenhöhe und seinen Bedürfnissen gemäß zu sprechen, komplexe Zusammenhänge durchschaubar zu machen und Raum zu schaffen für einen echten partnerschaftlichen Dialog. Nur so können wir eine stabile Vertrauensbasis bei unseren Stakeholdern schaffen und dadurch langfristig die License to Operate für das Unternehmen sichern. So leistet das durch Transparenz aufgebaute Vertrauen einen Beitrag zum Unternehmenserfolg.

Fußnoten

1   Suchanek, Andreas: Ökonomische Ethik, Tübingen, Mohr-Siebeck, 2001, S. 5.

2   Eine ausführliche Darstellung der Methodik von Ökoeffizienz und SEEBALANCE® sowie Beispiele aus bisherigen Projekten finden sich auf der Website der BASF unter: http://www.basf.com/group/corporate/de/sustainability/eco-efficiency-analysis/index.

Unternehmerische Transparenz herstellen mit modernen Mitteln

Herbert Heitmann

Verstanden zu werden ist das oberste Ziel der Kommunikation. Was in der Theorie so einfach klingt, ist in der Praxis häufig schwer zu erreichen. Denn Verständnis setzt voraus, dass der Gesprächspartner eine Botschaft einordnen kann. Der Ruf nach Transparenz durchdringt daher immer lauter die Stakeholder-Welt eines Unternehmens. Sie gibt der reinen Information den nötigen Kontext und ist selten das Ergebnis einer singulären Maßnahme, sondern die Folge eines dynamischen Prozesses.

Transparenz verlangt die Bereitschaft, sich permanent mit den Informationsbedürfnissen von Kunden, Behörden, Mitarbeitern, Investoren, Partnern und der allgemeinen Öffentlichkeit zu beschäftigen. Und natürlich die Bereitschaft, die dabei aufkommenden Fragen zu beantworten. Transparenz erfordert den Willen, vom Feedback zu lernen und seine Prozesse und seine Kommunikation immer wieder so zu gestalten, dass sie für die Gesprächspartner den optimalen, nämlich gewünschten Nutzen bringen. Unternehmen können die Erwartungshaltung nicht steuern, jedoch die Methoden verbessern, wie sie ihr gerecht werden. Denn Verstehen schafft Verständnis, und Verständnis schafft Vertrauen.

Transparenz optimiert den Ressourceneinsatz

SAP befindet sich als Aktiengesellschaft und global agierendes Unternehmen einerseits selbst im kontinuierlichen Dialog. Andererseits arbeitet SAP seit der Gründung 1972 daran, Transparenz in Unternehmen zu ermöglichen. Das verbindende Motiv ist das Bestreben, Klarheit in komplexe Abläufe und Zusammenhänge zu bringen. Transparenz prägt damit nicht nur die Entwicklung bei SAP selbst, sondern auch für deren Kunden durch Lösungen für Kerngeschäftsprozesse. Neben der bekannten Software zur Unternehmenssteuerung, die Klarheit nach innen schafft, erstellt SAP heute beispielsweise Lösungen, die Unternehmen helfen, Transparenz nach außen sicherzustellen. So werden zum Beispiel vorhandene Daten über den Ressourcenverbrauch zusammengefasst und auf neue Art ausgewertet. Die zuverlässige Kommunikation mit den Kunden und nachvollziehbare Entscheidungen sind integrale Bestandteile eines Geschäftsmodells. Die Grundsätze von Fairness und Kooperation sind tief verwoben mit allen internen und externen Abläufen. Dank Transparenz zählt SAP zu einem der weltweit führenden Hersteller von Unternehmenssoftware.

Der Erfolg der Idee lässt sich auf einen einfachen Nenner bringen: Transparenz führt zur optimalen Nutzung von Ressourcen. Wo die Übersicht fehlt und Prozesse verdeckt ablaufen, werden oft Zeit und Geld verschwendet. Intransparenz verhindert in der Regel ein optimales Ergebnis und verschleiert Risiken. Das krasseste Beispiel ist Korruption, bei der sich einige zu Lasten vieler bereichern. Transparente Prozesse und überprüfbare Informationen wirken Korruption wirksam entgegen, weil es keine Entscheidungsprozesse gibt, die im Verborgenen ablaufen.

Vor nicht allzu langer Zeit galt Transparenz als Wettbewerbsnachteil. Zu groß war die Befürchtung, dass ein zu offenes Informationsverhalten dem Wettbewerb Vorteile verschaffe. Nicht nur das: Auch intern gab es Befürchtungen. Heute stellt sich heraus, dass richtig verstandene Transparenz das Vertrauen in ein Unternehmen stärkt und ihm die Rückmeldung gibt, die es zur Prozessoptimierung benötigt. Das Feedback führt zu einem besseren Einsatz der Ressourcen und damit zu einer Verbesserung des Unternehmens und eine Stärkung im Wettbewerb.

Schon stehen die ersten Kritiker parat mit dem Argument der Informationsüberflutung. Wie so oft liegt die Wahrheit in der Mitte: Die Stakeholder möchten klare, verständliche und verlässliche Antworten auf ihre Fragen. Damit stehen die Kommunikationsverantwortlichen täglich vor neuen Herausforderungen.

Die Rolle der Kommunikation bei der Schaffung von Transparenz

Es ist die Aufgabe der Unternehmenskommunikation, für einen verlässlichen und regelmäßigen Informationsstrom zu sorgen und dabei die notwendige Relevanz herzustellen. Sie ist der Schlüssel für Klarheit. Ein Unternehmen muss sich aktiv damit auseinandersetzen, welche Aspekte für Adressaten von Interesse sind. Deshalb ist der offene Dialog mit den verschiedenen Interessengruppen entscheidend. Zentrale Werte wie Vertrauenswürdigkeit und Verantwortungsbewusstsein schaffen die Basis.

Unternehmen müssen erkennen, dass sie Verständnis nicht erzwingen können. Sie können den Dialog nicht zentral steuern, sondern müssen sich als gleichberechtigten Teil eines Ökosystems verstehen. Den Erfolg des eigenen Unternehmens sicherzustellen kann nicht das alleinige Ziel sein, weil keine Organisation für sich alleine nachhaltig erfolgreich sein kann. Das Ziel muss sein, die Entwicklung und das Wachstum aller Partner und Stakeholder voranzubringen. In einem funktionierenden Ökosystem können alle Teilnehmer „gedeihen". Transparenz schafft das Verständnis für die Rolle, die das Unternehmen dabei spielt.

Echte Zusammenarbeit benötigt transparente Verfahren, die für Stakeholder einschätzbar sind. So versucht SAP Finanzkennzahlen im Rahmen der rechtlichen Vorgaben nicht isoliert, sondern stets im Kontext zu kommunizieren. Um die Umsatzentwicklung bewerten zu können, ist beispielsweise der Gewinn eine wesentliche Größe. Wenn ein Unternehmen zuerst den Umsatz und einige Tage später erst den Gewinn kommuniziert, kann dies eher zur Intransparenz beitragen, wenn die Informationen in unterschiedliche Richtungen weisen.

Scheintransparenz erzeugt Unsicherheit. Bei SAP wacht deshalb ein Disclosure Committee darüber, wie finanzrelevante Daten kommuniziert werden. Die Insiderregeln werden dabei konsequent durch das Unternehmen eingehalten. Alles basiert auf transparenten Prozessen, die offen kommuniziert werden und so für die Stakeholder einschätzbar sind. Gleichzeitig stellt das Gremium sicher, dass die Kommunikation nicht zu einem rein maschinellen Ablauf verkommt, der nur der Form gehorcht. Da sich die Rahmenbedingungen ändern, beispielsweise während einer Rezession, gibt es ständig andere Fragestellungen, die für die Stakeholder relevant sind. Die Unternehmenskommunikation muss sich selbst hinterfragen, wie sie den nötigen Kontext herstellen kann. Sie muss sich permanent auf die externe Erwartungshaltung einstellen und gleichzeitig auf die Einhaltung der Prinzipien achten.

Der oberste Grundsatz dabei ist Ehrlichkeit. Ein Unternehmen hat zu akzeptieren, dass nicht alle Zielgruppen mit allen Entscheidungen übereinstimmen. Wichtig ist jedoch, Strategie und Beweggründe verständlich zu machen. Nachvollziehbarkeit in der Kommunikation ist deshalb wichtig. Wer glaubt, er könne durch Verzerrung oder Vertuschung die Kommunikation manipulieren, wird schnell eines Besseren belehrt. Das Internet ist der Treiber, der mangelnde Transparenz sofort entlarvt. Informationen sind heutzutage so einfach und über einen langen Zeitraum hinweg für jedermann recherchierbar, dass Manipulationsversuche mit einer hohen Wahrscheinlichkeit scheitern. Wenn die Gründe für eine schwierige Entscheidung verständlich gemacht werden können, ist dies im Sinne des Ökosystems, in dem das Unternehmen lebt, langfristig wertvoller als eine kurzzeitige Zustimmung, die mit zweifelhaften Angaben erschlichen wurde.

Unternehmen müssen lernen, Veränderungen verständlich zu kommunizieren. Dagegen gibt es häufig Widerstände, weil die Dokumentation von Änderungen den Eindruck erwecken kann, dass vorherige Entscheidungen falsch waren. Wenn jedoch das Vertrauen der Stakeholder existiert, dann wird die Offenheit des Unternehmens honoriert. Die Kultur der Offenheit und des gegenseitigen Respekts entsteht nicht über Nacht, sondern verlangt einen langen Atem, um den Veränderungsprozess kontinuierlich zu begleiten. Denn Transparenz lässt sich nicht erzwingen, sondern muss jeden Tag auf Neue erarbeitet werden.

Dieser Lernprozess endet nie. Unternehmen müssen beispielsweise damit rechnen, dass die Öffentlichkeit Informationen verlangt, die es selbst nicht für relevant hält. SAP hat sich beispielsweise lange Zeit dagegen entschieden, im Nachhaltigkeitsbericht auch den CO_2-Footprint zu veröffentlichen. Einem Softwarehersteller fällt es im Gegensatz zu einem Chemieunternehmen sehr leicht, hier mit guten Zahlen zu glänzen. Deshalb bestand die Befürchtung, eine Veröffentlichung könnte als reine Marketingmaßnahme missverstanden werden. SAP wollte sich nicht diesem Verdacht aussetzen und hielt Aktivitäten in diese Richtung gehend für nicht angemessen.

Inzwischen hat SAP gelernt, dass es Stakeholder gibt, für die diese Angaben wichtig sind. Für sie stellte sich die Frage, ob das Unternehmen etwas zu verbergen habe oder das Thema Nachhaltigkeit und Umweltschutz nicht ernst nähme. Das gab den Anstoß, sich erneut mit dem Thema zu beschäftigen. Da es inzwischen normierte Verfahren gibt, um die Nachhaltigkeit von Unternehmen zu bewerten, revidierte SAP seine ursprüngliche Haltung. Kennzahlen sorgen für eine Vergleichbarkeit von Unternehmen, so wurden die Bedenken ausgeräumt, dass ein Nachhaltigkeitsbericht falsch verstanden werden könnte. Im Gegenteil: Trotz internationaler Normen keinen Sustainability Report zu erstellen hätte als Ablehnung des Verfahrens interpretiert werden können. Weil SAP die Transparenz in allen Bereichen fördern möchte, hat das Unternehmen im November 2008 seinen ersten Nachhaltigkeitsbericht veröffentlicht.

Das Beispiel zeigt, dass die Stakeholder auf den Prozess der Transparenz ebenso viel Einfluss haben wie das Unternehmen selbst. Ideen und Fragen führen zu Innovationen, die wiederum dem Gesamtsystem zugutekommen. Indem alle geben und nehmen, steigt der gemeinsam erreichbare Nutzen. Im Ökosystem verschwimmen die Grenzen zwischen den berechtigten Eigeninteressen der Teilnehmer und dem gemeinsamen Wohl. So kam in der Diskussion ein Denkprozess in

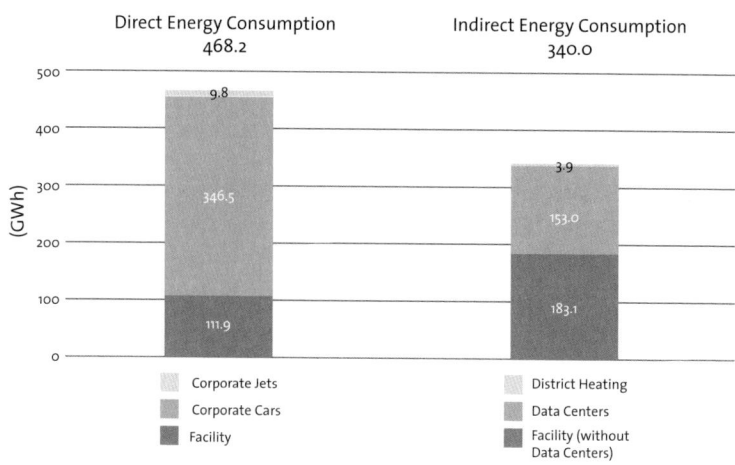

Total Energy Consumption (GWh) in 2008: 808.2

Direct Energy Consumption
468.2

Indirect Energy Consumption
340.0

(GWh)

9.8

346.5

111.9

3.9

153.0

183.1

Corporate Jets
Corporate Cars
Facility

District Heating
Data Centers
Facility (without Data Centers)

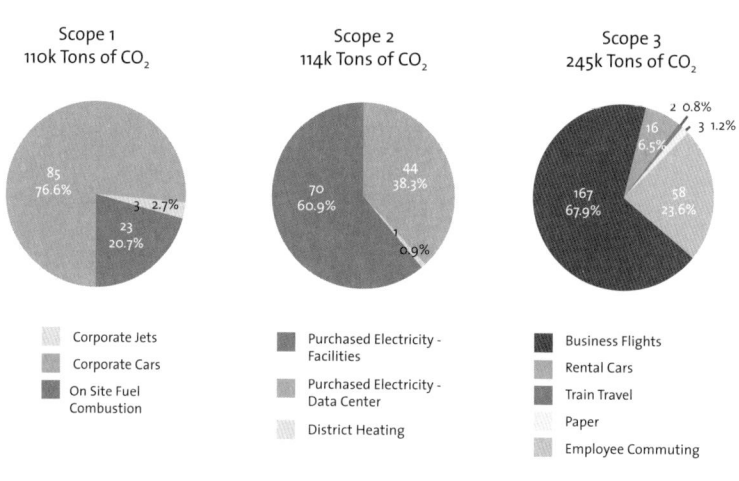

Carbon Footprint by Scope in 2008

Scope 1
110k Tons of CO$_2$

Scope 2
114k Tons of CO$_2$

Scope 3
245k Tons of CO$_2$

85
76.6%

3 2.7%

23
20.7%

Corporate Jets
Corporate Cars
On Site Fuel Combustion

44
38.3%

70
60.9%

1
0.9%

Purchased Electricity - Facilities
Purchased Electricity - Data Center
District Heating

2 0.8%
3 1.2%

16
6.5%

167
67.9%

58
23.6%

Business Flights
Rental Cars
Train Travel
Paper
Employee Commuting

Abbildung 1: Transparenz in allen Bereichen: In 2008 verzeichnet die SAP 808,2 GWh.

Gang, welche Ziele sich SAP in puncto Nachhaltigkeit setzen sollte. Dies führt schließlich zu einem Programm zur Umstellung der Rechenzentren auf Technologien, die weniger Strom verbrauchen und Abwärme produzieren (Green IT). Insgesamt will SAP bis 2020 ihre Treibhausgasemissionen auf 250.000 Tonnen halbieren.

Der kontinuierliche Austausch hat noch einen zweiten Effekt. SAP bietet inzwischen eine Softwarelösung an, damit ihre Kunden ebenfalls sehr einfach ihre Kennzahlen im Bereich Nachhaltigkeit dokumentieren können.

SAP als „Enabler" von Transparenz

SAP entwickelt Produkte und Dienstleistungen, die genau diese Transparenz über Prozesse und Daten geben, damit alle Ressourcen optimal genutzt werden. Das Portfolio enthält Lösungen für Unternehmen jeder Größe und jeder Branche. Transparenz bedeutet dabei, dass alle Bereiche auf einer gemeinsamen Plattform zusammenarbeiten, um gemeinsam das beste Ergebnis zu erzielen. Es darf keine Wissensinseln geben. Denn die Zusammenarbeit erschließt neue Potentiale, macht flexibler und am Ende profitabler.

SAP ist dafür bekannt, dass ihre Unternehmenssoftware Klarheit in die internen Abläufe bringt. Mitarbeiter arbeiten transparent auf Basis gemeinsamer Daten und Programme zusammen. Prozesse orientieren sich daran, wie sie den optimalen Nutzen für das Unternehmen bringen. Wer bei jeder Bestellung weniger interne Kosten verursacht, schneller auf Kundenwünsche reagiert oder durch eine intelligente Lieferkette geringere Lagerkosten hat, verdient mehr und ist wettbewerbsfähiger. Transparente Prozesse erhöhen somit die Profitabilität, weil es keine versteckten Reibungsverluste zwischen den verschiedenen Abteilungen mehr gibt. Transparenz führt zum optimalen Einsatz der Mittel und sichert den finanziellen Spielraum.

Von dieser Klarheit profitieren auch die Kunden eines Unternehmens, weil Daten und Zusammenhänge innerhalb des SAP-Systems transparent abgebildet werden. Fragen lassen sich schneller beantworten und Bestellungen einfacher planen, weil die Software für die nötige Klarheit sorgt.

Damit verbessert die Unternehmenssoftware von SAP auch die Transparenz in Fragen der Strategie und ihrer Umsetzung. Die einfache Nutzung von vorhandenen Daten erleichtert die Entscheidungsfindung und die Überwachung der Ziele. Man muss kein Programmierer sein, um mit dem sogenannten SAP BusinessObjects Explorer faktenbasierte Antworten auf komplexe Fragestellungen zu erhalten. Der Anwender kann sogar Fragen in Form von Klartext eingeben und die Analysesoftware beantwortet diese in weniger als einer Sekunde, egal wie groß der Datenbestand ist – inklusive grafischer Darstellung. Dies ermöglicht es Entscheidern, erstmals in Echtzeit auf der Basis von Aussagen zu entscheiden und nicht mehr nur mit Annahmen arbeiten zu müssen. Alle Faktoren bleiben im Blick und die Auswirkungen von Änderungen werden transparent. Damit lassen sich neue Potentiale erschließen und Fehlentwicklungen schneller korrigieren.

Über das Tagesgeschäft hinaus, ermöglicht SAP Klarheit über nachhaltige Werte und Ziele. Die Software unterstützt die Beantwortung komplexer Fragen im Rahmen von Corporate Governance, Risk Management und Compliance. Denn um nachhaltig erfolgreich zu sein, müssen geschäftliche Anforderungen wie Wachstum und Gewinn mit den Anforderungen von Umwelt und Gesellschaft in Einklang gebracht werden. Dafür gibt es Standards, deren Einhaltung mit der Software von SAP überwacht werden können. Sie bietet Analyseverfahren, um mögliche Auswirkungen einzuschätzen, Lieferanten zu kontrollieren und die eigene Produktion in allen Aspekten abzubilden.

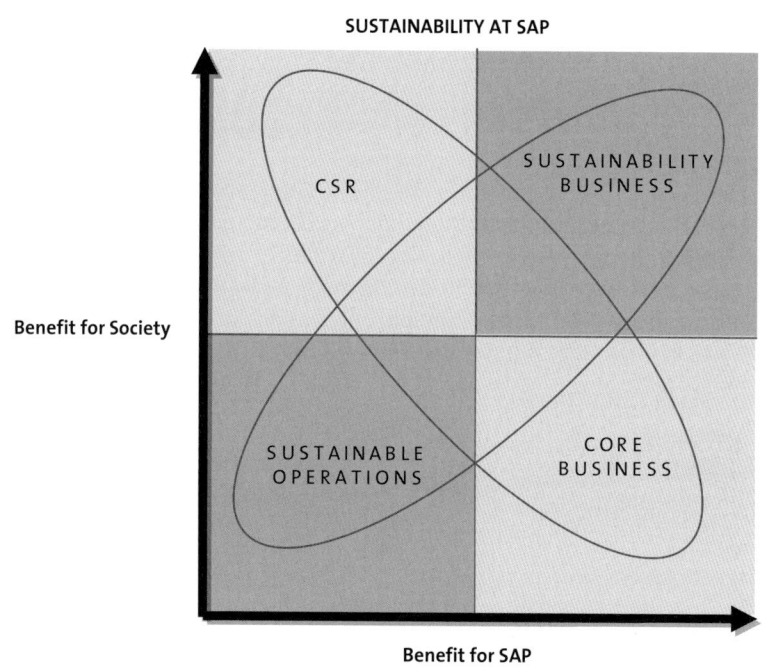

Abbildung 2: SAP-Programme und -Produkte und deren Relevanz für Stakeholder und Unternehmenserfolg.

SAP als „Exampler" von Transparenz

SAP sieht sich in der Verantwortung, nicht nur in der eigenen Arbeit transparent zu sein. Als Unternehmen fördern sie auch Initiativen, die sich mit den eigenen Werten decken. Beispielsweise ist SAP Mitglied von Transparency International (TI). TI bekämpft als Nichtregierungsorganisation die Korruption. Dies ist auch ein entscheidender Aspekt von „United Nations Global Compact", einem weltweiten Pakt zwischen Unternehmen und der UNO, um die Globalisierung sozialer und ökologischer zu gestalten. SAP gehört nicht nur zu den ersten Unterzeichnern dieser Selbstverpflichtung zu einer verantwortungsbewussten Globalisierung. Das Unternehmen hat sich auch dafür eingesetzt, dass der Kampf gegen Korruption als zehntes Prinzip in die Charta aufgenommen wurde. Durch das Engagement soll das Bewusstsein für die massive Fehlallokation von Ressourcen durch Korruption gestärkt werden.

Transparenz ist ein Mittel, um Missstände deutlich zu machen und damit zu ihrer Beseitigung beitragen zu können. SAP fördert deshalb EITI (Extractive Industries Transparency Initiative) eine Initiative zur Verbesserung der Transparenz in der Rohstoffindustrie. Ziel von EITI ist es, die Geldströme bei der Förderung von Öl, Gas und anderen Rohstoffen nachvollziehbar zu machen. Die Einnahmen aus diesen Bereichen, den sogenannten „extraktiven Industrien", sind für viele Länder Afrikas, Asiens und Lateinamerikas von enormer wirtschaftlicher Bedeutung. Der EITI-Prozess soll dazu beitragen, dass diese Gelder auf kontrollierbare Art und Weise in die öffentlichen Haushalte gelangen und auch zur Bekämpfung der Armut eingesetzt werden können. Bei der Software gibt es eine Kooperation zwischen SAP und der Gesellschaft für Technische Zusammenarbeit (GTZ).

Dieselben hohen Erwartungen hat SAP an das Verhalten der eigenen Mitarbeiter und Führungskräfte. Die Corporate-Governance-Regeln legen die verpflichtenden Geschäftsgrundsätze fest, die beispielsweise auf der SAP-Webseite für Kunden und Lieferanten einsehbar sind. SAP möchte, dass das Geschäftsgebaren für alle Stakeholder transparent ist. Neben der Satzung der SAP und den Geschäftsgrundsätzen ist beispielsweise der Deutsche Corporate Governance Kodex (DCGK) verpflichtend, der die in Deutschland geltenden Regeln für Unternehmensleitung und -überwachung für Investoren transparent macht. Eine Compliance-Stelle achtet auf die Einhaltung der Grundsätze und ist für jedermann ansprechbar, der Fragen oder Bedenken hat. Da SAP sich seiner Verantwortung und Exponiertheit bewusst ist, werden alle Verdachtsfälle oder Vorwürfe stets systematisch intern geprüft und wenn nötig extern kommuniziert.

So äußerte Mitte 2009 eine südamerikanische Zeitung den Verdacht, es gäbe einen Zusammenhang zwischen einem Auftrag in Millionenhöhe und der Einladung eines führenden Mitarbeiters eines Kunden zu einem Formel-1-Rennen. Der Eindruck der Bestechung stand im Raum und musste zeitnah geklärt werden. SAP lädt als Sponsor und Technologiepartner der Formel 1 regelmäßig Geschäftspartner zu solchen Events ein. Es existieren deshalb klare interne Richtlinien, nach welchen Kriterien solche Einladungen ausgesprochen werden dürfen. Außerdem ist festgelegt, dass Gäste ihren Arbeitgeber hierüber in Kenntnis setzen müssen. Direkt nach Bekanntwerden der Vorwürfe wurde überprüft, ob die Vorschriften eingehalten wurden. Es bestand ein hoher Zeitdruck, Medien und Behörden drängten auf eine rasche Antwort. Durch die interne Dokumentation konnte die Einhaltung der Prozesse schnell nachgewiesen werden. Eine Vermischung von Interessen lag nicht vor und konnte auch demonstriert werden.

SAP hätte die Angelegenheit mit der öffentlichen Richtigstellung auf sich bewenden lassen können. Doch um keine Zweifel aufkommen zu lassen, wurden zusätzlich UN Global Compact und TI aktiv über den Vorgang und die Ergebnisse informiert. Mit dem Schritt war die Bitte verbunden, das Verhalten zu prüfen und bei Unklarheiten Rückfragen zu stellen. Damit wurde sichergestellt, dass gar nicht erst der Eindruck entstehen konnte, SAP wolle einen vermeintlichen Vorfall vertuschen. Größtmögliche Transparenz war der Preis, Vertrauen und Glaubwürdigkeit das Ergebnis, um die Situation zu bereinigen.

Das Zusammenspiel von Strategie und Technologie

Als Unternehmen kann man es nicht erzwingen, von allen Interessengruppen verstanden zu werden, aber man kann es sich erarbeiten und verdienen. Dazu muss die Bereitschaft zu einem kontinuierlichen Dialog existieren. Transparenz ist dabei kein Allheilmittel, das von selbst alles zum Guten wendet. Professionelle Kommunikation ist harte Arbeit, die nicht nur daraus besteht, immer selbst darüber zu reden, was das Unternehmen für wichtig hält. Vielmehr muss sehr genau hingehört werden, welche Themen mitschwingen und welche Aspekte unausgesprochen im Raum stehen. Das aktive Zuhören ist unabdingbar, um herauszufinden, was dem Gegenüber wichtig ist. Nur wenn dieses Verständnis vorhanden ist, kann ein Unternehmen auch von seinen Stakeholdern verstanden werden.

Die Kunst liegt in der optimalen Balance. Jedes Unternehmen befindet sich in einem anderen Spannungsverhältnis aus unterschiedlichsten

Anforderungen. Dieser Zustand ist auch nicht statisch, sondern verändert sich mit der Zeit oder mit der Region. SAP hat lernen müssen, auf die Bedürfnisse der verschiedenen Stakeholder einzugehen, und dabei natürlich auch Lehrgeld gezahlt. Denn mit zunehmendem Erfolg und Größe wachsen auch die Erwartungen der Kunden, Partner, Mitarbeiter, Investoren und der Öffentlichkeit. Es sind die neuen Fragen, die das Bild eines Unternehmens maßgeblich bestimmen können. Wenn sich die Fragestellungen ändern, müssen auch neue Antworten gefunden werden.

Eine Herausforderung besteht darin, die Regeln und Informationswege festzulegen, wie ein Unternehmen auf verschiedenen Wegen und mit einzelnen Gruppen kommuniziert. Stakeholder sind keine homogene Gruppe. Sie sind unterschiedlich engagiert und nutzen verschiedene Medien in verschiedenen Sprachen. Die Kommunikationsmöglichkeiten aktiv zu nutzen erfordert viel Disziplin und Koordination. Außerdem sollten auch die eigenen Regeln öffentlich zugänglich sein, damit sie für Kunden und Partner verständlich und nachvollziehbar sind. Dieser Einblick in die internen Abläufe ist wertvoll, um eine vertrauensvolle Basis für die interne und externe Kommunikation herzustellen.

Gerade in Deutschland erscheint es zunächst ungewohnt, interne Regeln zu veröffentlichen. Man macht sich dadurch kontrollierbar. Aber genau das möchte SAP erreichen. Sollte der Eindruck entstehen, dass sich Mitarbeiter jenseits der festgelegten Normen und Werte bewegen, hat das Management Handlungsbedarf. Und die Kunden müssen wissen, an wen sie sich in diesen Fragen wenden können. Diese Art der externen Kontrolle ist hilfreich, damit Werte und Regeln jeden Tag und in jedem Aspekt gelebt werden. Auf Worte müssen auch Taten folgen, und an seinen Taten sollte sich ein Unternehmen auch messen lassen.

Neben der Bereitschaft, sich dem Dialog zu stellen, brauchen Unternehmen eine interne Struktur, die die notwendigen Veränderungen unterstützen und leicht umsetzbar machen. Das Wissen steckt meist in den Daten und Prozessen, man muss sie aber finden und nutzen können. Die richtige Technologie unterstützt Unternehmen dabei, die vorhandenen Informationen gewinnbringend auf neue Art und Weise zu nutzen.

Wer diese Flexibilität in seinen Geschäftsabläufen hat, gewinnt gleich zweifach. Zum einen helfen transparente Prozesse, die internen Vorgänge besser zu verstehen. Damit können sie relativ einfach an neue Anforderungen angepasst und verbessert werden. Zum anderen können Abläufe der Öffentlichkeit verständlich gemacht werden. Es gibt keine Zufälligkeiten, die man vor anderen verstecken müsste. Vielmehr kann man sehr genau bestimmen, welche Aspekte von außen sichtbar sein müssen, damit das Unternehmen verstanden wird. Interne Klarheit ist deshalb die Grundvoraussetzung für externe Transparenz.

Mit der radikalen Transparenz des Webs leben lernen

Klaus Eck

Das Internet sorgt in vielen Unternehmen für Unbehagen. Weil die Veränderungen sehr schnell vonstatten gehen und sich oftmals alte Kommunikationsmodelle nicht mehr auf das neue übertragen lassen. Die Geschwindigkeit, in der wir alle miteinander kommunizieren, findet dank Instant Messenger, Chats, Blogs und Twitter in einem enormen Tempo – wenn nicht gar in Echtzeit – statt. Das verunsichert und macht sogar Angst. Orientierung finden PR-Verantwortliche auch nicht mehr bei den klassischen Gatekeepern – den Journalisten –, weil diese ebenfalls bei sinkenden Reichweiten und Auflagen ihrer Printpublikationen um ihre Position in der neuen Welt der Kommunikation kämpfen. Heutzutage kann jedermann innerhalb kurzer Zeit seine Meinung online publizieren und sich kritisch über ein Produkt, einen Medienartikel, eine Pressemitteilung oder eine Dienstleistung äußern und damit sogar eine recht gute Reichweite erzielen. Doch nicht nur das. Während eine Zeitungsnachricht schnell wieder in Vergessenheit gerät und ins Altpapier wandert, bleibt jeder noch so kleine, banale Beitrag im Netz präsent. Jeder Text und in Zukunft auch jedes Bild wird sichtbar und verschafft dem Suchenden einen ersten Eindruck von einer Person, einem Unternehmen oder einer Marke. Wenn Kunden sich mit Unternehmen auseinandersetzen, kann das im einen oder anderen Falle sogar zur Krise führen. Eine solche neue Business-Transparenz hat vor 20 Jahren wohl kaum jemand für möglich gehalten. Mit der neuen radikalen Transparenz durch das Web müssen wir alle – privat und beruflich – erst leben lernen.

Unternehmen existieren inzwischen in einer Feedback-Kultur. Auch das ist eine neue Umweltbedingung, mit der sie leben lernen müssen. Aus diesem Grunde sollten sie ihren Mitarbeitern und Kunden einen offenen Dialog anbieten, um die Arbeits- oder Kundenbeziehungen vertrauensvoll auszubauen. Schließlich können sie dadurch auf das wachsende Bedürfnis der Gesellschaft auf Partizipation reagieren und die Kundenerfahrungen direkt in neue Produkte oder Services einfließen lassen. Glaubwürdigkeit und Vertrauen stellen hierfür die Voraussetzung für eine langfristige Beziehung dar. Wer hingegen ängstlich auf die Online-Bewertungen schielt und diese verhindern oder manipulieren will, wird allenfalls kurzfristige Erfolge erzielen, kann aber nicht vermeiden, dass sich Kritik im Web dann an anderer Stelle in Blogs oder auf Twitter äußert. Daher sollten sich Arbeitgeber wie Mitarbeiter um das Vertrauen bemühen und ihre Reputation langfristig aufbauen.

Selbst die Online-Reputation managen

Dem digitalen Zufall müssen Unternehmen dennoch nichts überlassen: Das Online Reputation Management ist eine neue Disziplin, die im Social-Media-Umfeld (Blogs, Twitter, Wikis, Social Networks etc.) dafür sorgt, dass Unternehmen vermehrt positive Eindrücke im Web hinterlassen und sozusagen dosiert Einblicke ins Unternehmen vermitteln. Es gehört hierbei zu den Aufgaben des Reputation Managements, die digitalen Spuren eines Unternehmens und seiner Mitarbeiter zu überprüfen und gezielt weiterzuentwickeln, damit das digitale Erscheinungsbild den Geschäftserfolg unterstützt.

Täglich wird die Reputation einer Marke von den Mitarbeitern und Kunden aufs Neue bestimmt. Je stärker ein Unternehmen in der Öffentlichkeit aktiv ist, desto eher muss es damit rechnen, dass es viele Meinungen zu einer Marke in der Social-Media-Welt gibt. Nicht immer stimmt hierbei die persönliche Wahrnehmung mit der Darstellung anderer im Internet überein. Deutlich wird das bei der Betrachtung von Politikern. Im Web gibt es inzwischen zahlreiche Plattformen, auf denen Politiker auf Bürgerfragen antworten müssen und mit der Kritik ihrer Wähler konfrontiert werden. Nicht immer haben sie dabei die Bilderwelten unter Kontrolle. Wenn die Versprecher eines politischen Redners in einem Video neu zusammengeschnitten und auf YouTube gestellt werden, wirft es kein positives Licht auf den Politiker und bestimmt dessen Bild in der digitalen Öffentlichkeit. Dem gegenüber stehen offizielle YouTube-Videos der Parteipolitiker, die vom Wahlkampf zeugen und noch immer stark an TV-Gewohnheiten orientiert sind. Vernachlässigt wird dabei vor allem das aktive Moderieren der zahlreichen YouTube-Kommentare, die sich oftmals mit beißendem Spot mit den Parteipolitikern auseinandersetzen. Mehr Offenheit und Dialogbereitschaft würde die Glaubwürdigkeit erhöhen. Doch bislang geht es vielen nur um das Senden von Botschaften, weniger um das Empfangen selbiger.

Negative Schlaglichter entstehen schnell und verbreiten sich im Netz oftmals nach dem Schneeballprinzip. Diesen viralen Effekten sind Unternehmen mitunter ebenfalls ausgesetzt, wenn sie oder eines ihrer Produkte in die Kritik geraten. So bringt die digitale Mundpropaganda Klatsch und Tratsch schneller in die Öffentlichkeit als jedes andere Kommunikationsinstrument. Es ist für Unternehmen und Privatpersonen deshalb kaum noch möglich, in adäquater Geschwindigkeit auf eine Krisensituation zu reagieren und sie einzudämmen, wenn sie von Blogs oder in Communities aufgegriffen worden ist. Für den Umgang mit der Social-Media-Sphäre sind deshalb neue Reputation Management Tools erforderlich, um sich zu wappnen. Außerdem hilft eine gute Online-Reputation-Management-Strategie einem Unternehmen, einen effektiven digitalen Schutzschild zu errichten, der den guten Ruf stärkt und bewahren hilft. Daher kommt es vor allem auf Geschäftsfreunde und Kunden an, die dazu beitragen können, die eigene digitale Reputation zu festigen. Dazu reicht eine einfache Website für Unternehmen längst nicht mehr aus. Vielmehr braucht es dafür die Vernetzung über Blogs und Partizipation in Social Networks wie MySpace. Dort finden Gespräche statt zwischen „Menschen wie Du und ich". Dort treffen sich Kunden mit ähnlichen privaten Interessen, ähnlichen politischen Einstellungen oder weil sie aus der derselben Branche stammen. Unternehmen sollten die Social-Media-Inhalte unbedingt ernst nehmen. Denn diese erzielen längst eine enorme Reichweite: Die Blogsuchmaschine Technorati zählt jede Stunde weltweit über 65.000 Blogeinträge und jede Minute 2.800 neue Links auf Webinhalte. Insgesamt scannt sie über 120 Millionen Blogs mit mehr als 1,6 Millionen täglichen Veröffentlichungen. Neben den Medien ist damit eine Alternativwelt entstanden, in der jeder Internetnutzer sich ebenfalls informieren kann und dies zunehmend auch tut.

Diese allgemeine Digitalisierung des Alltags gewinnt eine völlig neue, überraschende Dimension für Unternehmen. Blogger sind es, die sich als Kunden oder Arbeitnehmer mit Marken auseinandersetzen und auch darüber im Internet publizieren. Diese Transparenz nutzt 95 Prozent der Kunden, die über einen Online-Zugang verfügen. Sie informieren sich vor einem (Online- oder Offline-)Kauf vor allem hochwertiger Güter als Erstes im Internet über Produkt, Service und Anbieter. Hierbei nutzen die meisten Onliner Suchmaschinen, um Vergleiche zu ziehen, Informationsquellen zu den Produkten zu finden und ihre Kaufentscheidung anhand der Meinungen anderer Konsumenten zu überprüfen. Und genau da erscheinen viele Blogs aufgrund ihrer Popularität unter den ersten Suchtreffern, so dass die Blogger einen nicht zu unterschätzenden Einfluss auf die Online-Reputation eines Unternehmens haben.

Negativ-Beispiel: Deutsche Bahn geht gegen Blogger vor

Wie man sich sehr schnell in der Online-Öffentlichkeit unbeliebt machen kann, zeigte die Deutsche Bahn im Februar 2009 mit einer

Blogger-Abmahnung. Ohnehin stand die Deutsche Bahn zu dem Zeitpunkt in der öffentlichen Kritik, weil sie ihre Mitarbeiter ausgespäht hatte. Als wäre das negative Issue noch nicht genug, legte sich das Unternehmen auch noch mit der Blogosphäre an, indem es einen der Meinungsbildner, Markus Beckedahl von Netzpolitik.org, ein Abmahnungsschreiben zusendete, weil dieser ein internes Memo zur Mitarbeiter-Rasterfahndung bei der Deutschen Bahn veröffentlicht hatte. Wer bereits im Glashaus sitzt und von der Öffentlichkeit kritisch beäugt wird, sollte in der Kommunikation besonders vorsichtig agieren.

Dem Politik-Blogger wurde von dem Konzern Verrat von Betriebs- und Geschäftsgeheimnissen vorgeworfen. Beckedahl hatte ein internes Dokument des Berliner Landesdatenschutzbeauftragten vollständig als PDF seinen Lesern „zur allgemeinen Begutachtung online" gestellt. Diese Online-Transparenz war der Deutschen Bahn zu viel. Die PR-Abteilung der Bahn hätte jedoch geschickter agieren können und Beckedahl direkt per Telefon in einem Gespräch zum Entfernen der Dokumente auffordern können. Selbst wenn er darauf nicht eingegangen wäre, hätte man es zumindest kommunikativ versucht und die negativen Imageeffekte für die Deutsche Bahn vermieden. Nachdem Beckedahl die Abmahnung erhalten hat, stellte er diese ebenfalls seiner Leserschaft zur Verfügung. Dadurch erhielt das umstrittene Dokument zum Datenskandal wesentlich mehr Öffentlichkeit, als es der Deutschen Bahn lieb sein konnte. Darüber hinaus präsentierte sich der Konzern eher als unnahbarer Koloss, der sein Recht massiv einfordert.

Vermutlich haben die Kommunikationsverantwortlichen zu wenig Einblicke in die deutsche Bloggerwelt gehabt, ansonsten hätten sie durch einen einfachen Blick auf die deutschen Blogcharts, auf der Netzpolitik.org immerhin auf Platz 2 steht, erahnen können, was sie nach so einer Abmahnung an Solidarisierungseffekten auslösen. Es gibt wenige Blogger und Twitterer, die so gut vernetzt sind wie Markus Beckedahl. Deshalb konnte dieser es sich auch leisten, die Abmahnung selbst öffentlichkeitswirksam der Blogosphäre und Medienwelt zu präsentieren. Tausende Blogger und Twitterer solidarisierten sich mit ihm und verschafften dem Fall enorme Aufmerksamkeit.

Die Blogger und andere „Influencer" haben den Fall (fast schon) dankbar aufgenommen und eifrig über die Angriffe des Goliaths Bahn auf Markus Beckedahl berichtet. In kürzester Zeit nahmen auch die Mainstream-Medien den Krisenfall auf.

Bei der Deutschen Bahn gab es noch weitere Probleme mit der Transparenz, die sich negativ auf ihr Image auswirkten. Neben der Daten- und E-Mail-Affäre folgte ein PR-Skandal um eine heimliche Manipulation der öffentlichen Meinung. Im Zeitalter der radikalen Transparenz kommt (tendenziell irgendwann) alles raus. Große Geheimnisse lassen sich nur schwer unterdrücken.

Was war geschehen? 1,3 Millionen Euro hat die Deutsche Bahn an eine Agentur bezahlt, um ihr öffentliches Image zu verbessern. Reputation Management ist an für sich der Job jeder Kommunikationsagentur und noch nicht per se etwas Schlechtes. Doch natürlich stellt sich die Frage, wie glaubwürdig eine Öffentlichkeitsarbeit ist, die bewusst auf geschönte Berichte setzt und unter Agenda Setting das bezahlte Platzieren von Inhalten in Radio und Internetforen versteht. Eine „verdeckte Beeinflussung der Öffentlichkeit" schadet der Unternehmensreputation. Viel besser ist es immer, wenn man „echte" Menschen für sein Anliegen gewinnen und deren glaubwürdige Unterstützung (unbezahlt) erhält. Was ist von zahlreichen Kommentaren in Foren und Blogs zu halten, wenn diese nur anonym und ohne jede Verifizierungsmöglichkeit erfolgt sind?

Es war nur konsequent, dass der neue Bahn-Chef Rüdiger Grube diese PR-Maßnahmen entschieden ablehnte und sich direkt nach dem PR-Gau von seinem Generalbevollmächtigten für Kommunikation und Marketing trennte. In einer Pressemitteilung nahm der Vorstandsvorsitzende am 28. Mai 2009 Stellung zu den Vorwürfen: „Diese Form der PR-Maßnahmen lehne ich entschieden ab. Solche Aktivitäten sind mit dem Grundsatz eines transparenten und redlichen Dialogs mit der Öffentlichkeit in keiner Weise vereinbar. Ich werde umgehend im Unternehmen die notwendigen Konsequenzen daraus ziehen, um auch hier den zugesagten Neubeginn in der Unternehmenskultur zu dokumentieren."

Positiv-Beispiel: Mit Transparenz Sympathien gewinnen

Auf eine besonders transparente Kommunikation setzte der Videoplattformbetreiber Sevenload beim Relaunch seines Online-Auftritts. Ab Ende März 2008 informierte das Unternehmen über Blogs und Twitter seine Kunden über jede noch so kleine Relaunch-Maßnahme. Auf diese Weise erhielt Sevenload viel positive Aufmerksamkeit in der Social-Media-Welt und verschaffte sich mehr Resonanz als mit jeder Pressemitteilung. Bei alledem entschied sich das Unternehmen für den offenen Kundendialog und wirkte trotz vieler technischer Schwierigkeiten bei der Umstellung der Website dabei erstaunlich souverän. Der Sevenload-Gründer Ibrahim Evsan stellte in seinem CEO-Blog alle Neuerungen und Features persönlich en détail vor, ohne dabei die Probleme außen vor zu lassen und etwas schönzureden. Unter der Überschrift „Murphy's Law bei sevenload" bittet Evsan am 31. März 2008 in seinem Blog um Verständnis für die Umstellungsschwierigkeiten: „Ganz ehrlich: Es nervt und betrübt mich extrem, dass so ein kleines Problem so viele Unannehmlichkeiten beschert. Ich möchte mich hierfür auch ganz deutlich bei allen Usern und Betroffenen entschuldigen. Wie das oft so ist mit technischen Problemen, ist es halt so wie es ist, und wir arbeiten mit Hochdruck an der Lösung. Wir werden auch definitiv eine Lösung finden. Das sind wir sevenload, euch und Millionen von Videoabrufen schuldig. Und genau darum geht es."

Im Sevenload-Blog konnten sich die Community-Mitglieder ebenfalls über die Fortschritte des Launch-Prozesses informieren. Durch diese radikale Transparenz konnte Sevenload den direkten Dialog mit der eigenen Community führen und deren Interessen unmittelbar in den Relaunch-Vorgang einbeziehen. Gleichzeitig verbesserte das Unternehmen durch diese Form der Selbstinszenierung seine Glaubwürdigkeit in der Öffentlichkeit und machte deutlich, dass Unternehmen nicht immer perfekt sein müssen. Solange sie ihre Fehler offen eingestehen, ist es möglich, die kritische Auseinandersetzung mit einem Produkt oder dem Unternehmen selbst vorwegzunehmen und dieses sogar positiv für das Unternehmensimage zu nutzen.

Sevenload vermittelte seinen Stakeholdern während des Relaunchs einen direkten Einblick in die Unternehmensprozesse und konnte dadurch mit deren Wohlwollen rechnen. Schließlich haben Kunden durchaus Verständnis dafür, wenn etwas schiefläuft oder nicht den eigenen Vorstellungen entspricht, solange sie frühzeitig informiert und ernst genommen werden. Selbst in der Krisensituation konnte Sevenload somit weiteres Vertrauen aufbauen und die Reputation festigen.

Twitter: Noch mehr Transparenz in der Echtzeitkommunikation

Mit jedem guten inhaltlichen Blogartikel wachsen sowohl das Renommee des bloggenden Mitarbeiters wie auch das Image des Unternehmens. War beim Corporate Blogging noch das Verfassen von fundierten Artikeln die Einstiegshürde, ist diese inzwischen beim Microblogging gefallen. Auf dem Online-Dienst Twitter dreht sich zunächst einmal alles um die Frage „Was machst du gerade?" Das klingt profan, bietet aber eine spannende neue Möglichkeit, mit wenig Aufwand etwas für die eigene digitale Reputation und das Social Networking zu tun. Die

Nutzer des Microblogging-Kanals haben nur 140 Zeichen zur Verfügung, um im Internet darauf eine Antwort zu geben, die ihre Twitter-Kontakte auf Twitter.com lesen können. Doch diese reduzierte Form erleichtert die Online-Kommunikation erheblich, weil jeder schneller auf den Punkt kommen muss.

Twitternd kann man permanent den Kontakt zu anderen Menschen halten, neue Beziehungen durch die chatähnliche Kommunikation herstellen und durch spannende Inhalte Aufmerksamkeit bei seiner Leserschaft erregen. Einige Twitter-Nutzer (Twitterer) schreiben in ihren Kurzbeiträgen darüber, ob ihnen der Kaffee schmeckt, es Strom im Zug gibt oder verweisen auf interessante Links, die sie gefunden haben, verschicken quasi eine persönliche SMS an alle diejenigen, die Abonnent (Follower) ihrer Meldungen (Tweets) sind. Doch nach einer ersten Probierphase schreiben die Twitterer häufig über die Dinge, die bei ihnen von persönlichen oder beruflichen Interesse sind. Immer mehr betreiben darüber sogar Selbstmarketing. Wer sich unter seinem realen Namen anmeldet, kann über seinen Twitter-Account via Google besser gefunden werden und seine Personenmarke positiv entwickeln.

Twitter fasziniert weltweit die Menschen. Mitte 2009 nutzen bereits über 32 Millionen Menschen Twitter. Kein Wunder also, dass inzwischen auch Stars das Microblogging für sich entdeckt haben. Bis Anfang 2009 dominierten Internet-Geeks die Twitter-Szene und hatten maximal um die 10.000 Follower. Doch schon Mitte April 2009 lieferten sich der Schauspieler Ashton Kutcher und der Nachrichtensender CNN ein Rennen um die erste Follower-Million. Kutcher setzte sich erfolgreich durch und präsentierte sich als Twitter-Sieger in der Show von Oprah Winfrey, die sogar von ihm in Twitter eingeführt wurde und ebenfalls vermutlich bald mehr als eine Million Twitter-Abonnenten ihr Eigen nennen kann. Das Ex-Monty-Python-Mitglied John Cleese meint dazu auf Twitter nur, dass er als Prominenter gerne die „Zwischenhändler" ausschalte und direkt mit seinen Fans kommuniziere.

Längst geht es auf Twitter nicht mehr allein darum, regelmäßige Livestreams von Freunden zu verfolgen. Twitter ist ein wichtiges PR- und Marketinginstrument geworden, mit dem Unternehmen ihre Kundenkommunikation erheblich verbessern können. Deshalb sichern sich die ersten Unternehmen ihre Twitter-Claims, um zumindest ihre Marke zu schützen und erste Erfahrungen mit dem Microblogging in der Unternehmenskommunikation zu sammeln. Außerdem könnten Unternehmen sich ansonsten später gezwungen sehen, juristisch gegen einen Identitätsdiebstahl vorgehen zu müssen. Das kostet unnötig Zeit und Geld. Da das Twittern kostenlos ist, sollten Unternehmen einfach sicherheitshalber die wichtigsten Keywords als Account anmelden.

Wenn Mitarbeiter eines Unternehmens twittern, gewähren sie im Idealfall authentische alltägliche Einblicke und erzeugen eine gewisse digitale Nähe und viel Transparenz für den Unternehmensalltag. Schließlich erfahren die Kunden darüber, wie der Kundensupport arbeitet und erhalten Service- und Lesetipps. Die Pressesprecherin Consumer bei Vodafone Deutschland, Carmen Hillebrand, microbloggt seit April 2009 jeden Tag unter www.twitter.com/vodafone_de für ihr Unternehmen. Dabei geht es ihr um Themen, für die Vodafone steht: neue Produkte und Tarife, Themen wie mobiles Internet, Musik und Video. Hierbei setzt sie nicht nur auf einen Nachrichten-Stream, sondern steht auch für den Dialog mit den Vodafone-Kunden bereit. Auf diese Weise baut Vodafone einen persönlichen Kanal für die direkte Kundenkommunikation auf, die durch Transparenz Glaubwürdigkeit aufbaut und das Unternehmen ansprechbarer macht.

Das ist besonders in Krisensituationen ein großer Vorteil. Im Mai 2009 fiel für nur 20 Minuten Googles E-Mail-Angebot Gmail aus und brüskierte damit Millionen Nutzer. Doch wer dem Google-Pressesprecher Stefan Keuchel auf Twitter folgte, konnte sofort in seinem Newsfeed lesen, dass er sich darum kümmerte und seinen Lesern mitteilen werde, sobald der Dienst wieder zur Verfügung stehe. Das schafft natürlich Vertrauen.

Durch diese unmittelbare Transparenz in der Kommunikation erfahren die Leser, wie ein Unternehmen handelt. Jeder kann sich darauf verlassen, dass seine Kundenbedürfnisse ernst genommen werden. Mehr Transparenz führte bei Google dazu, dass die Twitterleser keine Fragen mehr an den Kundensupport stellen mussten und zufrieden waren: Schließlich kümmerte sich jemand offensichtlich um ihre Sorgen.

Alle Hemmungen fallen im Big-Brother-Container

Die Moderne ist von der Hoffnung geprägt gewesen, dass die Wanderung vom Dorf in die Stadt alle engen gesellschaftlichen Zwänge beseitige. Deshalb erhofften sich die Neubürger, dass die Stadtluft frei mache. Demgegenüber kennt im Dorf noch jeder jeden. Dieser sozialen Kontrolle wollten viele Neustädter entkommen. Doch anscheinend war das nur eine Illusion. Denn jetzt führen uns einige Apologeten des vernetzten Lebens wieder zurück ins mittlerweile global und digital gewordene Dorf. Doch im Gegensatz zu früher kennt im Global Village nicht nur jeder jeden, sondern kann sogar genau verfolgen, was der Onliner seinen Kontakten auf Facebook oder Twitter gerade mitteilt, was er aktuell macht oder wofür er sich interessiert. Private Geheimnisse gibt es dadurch immer weniger. Der Einzelne wird viel häufiger viel unmittelbarer erlebt, weil sein Online-Profil sich jederzeit aufrufen und einsehen lässt. Dadurch erfahren alle Leser, womit sich jemand zurzeit auseinandersetzt. Nie zuvor war es daher so leicht für Unternehmen und Headhunter möglich, komplette Persönlichkeitsprofile aufzubauen und aus dem Web zu beziehen.

Dieses verheißungsvolle Utopia ist nicht ganz so verlockend, wie es auf dem ersten Blick erscheint. Zwar rücken alle Menschen durch Social Media ein Stück näher aneinander heran und können leichter miteinander kommunizieren. Doch verführt die neue Leichtigkeit der Online-Kommunikation allzu schnell dazu, dass leichtfertig Persönlichkeitsrechte Dritter verletzt und die Konsequenzen des digitalisierten Geschriebenen nicht wirklich durchdacht werden.

Wer einmal als Person oder Unternehmen am digitalen Dorfpranger stand, verleumdet wurde, der hat es schwer, unabhängig von Schuld oder Unschuld, das je wieder vergessen zu machen. Das böse Gerücht entschwindet allenfalls mit der Zeit aus dem Fokus der Aufmerksamkeit, wenn man sich aktiv um seine Online-Reputation bemüht, bleibt aber dennoch in den Leichenkellern der Suchmaschinen verborgen. Diese Issues müssen beobachtet werden, damit sie nicht ihren erfolgreichen Weg in die Aufmerksamkeit gehen, indem sie von Dritten gefunden und erneut publiziert werden.

In einem Utopia einer Bewertungsgesellschaft zu leben und die neue radikale Transparenz auszuhalten, in der jeder digitale Schritt persönliche Konsequenzen haben kann, ist für viele Menschen nicht leicht. Nicht jeder Mitarbeiter will sein Leben in einem virtuellen Big-Brother-Container verbringen. Das mag für professionelle Kommunikatoren und Prominente nichts Neues sein, bei denen die eigenen Leistungen öffentlich analysiert und benotet werden. Doch die Rund-um-die-Uhr-Beobachtung all unserer gar nicht so virtuellen Schritte im Leben geht weit darüber hinaus: Jede Person muss mittlerweile damit rechnen, von Freunden und Bekannten wie von Fremden fotografiert, gefilmt, kommentiert, gebloggt oder getwittert zu werden. In den seltensten Fällen werden sie nach ihrer Digitalisierung anschließend um ihre Erlaubnis gefragt.

Besonders die „Digital Natives", also jene Menschen, die mit dem Internet aufgewachsen sind, verzichten heute bereitwillig in ihren Blogs, in Netzwerken wie Facebook, StudiVZ, Xing und Twitter auf jene Privatsphäre, um die die Datenschützer jahrelang gekämpft haben. Tabus scheint es dabei kaum noch zu geben. Doch nicht selten vergessen die Nutzer, wie transparent sie selbst durch ihr unüberlegtes Handeln werden und wie angreifbar sie sind, wenn sie der Welt alle privaten Eskapaden vorführen. Das hat Auswirkungen auf den Bewerbungsprozess und auf die Art und Weise, wie Unternehmen sich via Mitarbeiter in der digitalen Öffentlichkeit präsentieren.

Social Media Guidelines für Mitarbeiter

Je mehr ein Arbeitnehmer seine ganze Persönlichkeit der Öffentlichkeit offenbart, desto berechenbarer und verletzlicher ist er gleichsam. Schließlich sollte jeder Online-Beitrag, auch wenn er noch so kurz ist, eine gewisse Konsistenz haben. Unternehmen können künftig beobachten, wer in Social Networks über den eigenen Arbeitgeber schimpft und quasi die Loyalität aufgekündigt hat oder wer in einer Krankheitsphase ständig online publiziert, wie wohl er sich auf einem Musik-Event fühlt. Es ist eben nicht mehr nur privat, wenn man sich in der digitalen Öffentlichkeit äußert, sondern hat seine direkten Rückwirkungen auf den Arbeitgeber, weil der Einzelne letztlich als Unternehmensbotschafter die Marke repräsentiert. Dazu muss dieser noch nicht einmal einen unmittelbaren Auftrag erhalten haben. Der Siemens-Mitarbeiter steht genauso wie ein Bahn-Angestellter für sein Unternehmen in der Aufmerksamkeit. Wenn wir mit dem einzelnen Mitarbeiter schlechte Erfahrungen machen, egal ob online oder offline, übertragen wir das sehr schnell auf das ganze Unternehmen, weil es unserer ersten Wahrnehmung desselben entspricht. Besonders heikel wird es, wenn Außenstehende über private Einträge in Twitter, Blogs oder Social Networks Unternehmensinterna erfahren, der Verfasser regelmäßig über cholerische Anfälle seines Chefs berichtet oder sich in einer Art und Weise in Szene setzt, die das Firmenimage schädigt, wenn der Name des Online-Publizisten mit dem des Unternehmens in Zusammenhang gebracht werden kann.

Unternehmen benötigen daher klare Social-Media-Regeln, damit bei den eigenen Mitarbeitern keinerlei Missverständnisse entstehen. Oftmals wissen die Angestellten gar nicht, was sie dürfen und was nicht. Und selbst wenn ein Unternehmen noch kein Corporate Blog plant, sollte es über eine Blog- oder Social-Media-Policy nachdenken. In vielen Unternehmen weiß die Geschäftsführung gar nicht, welcher ihrer Mitarbeiter schon jetzt anonym regelmäßig über private und berufliche Dinge bloggt oder twittert. Mitunter kann dieses unkontrollierte Online-Publizieren sehr unangenehme Folgen für ein Unternehmen haben.

Ende der 1990er Jahre haben die ersten Unternehmen ihren Arbeitsverträgen einen Passus hinzugefügt, nach dem private Websites keinesfalls einen Hinweis auf den Arbeitgeber enthalten dürfen. Damit soll verhindert werden, dass ein privates Online-Angebot in irgendeiner Weise das Ansehen des Arbeitgebers beeinträchtigt. Trotzdem häufen sich inzwischen Fälle, in denen Mitarbeiter entlassen wurden, weil sie online über ihren beruflichen Alltag berichtet haben.

Die Pizzakette Domino's ist im April 2009 Opfer eines Angriffs aus den eigenen Reihen geworden: Als zwei Mitarbeiter vermutlich aus Spaß ein ekelerregendes Video online stellten, welches zeigte, wie sie mit den Pizza-Bestellungen ihrer Kunden umgehen, zog das Management daraus sofort die Konsequenz, beide zu entlassen. Der Geschäftsführer selber stellte sogar ein Antwortvideo auf YouTube und reagierte öffentlich auf den Imageschaden.

Im Sommer 2006 wurde eine 33-jährige Sekretärin in Paris von ihrem Arbeitgeber, der englischen Firma Dixon Wilson, entlassen, weil sie in ihrem Blog „Petite Anglaise" aus ihrem Arbeitsalltag berichtet hatte. Sie führt deshalb vor einem französischen Arbeitsgericht derzeit einen Musterprozess und sorgt damit für viel Aufsehen. Dixon Wilson begründet die Entlassung damit, dass sie die Firma in Verruf gebracht, während der Arbeit unerlaubt gebloggt und mehrmals unentschuldigt am Arbeitsplatz gefehlt habe. Pikantes Detail: In ihrem Blog hatte die Sekretärin selbst zugegeben, dass sie blaugemacht hätte.

Die Beispiele zeigen deutlich, wie wichtig klare Vorgaben für den Umgang mit Social Media sind. Oftmals wissen die Angestellten nämlich gar nicht genau, ob sie privat überhaupt bloggen oder twittern dürfen, und wenn ja, worüber sie nicht schreiben dürfen.

Eine Social-Richtlinie dient in erster Linie dazu, den Mitarbeitern Orientierung zu geben, die bereits privat oder beruflich online publizieren, damit sie weder sich selbst noch dem Unternehmen unabsichtlich Schaden zufügen.

Wer im Web beispielsweise Kollegen beleidigt, seinen Arbeitgeber schlechtmacht, Gerüchte verbreitet oder Tatsachen verdreht, dem kann durchaus gekündigt werden. So heißt es in einer Begründung des Landesarbeitsgerichts Schleswig-Holstein: Das Recht der Meinungsfreiheit „findet seine Schranken in den Grundregeln des Arbeitsverhältnisses" (Landesarbeitsgericht Schleswig-Holstein, 2 Sa 330/98). Das eigene Produkt in seinem Blog sachlich zu kritisieren ist übrigens kein Problem. Hier drohen weder Schadenersatzforderungen noch Kündigung.

In der Regel folgen die meisten Mitarbeiter beim Online-Publizieren ohnehin ihrem gesunden Menschverstand und riskieren nur selten ihren Arbeitsplatz für ein solches Engagement in Blogs und Social Networks. Im Idealfall reduziert sich eine Social-Media-Guideline deshalb auf wenige Worte. Microsofts Blog-Policy zum Beispiel passt auf einen Bierdeckel: „Blog smart". Und bisher ist noch kein Fall bekanntgeworden, in dem Microsoft durch den Fehler eines Mitarbeiters im Umgang mit Weblogs größere Einbußen erlitten hätte.

Angst vor dieser neuen Transparenz muss ein Unternehmen aber nicht haben – solange es seine Mitarbeiter auf den Umgang mit den Multiplikatoren im Social Web und der Transparenz vorbereitet. Dadurch erspart man sich nicht nur viel Ärger, sondern stellt gleichzeitig sicher, dass sich die Mitarbeiter ihrer Rolle als Botschafter des Unternehmens in der Öffentlichkeit bewusst sind und sich loyal verhalten. Je mehr Unterstützung die Angestellten erhalten, desto souveräner nutzen sie ihre Online-Aktivitäten und desto mehr positive Aufmerksamkeit ziehen sie auf das Unternehmen. Durch die sorgfältige Vorbereitung eines solchen Vorhabens können Unternehmen auch auf umständliche Abstimmungsprozesse verzichten und es zulassen, dass beispielsweise Blog-Einträge von den Mitarbeitern unmittelbar publiziert werden. Von dieser Schnelligkeit profitiert dann wiederum die Öffentlichkeitsarbeit eines Unternehmens, weil es unter diesen Umständen sehr agil auf das aktuelle Marktgeschehen reagieren kann.

E-Recruiting durch mehr Transparenz

In einer globalen Wissensgesellschaft sind Unternehmen immer mehr darauf angewiesen, die besten Mitarbeiter für sich zu gewinnen. Die Bewertung als Arbeitgeber in Online-Foren, Blogs und Social Networks ist essentiell für das erfolgreiche Personalmanagement, will das Unternehmen nicht dieselben Erfahrungen machen wie so mancher Verkäufer auf Ebay. Dort ist es so, dass Verkäufer mit vielen negativen Käufer-Bewertungen höhere Gebühren zahlen müssen. Übertragen auf Unternehmen heißt das: Wer ein schlechteres Unternehmensimage hat, muss deutlich höhere Gehälter zahlen, weil es nicht so leicht sein dürfte, neue Mitarbeiter an sich zu binden. Je stärker der Arbeitsmarkt im Bereich Fachkräfte umkämpft ist, desto schwieriger ist es, diese als Mitarbeiter für eine umstrittene Marke zu gewinnen. Erst durch einen finanziellen Ausgleich hat der Arbeitgeber wieder bessere Möglichkeiten auf dem Arbeitsmarkt.

Welchen deutlichen Einfluss die öffentliche Wahrnehmung auf die Marken haben kann, zeigt auch eine Studie von Universum Communications, in der jedes Jahr die langfristige Entwicklung des Arbeitgeberimages betrachtet wird. Dazu wählen die befragten Akademiker aus einer Liste von 130 Unternehmen ihre Toparbeitgeber aus und zeigen ihnen dadurch ihr Vertrauen als Arbeitnehmer. Reputationskrisen hinterlassen dabei kräftige Spuren. Bei den befragten Ingenieuren, Naturwissenschaftlern und Informatikern mussten Nokia und Siemens im Jahr 2009 die größten Einbußen verzeichnen und galten nicht mehr als idealer Arbeitgeber. Im Vergleich der Jahre 2000 und 2009 verloren Nokia wegen der Entlassungen in Bochum unter den Studenten technischer Studiengänge 11 Prozent und Siemens aufgrund der Korruptionsprobleme 8,9 Prozent an Zuspruch.

Die Gefahr für Unternehmen: Solche Studien wurden früher nicht von jedem Bewerber wahrgenommen, waren zum Teil schwer zu beschaffen. Heute können sie in kürzester Zeit im Internet gefunden werden, um sich über Meinungen der Öffentlichkeit über ein Unternehmen zu informieren. Immer mehr Unternehmen werden online als Arbeitgeber anonym bewertet. So ist es für jeden Arbeitnehmer möglich, sein ehemaliges oder jetziges Unternehmen online zu bewerten und dadurch Einfluss auf das Unternehmerimage zu nehmen. Es ist für die Selbstdarstellung der Firma sehr unangenehm, wenn etwa die Beurteilung frustrierter ehemaliger Mitarbeiter sehr negativ ist und sich auf die Reputation als Arbeitgeber auswirkt.

Bewertungen von Mitarbeitern hat es natürlich auch schon in der nichtdigitalen Öffentlichkeit gegeben, nur sind sie seit kurzem online verfügbar und machen das Unternehmen damit zum öffentlichen Gut. Noch sichtbarer als auf den geschlossenen Bewertungsplattformen wie Kununu.de und Jobvoting.de sind Blogs und Microblogs (Twitter etc.), in denen (ehemalige) Mitarbeiter ihren Unmut ohne großartige Registrierung freien Lauf lassen können. Es stellt für enttäuschte Ex-Mitarbeiter keine große Hürde da, sich bei einem Bloghoster anonym anzumelden und im Namen eines Unternehmens ein Blog aufzusetzen. Das wird in vielen Fällen genutzt, um das Unternehmen gezielt zu diffamieren oder als Watchblog kritisch zu begleiten. Oft ist es noch nicht einmal möglich, den Urheber eines solchen Anti-Corporate-Blogs ausfindig zu machen. Entscheidend ist es für ein Unternehmen gar nicht so sehr, dass so etwas möglich ist und gemacht wird. Viel wichtiger ist es, dass es im Web gar nicht oder kaum sichtbar ist. Wer sich jedoch gezielt um seine Online-Reputation kümmert, kann alle negativen Einträge mit wenig Aufwand verdrängen, so dass die Kritik in den Hintergrund gerät und nicht einmal einer juristischen Verfolgung bedarf. Letztere ist häufig ohnehin kontraproduktiv und verschafft der Kritik noch mehr Aufmerksamkeit – und damit auch Sichtbarkeit im Netz.

So erfuhr beispielsweise die nichtstaatliche Organisation Transparency International, was es heißt, den Unmut der Blogger auf sich zu ziehen.

Die deutsche Sektion der gemeinnützigen Bewegung hatte der Bloggerin Moni (http://wasweissich.twoday.net) im Jahr 2006 eine strafbewehrte Unterlassungserklärung und eine einstweilige Verfügung angedroht, falls sie nicht mehrere ihrer Blogtexte löschen würde, in denen sie berichtet hatte, auf welche Art und Weise ihre Freundin dort ihren Job verlor. Moni äußerte sich in ihren Artikeln sehr enttäuscht über das Verhalten von Transparency International, da sie gerade von einer solchen Organisation mehr soziale Verantwortung erwartet hätte. Der private Beitrag erhielt anfangs nur wenig Aufmerksamkeit in der Blogosphäre, da es sich dabei um ein privates Weblog mit knapp 120 Besuchern pro Tag handelte. Erst durch die Auseinandersetzung mit Transparency International, die sich über mehrere Monate hinzog, stieg das Interesse anderer Blogger an dem Thema: Dadurch konnte das Blog kurzzeitig seine normalen Besucherzahlen auf über 1.800 steigern.

Aus der Sicht der Anti-Korruptions-Organisation handelte es sich bei den Blogtexten um unwahre Aussagen. Statt sich jedoch auf eine offene Kommunikation mit den Kritikern und den nachfragenden Journalisten einzulassen, wollte Transparency International Deutschland zunächst nicht offen Stellung zu der in vielen Blogs und Foren diskutierten Entlassung beziehen. Und das, obwohl jeder den Vorgang schon nach kurzer Zeit via Google-Recherche nachvollziehen konnte. Das Ergebnis: In Blogsuchmaschinen wie Technorati war Transparency International einige Tage lang das häufigste Suchwort, und auch in der freien Enzyklopädie Wikipedia gab es bei der Beschreibung der Organisation eine kleine Anmerkung zu dessen „Umgang mit den Kritikern". „Wir sind in die Mangel der Blogger gekommen", sagte Jochen Bäumel von der deutschen Sektion von Transparency International. „Die Sichtweise ist: Goliath schlägt David. Auf der anderen Seite darf David machen, was er will. Uns hat gestört, dass mit den Fakten nicht richtig umgegangen wurde." Bei Transparency International wartete man darauf, dass sich der Sturm wieder legte. „Egal, was wir jetzt machen, es ist falsch", meinte Bäumel. „Hinterher ist man immer klüger. Vielleicht hätten wir gar nicht reagieren sollen." Diese Erkenntnis setzte die Organisation dann auch um. Auf die Frage, was jetzt weiter geschehen wird, antwortet Bäumel: „Nichts. Wir machen einfach nichts."[1]

Obwohl die Diskussion eine normale Entwicklung nahm und schließlich nachließ, bleibt für Transparency International ein erheblicher Imageschaden und sogar bis heute eine negative Präsenz in den Suchmaschinen. Das Thema ist aus den Blogs in die Medien getragen worden und verbreitete sich dort weiter, ohne dass die Organisation dem wirklich etwas entgegengesetzt hätte. Innerhalb nur weniger Tage wurde aus „Moni versus Transparency" ein klassisches Medienthema.

Ausblick

Wer auch in Zukunft erfolgreich bleiben will, sollte sich nicht der neuen Transparenz gegenüber verschließen. Denn Kunden bewegen sich in der digitalen Sphäre und tauschen sich dort immer selbstverständlicher über ihre guten wie schlechten Erfahrungen mit Unternehmen und deren Produkten aus. Statt auf die Unternehmenswebsite zu gehen, informieren sich die Konsumenten lieber auf vermeintlich neutralen Informationsplattformen und treffen anschließend ihre Kaufentscheidung. Aus dieser Offenheit ergeben sich Chancen für die direkte Kundenkommunikation, die jedes Unternehmen auch für sich nutzen kann.

Wer in seinem Corporate Blog jedoch nur über sein Unternehmen und seine Services bloggt, hierbei sogar nur Pressemitteilungen einstellt und dabei überhaupt nicht auf die Informations- oder Unterhaltungsbedürfnisse seiner Leser eingeht, darf sich nicht wundern, wenn seine Blogaktivitäten nicht von Erfolg gekrönt sind und nach einiger Zeit auf dem Blogfriedhof landen. Eine Kundenbindung via Blogging sieht völlig anders aus.

Wer mit dem Bloggen erfolgreich sein will, dem wird eine große Offenheit abverlangt und die Bereitschaft, sich tatsächlich auf die Bedürfnisse der Kunden einzulassen. Wenn sich niemand oder zu wenige Mitarbeiter eines Unternehmens darum kümmern, scheitert ein Corporate Blog sehr schnell.

10 Tipps für das aktive Online Reputation Management eines Unternehmens

Unternehmen sollten beim Umgang mit Bloggern und anderen Influencern (Multiplikatoren) immer auf folgende Punkte achten, wenn sie ihre Online-Reputation nicht gefährden wollen:

- David hat immer Recht – und die Macht der Onliner auf seiner Seite, egal wie sich ein Fall juristisch darstellen mag.
- Unternehmen sollten alle Influencer ernst nehmen, ansonsten sind die Kosten für die Online-Reputation manchmal sehr hoch.
- Wer sofort auf das Instrument „Abmahnung" setzt, verzichtet auf alle weiteren Kommunikationsmöglichkeiten.

- Wer per E-Mail digitale Spuren hinterlässt, wird schnell wieder mit diesen konfrontiert. Deshalb sollten Unternehmen lieber direkt beim Blogger anrufen und versuchen, sich in einem Gespräch mit diesem zu einigen.

- Wer bereits negative Reputationswerte aufweist (Stichwort: Datenaffären), sollte besonders vorsichtig agieren, weil die Öffentlichkeit alles sofort in dem negativen Kontext betrachten wird.

- Es gibt keine interne Kommunikation mehr. Alles kommt irgendwann raus und unterliegt der Transparenz.

- Je mehr Geheimnisse ein Unternehmen zu verbergen scheint, desto interessanter ist es für viele Menschen, diese der Öffentlichkeit zu präsentieren.

- Eine abstrakte Organisation gerät schnell in die Kritik, wenn sie sich unnahbar und unmenschlich zeigt. Schließlich greifen die Kritiker keine Personen an.

- Je mehr man als Unternehmen auf die persönliche Kommunikation einzelner Mitarbeiter setzt, desto glaubwürdiger kann man kommunizieren. Menschen bauen leichter Vertrauen auf.

- Märkte sind Gespräche. Daran können Unternehmen nichts ändern. Aber sie können durch ihre Influencer die Mundpropaganda in ihrem Sinne nutzen und Teil des öffentlichen Diskurses werden, wenn sie sich darauf einlassen und ihren Mitarbeitern vertrauen.

Das Web ist der wohl wichtigste Transparenztreiber. Wegducken ist keine Option. Eine offene Unternehmenspolitik erleichtert es vielen Menschen, sich mit einer abstrakten Organisation zu identifizieren und Vertrauen aufzubauen. Je weniger die Onliner dabei anonym miteinander kommunizieren, desto glaubwürdiger wird die Online-Kommunikation und desto größer ist die Chance, seine Reputation durch Transparenz aktiv zu gestalten.

Fußnoten

1 Vgl. www.sueddeutsche.de, 29. März 2006.

Living with Translucency. Preparing for Transparency.

Tim Kitchin and James Thellusson

It is hard to know which will have greater long-term impact on UK political life: the multi-trillion dollar opacities of the global financial markets or the expense claims of UK members of parliament (MPs).

Spring 2009 saw the detailed claims of MPs exposed by the national newspaper *The Daily Telegraph*. Under the scrutiny of the public, most found themselves with at least some cause for embarrassment. More than 180 found themselves paying back money to the taxpayer. For several of them, the exposure actually marked the end of their career. To make things worse, their manipulation had occurred within the rules of the house and the office designated to hold them to account. The requirement for expenses to be „wholly, necessarily and exclusively" in pursuit of their office was in practice interpreted to include food, mirrors, antiques, TVs and even garden ornaments. Once permission was granted to claim for such items, the MPs' expenses shifted from being seen as „allowances" that *could* be reclaimed, to an „entitlement" that *must* be claimed. Those MPs who disclosed early and fully emerged with less personal reputation-loss, but institutionally the damage to the status of Parliament was already done.

While the MPs' „corruption" may have been of a peculiarly British form – closer to a breach of golf club etiquette than a serious crime wave – its consequences could yet prove dramatic. These concerns over governance stretch to other publicly-funded institutions including the BBC and seem certain to creep eventually to the businesses that serve these public institutions – including PR firms.

Because of this brief moment of transparency – the leaking of documents and the publication by investigative media – public trust in the political class was shaken, and a wide debate on the quality and effectiveness of all British constitutional processes has ensued. The long-term consequences are unclear.

This same loss of accountability – through disconnected stakeholders, weak regulation, abuse of executive power, self-perpetuating elites and a failure to uphold the spirit rather than the letter of the law – can also be found at the heart of the collapse of the financial system, and indeed, the traumas of the global automotive system. Shareholder power and customer power have proved to be ineffective levers of operational governance. Without transparency, there can be no accountability.

But what is actually to be done? As Karl Popper put it, in his 1945 critique of utopian philosophies, the vital question is now not „who should rule?" but „how do we minimise misrule?"[1]. In answer to his question, the reform of our social systems cannot be left to the lawyers, accountants and regulators alone. Markets must be reformed by marketers. Our own profession must be in the vanguard of delivering this heightened accountability. And transparency could yet prove to be our most potent weapon.

Product Marketing: The Opacity System

At first sight it may seem preposterous to envision marketers as transparency zealots. From its earliest foundations in FMCG, marketing has looked to avoid the rigours of transparency. The process of product marketing – turning resources into products and then persuading customers to buy them – relies on the ability to conceal knowledge, rather than reveal it.

Marketing, after all, is in the business of selling dreams, lifting and separating the brand promise from the underlying reality in order to create a brand premium. Peripheral information about product sources, process variation, ingredient quality, health and safety standards, labour practices, or environmental impacts is simply a distraction from helping consumers to engage with the big ideas of branding. All of these elements, which add no marketing „value" to the consumer's experience, must be suppressed or diverted from public attention, so that focus remains on the sunlit uplands of the product's brand promise.

This opacity-based approach was a necessary simplification in the early years of marketing. Customers too were opaque – there was no systematic means of gathering market intelligence or responding to customer input. Monologue, rather than dialogue was the norm. Products were opaque – choice was conditioned by limited material availability and mechanistic production techniques. „Whatever colour you like as long as it's what we have in stock" was the ethos of the time. And organisations themselves were opaque, any disclosure of social impact was discretionary and motivated by the enlightened but paternalistic philanthropy of industrialists. Finally, markets themselves were opaque. Consumers were trapped by limited distribution channels, poor transportation and minimal market information. Furthermore the opacity of markets allowed price disparities to be maintained unchallenged across different purchase environments.

Under the opacity system, branding was effectively the art of making money by concealing knowledge from customers. These opacity premiums were then multiplied by the power of mass communication. Advertising campaigns for fizzy orange, „You know when you've been Tango'd", for lager, „I bet he drinks Carling black label", for boxed chocolates, „All because the lady loves Milk Tray" and beauty products, „L'Oreal, because you're worth it" all constructed elaborate emotional promises in consumers' minds, in a drive for differentiation. The aim was to drive emotional loyalty, by shoring up brand premiums, and building trust required for market dominance and laying the foundations for future brand extensions. Costs could stay permanently low in the opacity system as changes in supply-chain practices could be readily obscured. Suppliers could be outnegotiated or simply ditched.

The opacity system was not without its weaknesses, of course. Fundamentally, this knowledge-destroying approach to marketing is anti-customer. It relies upon, indeed cultivates, customers' ignorance of brand inputs, outcomes and choices. The „loyalty" it generates is often only wallet-deep and masks customers' hidden resentments of pseudo-monopolistic behaviour. Financial services in particular remained heavily reliant upon opacity, as customers were forcibly deterred from switching products, channels and brands. In a highly regulated sector it is still possible to sustain this behaviour, but in an ultra-competitive market like FMCG, the emergence of retailers' own label offering cut like a scythe through manufacturers' grocery brand portfolios. The emotional value connoted by product packaging and advertising proved to be highly vulnerable. If brand value is not grounded in testable distinctive claims it will always be vulnerable to copycats.

Secondly the opacity system is dangerous for brand owners. Pinning a brand to a single feature, benefit or slogan is fundamentally risky, removing room for manoeuvre. Atari TV games consoles, Nimble white sliced bread, Spangles boiled sweets, Banjo chocolate wafer bars to name just a few. Brands perish when the idea behind them is too narrow to evolve.

Finally, the opacity system can blind an organisation to alternative value propositions. British Telecom's Cellnet mobile network brand was completely outmanoeuvred by Hutchinson's entry into the UK with „Orange" and a more translucent, service-based offer. So much so, that Cellnet was eventually spun off and rebranded as O2. At a more structural level, the major branded manufacturers failed to foresee the growth of retailers' own label products and the retailers' ability to develop premium as well as economy ranges. Major branded manufacturers continue to suffer from squeezed negotiating power and curtailed consumer access.

Corporate Marketing: The Translucency system

The greatest threat to opacity, of course, is translucency. Give customers (or citizens or employees) a glimpse of the truth and they are reluctant to remain in the dark.

The translucency system began in earnest in the 1980s and gathered strength and momentum through the 1990s and into the 21st century. Rather than looking to conceal information from nosy customers, translucent branding looks to reveal information – albeit selectively – to create much richer forms of brand differentiation.

The marketing context for translucency is also different. In the 21st century, customers themselves are translucent. They are no longer unknown „segments" but are extensively datamined and targeted through customer relationship management (CRM). Genuinely personalised interaction is still a pipe-dream, but relevance is dramatically improved. Likewise products have been transformed from sealed black boxes into a rich, multiply-labelled information source, complete with nutritional information, allergy-warnings and even government health messages. Instead of „white sliced" bread, we now buy „wholegrain, batch-baked, gluten-free, low fat, in-store burger buns, made with British grain". And this information is not spurious compliance or marketing jargon. AccountAbility's 2006 report „What Assures Consumers" revealed that packaging was the number 1 channel through which citizens seek *corporate* information (fig 1). The range of promises, positionings and implications evoked by such products is incomparable with the brand narcissism[2] of the opacity system.

Most notably, perhaps, organisations themselves have become translucent. The growing expectation of corporations[3] as civil corporations has ushered forward·an era of environmental, social and governance reporting and broad-based corporate responsibility programmes designed to demonstrate social relevance and commitment.

Finally, markets themselves have become translucent. The fixing of prices by suppliers through retail price agreements has been widely challenged and widely, though not universally, overturned. Simultaneously, infomediaries like pricerunner.com, gocompare.com and thousands of others now offer pricing and need-matching services which bring information to the point of purchase.

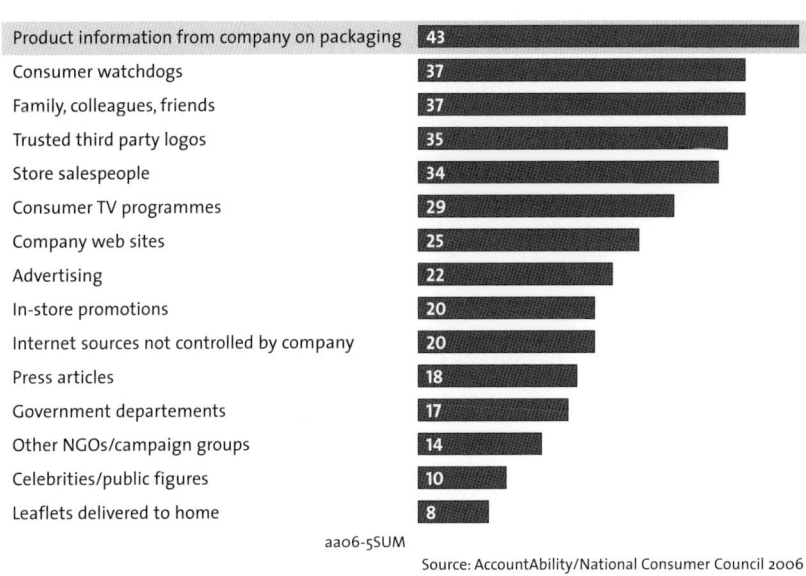

Product information from company on packaging	43
Consumer watchdogs	37
Family, colleagues, friends	37
Trusted third party logos	35
Store salespeople	34
Consumer TV programmes	29
Company web sites	25
Advertising	22
In-store promotions	20
Internet sources not controlled by company	20
Press articles	18
Government departements	17
Other NGOs/campaign groups	14
Celebrities/public figures	10
Leaflets delivered to home	8

aa06-5SUM

Source: AccountAbility/National Consumer Council 2006

Figure 1: Which information channels are important to you in judging companies?[4]

These are stunning developments. This new translucent context has seen the emergence of a new generation of brand leaders. Brands like Green & Blacks (organic chocolate) and Body Shop (ethical beauty products) or Patagonia (clothing) and Starbucks (coffee) are the poster-children for the translucent business generation. They are master storytellers, competing on passion and authenticity. For these pioneers, embracing translucency is a way to create new value from the abstractions of corporate purpose; it puts buried organisational assets like sourcing policy or labour practice or recycling, front of house and makes them profit-generating. Translucency also enables brands to enter multiple markets where they appear to have no expertise. Virgin (from airlines to bridalware), and more recently innocent (from smoothies to pre-prepared meals) have taken their brands across multiple segments by fusing their corporate marketing and product marketing. By embodying a corporate ethos at the heart of the product, they have gained rapid legitimacy and high market share even in markets that are looked saturated with traditional opacity brands.

So successful have these efforts been that opacity-system experts are rapidly learning these integration and storytelling lessons and running determinedly to catch up. Nestlé's Health Nutrition and Wellness programme, and the supply-chain behaviours that its commitment implies, are just one of many attempts to develop a narrative of translucency across its entire brand portfolio. Its commitment to wellness most recently extended to asking employees to ensure they move around to get exercise during internal meetings.

The great advantage of translucency is that it offers much more defensible value than opacity. Supply-chain practices, environmental achievements, leadership and corporate culture – the backstory of products – are much harder to replicate than product recipes and ad campaigns. And the more these competence-based assets are moved „front of brand", the more value they can generate. With translucent brands there is simply more to believe in.

The final advantage of translucency is the opportunity it presents for stakeholder engagement. Whereas opacity system brands can manufacture emotional engagement through the rituals of advertising and repeat contact, translucency can breed something deeper – a commitment to a cause which lies outside the product itself. The brand thus becomes both more important – as a trusted validator of personal values – but also less important, as it doesn't deliver value itself, but „merely" signals a pathway to deeper self-actualisation. Translucent brands grow through alliances with other brands and practices. In the translucency system, the more value a brand creates, the less attention it needs to command. Paradoxically, translucent brands grow through „brand modesty" not „brand narcissism".

Translucency, however, is not a panacea for marketers. It remains fraught with challenges.

Firstly, just as opacity brands can fall victim to producing ads rather than innovating value, translucency brands can get carried away with their storytelling at the expense of purpose and impact – too much branding, too little translucency. Starbucks was widely deemed to have fallen into this trap in the early 2000s and still faces a recovery challenge to deliver its promised experience.

Secondly, because translucent brands have many of the characteristics of a corporation, they can run out of ideas just like a corporation. Many translucent brands have started with a charismatic leader, but the departure of that leader can cause a collapse of credibility. Ben & Jerry's, while financially successful and now under careful corporate ownership, has a limited mandate for purposeful innovation without hands-on founder-presence. Its story may entering the final chapters even as the profit rolls in.

Thirdly, the risks of translucency are far greater. By „betting the bank" on a single organisational purpose, many translucent organisations actually find it harder to reposition and reengineer to changing market conditions. In many organisations, strong culture stands in for formal process and the result can be a spaghetti-like organisation in which the infrastructure for future transformation is left to rot.

The translucency system builds powerful, resilient and socially meaningful brands which create value by „telling truer stories". However, just as opaque brands can be outmanoeuvred by translucent brands, so today's translucent megabrands and their opaque wannabe competitors will both be destroyed by those brands who truly understand the emerging transparency system and its implications for marketers.

Social Marketing: The Emerging Transparency System

As we write, in 2009, there is now growing evidence that the translucency system is itself giving way, albeit slowly and sporadically. The opacity system supported the industrial economy by branding products; the translucency system supported the service economy by branding experiences. Now, heading into the second decade of the 21st century, the network economy is ushering forth its own system – the transparency system – which is the only mechanism to successfully brand conversations.

Just like its forbears, the transparency system is multi-layered. Increasingly transparent people are seeking out transparent, information-based products. These transparent products must in turn be supplied by transparent companies, and these companies will trade in ever more transparent markets. The central thrust of transparency systems is not merely to disclose different things – behaviours as well as principles; outcomes as well as outputs; purpose as well as process – but also to share them in different ways – in real time; in context and in a spirit of creativity, not apology.

Transparency manifests itself in individuals as a form of life-disaggregation – unbundling the whole into a series of discrete but overlapping identities. Starting with the media tools like blogging and microblogging, individuals have now acquired the capacity to broadcast their information, ideas and passions into a near-universal media environment embracing up to 2 billion of their fellow humans and interacting with them directly. What began as citizen journalism and diary-keeping to assert individual identity, has now been augmented by social navigation tools like digg and connectivity aids like Facebook, MySpace and Twitter. Collectively, these social media have now become a rich communications infrastructure within which citizen-consumers can establish novel social identities through hundreds of overlapping interest networks. These social networks in turn become a means of navigating knowledge. In a profound sense we, as networked individuals, have become the ultimate medium.[5]

In the transparency system the goal of marketing is not to generate trust, which can be shattered in an instant. Instead it is to create and share trustworthiness. As transparent consumers we seek out products with ever more specificity to our needs and values. Transparent products are always on display. Innovations in transparent products will include the ability for consumers to interrogate product integrity at point of sale, against specific ethical concerns. Under this scrutiny, they must always be on their best behaviour.

Just as translucency created competition around the „backstory" of products, so transparency will eventually create competition around „frontstory" – the social impact of a purchase, service or experience. In a truly transparent world, the process-based promises of a brand (like being fair trade) will be superseded by commitments to specific sustainable development outcomes. And these outcomes will be measured, and monitored, as an intrinsic part of the brand experience. Opacity disclosed what a product is. Translucency disclosed what a product does. Transparency discloses what it actually means.

The greatest shift within the transparency system, and by far the hardest to quantify, is the emergence of transparent organisations. Four factors are driving organisational transparency – external scrutiny, process-centric management, globalisation and a pervasive, broadbased sustainability agenda. Combined together, these factors have driven a revolution in organisational reporting through GRI, Global Compact and their equivalents. They have also triggered the emergence of ethically-led process brands like Fair Trade.[6] They have also driven mechanisms to internalise the externalities of corporate behaviour – carbon emissions, child labour, resource depletion and environmental contamination. Often the solution to accountability on these issues comes through the sharing of risk and responsibilities.

In the UK, for example, the carbon footprinting of products and processes and disclosure of these figures through labelling continues to gather pace, despite controversy around issues of comparability and actionability for end-users.

This first wave of (explanatory) transparency was driven from the outside in, from a desire to hold organisations to account for the unintended consequences of pursuing profit. It assumes, implicitly, that organisations are „uncivil". However, increasingly organisations and industries are working on transparency from the inside out, recognising not just social responsibility but an intrinsic social purpose. This is a big culture shift, from protecting license to operate, to cultivating what we have termed „license to innovate". The allegation frequently levelled at CSR programmes is that they fail to embed behaviour change. This is hardly surprising. Retaining license to operate does not require change. Cultivating license to innovate, by contrast, will always require change.

Once the civility, or social purpose, of a corporation is acknowledged, its goal is transformed. The objective becomes to externalise its „internalities". From a strategic perspective, this means defining organisational purpose and strategy from the perspective of stakeholder needs and social outcomes. Operationally, it means taking a cold rational look at competences and processes and identifying areas of inefficiency, waste and conflict. It then requires corporate marketers to step in to build broad social coalitions to address these shortfalls in social impact. Stakeholder engagement, in this paradigm, becomes less about apology and appeasement and increasingly about co-innovation with stakeholders.

The final component of the emerging transparency system is transparent markets. Even within the translucency system, we have already seen the widespread emergence of infomediaries, addressing information asymmetries between buyers and sellers. The transparency system will take us beyond disclosure of prices to share details of the inputs which generate these prices – and even the profit margins being made.

Often this transparency will create entirely new forms of value. It's already happening. Microfinance-intermediary Kiva has embraced transparency in reporting loan repayments, and has created an opportunity for person-to-person micro-finance. The lending marketplace Zopa has used transparency in letting individuals set their lending and borrowing rates, and by apportioning its lending in small (approximately $15) chunks to spread risk openly and painlessly among its customers. Finally SeatGuru is using transparency to disclose seat numbers on individual aircraft and has effectively created a market for specific airline seats on specific aircraft.

Most radically, though, transparency enables us to share the social information which sits around these economic transactions. Reselling second-hand goods, for example, is only made possible though the transparency of eBay's participant-reputation system. And eBay is just one example of a far deeper and more pervasive change. In the opacity system we navigated decisions by economic information. In the translucency system we navigate by institutional information. But as we look to navigate markets in the transparency system we will increasingly rely on social information. Our demands for assurance will no longer be met by the promotion of brand promises or corporate special pleading. Within a social medium we will necessarily look for social assurance. It's already happening. On Amazon.com, we buy what „people like me" bought. At the travel web-site Tripadviser, we choose holidays based on reviews written by „families like us". In these marketplaces, „reputation" ceases to be an abstraction managed by getting brand mentions and media retractions in broadcast media. Instead it becomes intrinsic to each transaction – specific to the product, and the context within which we need to apply it. Reputation gets atomic.

In a fully-fledged transparency system, any artefact or piece of information can be shared, and any individual can be located and contacted. It is this dual nature that makes the transparency system so powerful. In the transparency system, whatever can be known must be made known, and whoever must be known can be made known. Transparency system will come into being from the collision and combination of two fundamental forces – the marketisation of everything and the socialisation of everyone. The resultant „social market" will redefine the role of branding.

In the transparency system, branding is not about information concealment or disclosure, but about brokerage – the dissemination of information. In a social market, branding is the art of making money by improving decision-flow for customers. The brands that succeed within this system are those that are best able to help consumers to achieve their social goals. In the opacity system, brands were narcissistic; in the translucency system they are increasingly humble; in the transparency system they become anonymous. In the transparency system, successful brands are not those who generate the most brand mentions, nor even those that achieve the greatest endorsement, but those which generate the greatest social capital across the transparency system, thereby establishing norms, networks and reciprocities among their stakeholders which reflect the brand's social purpose. On Nike's Nikeplus web-site (www.nikeplus.com) visitors can catch a glimpse of what transparency-system branding may look like in practice. While Nike's community-building initiative is just one small part of their global marketing arsenal, it is probably the most significant indicator of how global brands will evolve. Ultimately, in the transparency system, the Nike brand will simply become the tick for healthy behaviour.

Social Markets need Social Communication

Today, in 2009, the world's leading brands, even Nike, even IBM, even Nestlé are still working to an assumption of translucency. Transparency is here, of course, but it is unevenly distributed. Those who can successfully envision its future impact, and act accordingly, will shape the rules of the emerging social market. And they will do so by embracing social communication.

The imperatives of social communication apply just as much to governments as they do to NGOs and corporations. Transparency is levelling the playing field for the invention of social purpose and the delivery of social impact. Our historic tri-partite governance model (Business v Civil Society v Government) is gradually collapsing into a singularity (Business = Civil Society = Government). In the face of this ever-increasing homogeneity, the traditional „advocacy and additionality" of NGOs is under threat. In the UK, at a national level, civil society agents like McMillan (cancer care), MIND (mental health) and Shelter (homelessness) are increasingly being leant on to act as the expert delivery arm of the state. At the international level, bottom-billion charities like Oxfam, Christian Aid and World Vision are becoming an indispensible operational arm of the UN's development agenda. Old assumptions of NGOs and media „speaking truth to power" no longer hold. Power and Truth are merging. As citizens need new ways to hold them to account.

One major consequence of this politicisation of civil society is a backflow of reliance and credibility to Multi National Corporations (MNCs). As the supposed „bad boys" of corporate life (Oil, Chemicals, Mining, Tobacco) all begin to embrace a notion of social purpose beyond shareholder value, and as their critics' voices become more muted (or simply less credible), so these industries are increasingly empowered to shape the social agenda – and to build their license to innovate within functional, ethical markets.

It is precisely this social communication agenda that committed corporate responsibility advocates are pursuing. Far from walking away from their relationship to society, leaders like IBM, British Telecom and Unilever are embracing transparency and putting the „social" back into their CSR.

Today, smart social communications practitioners reject insincere stakeholder dialogues, tokenistic social partnerships and ethical window dressing. Instead, they are investing in open door conversation, authentic collaboration and bottom-up change – with customers at the centre. By doing so, they are building a more creative form of capitalism.

Open door conversation

Embracing social communication does not mean stripping your organisation naked in public. Instead, it means using a smarter mix of conversation techniques – some private, some public and many a blend of both – to establish a common agenda, or at least a mutual understanding with critical stakeholders.

The most exciting conversations today are those that allow stakeholders direct influence on the organisation. Significantly, the CSR standards body, AccountAbility chose to update its assurance standard (AA 1000) through a publicly-editable wiki attracting more than 5,000 visitors. Software giant SAP, meanwhile, is using social media to allow stakeholders to directly influence their CSR reporting criteria.

The old PR model of pushing messages at audiences is waning. Open door conversations are the future. More interaction is needed, injecting insights from the marketplace directly into veins of the organisation.

Authentic collaboration

The rules of collaboration are changing too. Gone are the days when investing in a bit of philanthropy was an acceptable sop to stakeholders. Smart social partnerships now aim to do more than just paper over existing reputation risks or appease disgruntled communities. Partnerships are changing the nature of the conversations that a brand can hold with society at large: DIY chain B&Q and the Forestry Stewardship Council; Banana Trader, Chiquita and the Rainforest Alliance; HSBC and WWF; IBM and the International Finance Corporation – these are all examples we respect in different ways.

In today's more transparent world, collaborations need to do even more than just change the direction of conversation. They must create new value for society by making better use of all their organisational competences.

Bottom-up change

Traditional communications thinking places enormous responsibility on a corporation's leader to set a vision and drive the agenda forward. Many organisations, notably James Murdoch's satellite TV company BSkyB, have come to embrace social issues in this way. But however good the leader's intentions, transparency will eventually expose the gap between the CEO's vision and the real impacts of the organisation. The CEO's buy-in is necessary, but it is far from sufficient to drive transparency-ready change.

Instead of relying on the CEO, social communication works outside-in and bottom-up, helping the organisation to engage with the issues that will really drive change at grassroots level – where it actually touches the world. These companies recognise that in a social market, it will not be shareholders who hold companies to account but customers. In fact, as AccountAbility's „What Assures Consumers" report shows, this situation already exists – at least in the minds of consumers.

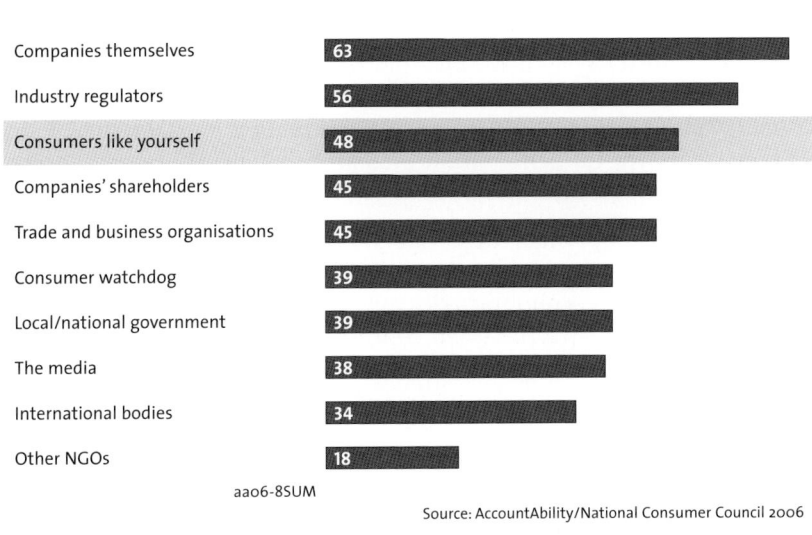

aao6-8SUM

Source: AccountAbility/National Consumer Council 2006

Figure 2: Who do you believe should hold companies to account for their behaviour?

Social Communications and MPs' Expenses

To conclude where we started, in light of the light being shone on the MPs' expenses, what can marketers teach them? How can MPs build democracy as an information market? How can they offer citizens access to participatory accountability? In other words, what lessons does social communication hold for these beleaguered public servants?

Their start-point must be to embrace bottom-up, or outside-in change. To start with, the voice of the citizen must be strengthened through an enhanced role for Parliament to counterbalance an ever more power-ful executive. In addition, more power should be devolved back to the people to enable a more participative democracy. In terms of expenses, this may well mean embracing local scrutiny and allowing sanctions to be applied by those whom MPs claim to represent.

Secondly, there is a need for open-door conversations around policy: action-focused not process-focused consultation. The ability for affected stakeholders to interact with and even construct legislation is no longer a pipedream. In the transparency system, it could and should become the norm.

Finally, authentic collaboration. Government already partners closely and extensively with the corporate sector and third sector in execu-tion, however the governance and management of these collaborations all too frequently results in failure. The emergence of a Social Market argues for politically agnostic collaborations, formed from a thorough assessment of competences, informed by a common view of social out-comes, and governed by much more dynamic and participative forms of accountability. Citizens should increasingly help to create the serv-ices they themselves need.

By rigorously applying these social communications principles, government will create more windows onto the outside world, improv-ing both social and economic agility. By ensuring stakeholders can see in, they will build both trust and commitment.

Our final suggestion, for government, NGOs and corporates alike, is simple: „If you're living inside a glass house, try to keep the windows clean."

Notes

1   Popper, Karl (2002) The Open Society and its Enemies, Routledge, first published 1945. „What Assures Consumers' Accountability" (2006) (Forstater et al.).

2   Ind, Nicholas et al. (2003) Beyond Branding, Kogan Page.

3   Zadek, Simon (2001 reprinted 2008) The Civil Corporation, Earthscan.

4   AccountAbility/National Consumer Council 2006.

5   Cayley, Michael. http://www.socialvalueadd.com.

6   Lamb, Harriet (2008) Fighting the banana wars – Ebury Publishing.

7   AccountAbility/National Consumer Council 2006.

Trust and transparency: an opportunity for innovation and leadership

Charlotte Ersbøll

Today's world demands transparency from political and corporate leaders alike. For global companies, particularly in light of the current economic crisis, accountability and transparency have become business imperatives. For many decades, values such as openness and honesty have been intrinsic elements of the Novo Nordisk business strategy and brand. This is rooted in the belief that to serve the long-term interests of stakeholders the company must assume wider responsibility and consider the broad range of factors that might affect its ability to generate sustainable returns. At Novo Nordisk the core business proposition – *Our vision* – reflects this fundamental belief in stating that the company's purpose is to become the world's leading diabetes care company and, ultimately, to defeat diabetes. This is the essence of Novo Nordisk's contribution to sustainable development, and lies at the heart of the company.

The Triple Bottom Line

Since the early 1990s, we have defined the Novo Nordisk way of doing business as the „Triple Bottom Line". This means the company holds itself accountable against three bottom lines – balanced growth that seeks to be economically viable, socially responsible and environmentally sound. While this approach was almost unheard of at its time of adoption, it was a natural evolution of the company's culture and values, which have remained virtually unchanged since its inception in the early 1920s. From the start, the company founders were guided by a strong social conscience and a commitment to always seek to find a balance between the individual, colleagues and society; between work and family life. The Triple Bottom Line is the guiding principle by which people at Novo Nordisk put values into action. Each employee is expected to be accountable, ambitious, responsible, engaged with stakeholders, open and honest, and ready for change. In 2004, this principle was enshrined in the company's Articles of Association.

With the Triple Bottom Line as a broad business principle, the commitment to sustainable development is built into the corporate governance structures, management tools and individual performance assessments. It is the responsibility of the Board and of Executive Manage-

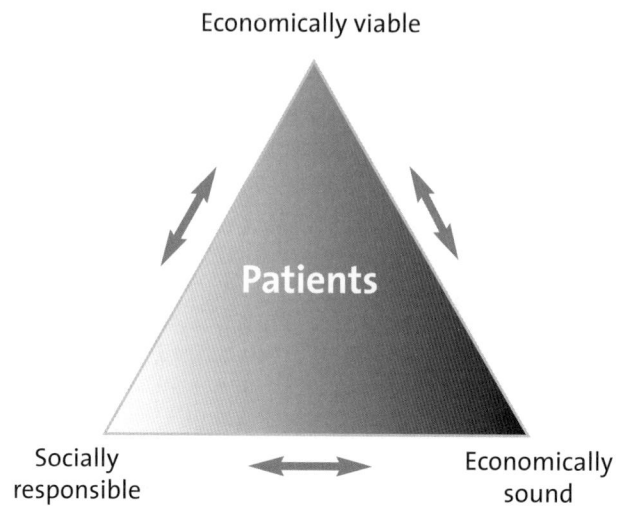

Economically viable

Patients

Socially
responsible

Economically
sound

Figure 1: Balancing the Triple Bottom Line is about considering each of the three elements when making business decisions. In this way, Novo Nordisk not only manages a sound business, but also demonstrates its commitment to driving sustainable development – both locally and globally.

ment to ensure that this is the case; but equally important it is the task of every single employee to act according to the corporate values and the Triple Bottom Line principles.

Figure 2: Novo Nordisk employees translate corporate values into action.

The Novo Nordisk model of corpoate governance

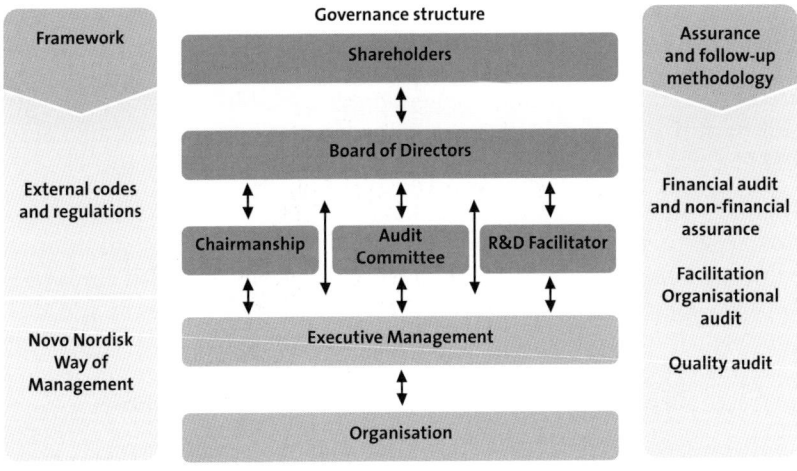

Figure 3: The Novo Nordisk corporate governance model sets the direction and is the framework within which the company is managed.

Transparency at the core

Transparency is a natural outcome of living by the Triple Bottom Line principles, which set the twin objectives of sustainable development and balanced growth. By its very nature it is a highly visible way of doing business, in that it raises expectations that all stakeholders expect the company to fulfil.

It is now accepted that companies with a global reach are key decision-makers with the power to impact societies and their economies. With that comes a responsibility to contribute to a more equitable society. A company must justify its decisions and be held to account by stake-holders in order to sustain its licence to operate. Not to act on such expectations is extremely risky and potentially damaging to the com-pany and its reputation. Novo Nordisk is transparent about engaging in the global issues impacting its business, in particular sustainable development efforts in support of the United Nations Millennium Development Goals.

The pursuit of sustainable development is not an altruistic goal. In Novo Nordisk we believe there is a strong business case for doing busi-ness in this way – in fact, we think it is the only business case with last-ing value and paves the way for leadership, innovation and new oppor-tunities.

The Triple Bottom Line enables us to balance corporate profitability with corporate responsibility, stay attuned to stakeholder concerns and seize opportunities for innovative collaboration. We think a value-based approach to doing business drives performance and enhances shareholder value. It also helps build reputation, earn trust among stakeholders, attract talent and engage employees, build customer loyalty and drive innovation. Not least, it presents a competitive advantage and is a precondition for retaining shareholder confidence.

There is much to be gained by taking a proactive rather than a defensive approach to heightened calls for transparency. In addition to enhancing reputation, building trusting relationships with employees, partners, shareholders and other stakeholders, we believe the proactive approach to engaging with stakeholders enhances business performance and is central to our success. It also means we communicate and interact in a clear, credible, relevant, respectful and consistent way.

Consistent measures of accountability

A key measure of transparency is consistency. The company's functions, behaviours, structure and business practices must be consistent with the Triple Bottom Line approach. The Novo Nordisk Way of Management is the overall global standard for all employees. We use the Balanced Scorecard as a management tool for embedding and cascading the Triple Bottom Line approach throughout the organisation. Follow-up methodologies are applied rigorously and include financial and non-financial audits, facilitations (the internal values audit process), organisational audits and quality audits.

Novo Nordisk is financially controlled by the Novo Nordisk Foundation, which through its wholly-owned holding company, Novo A/S, holds a majority of votes. This ownership model secures a long-term view, in that the company is more inclined to spend resources on long-term strategies such as multiple bottom line policies and to consider investments which, in other companies, driven wholly by the need to achieve market-pleasing financial returns, may be seen as extraneous or wasteful.

The integrated reporting model

Novo Nordisk accounts for the company's financial and non-financial performance, and its Triple Bottom Line performance, in one, inclusive

The Novo Nordisk Way of Management

Vision

The vision describes what the company aims to achieve, and how:

- We will be the world's leading diabetes care company
- We will offer products and services in other areas where we can make a difference
- We will achieve competitive business results
- A job here is never just a job
- Our values are expressed in all our actions

Charter

Values

Each employee is expected to be: accountable, ambitious, responsible, engaged with stakeholders, open and honest, and ready for change.

Commitments

Novo Nordisk is committed to conducting its activities in a financially, environmentally and socially responsible way. This commitment is anchored in the company's Articles of Association. Any decision should always seek to balance three considerations. Is it economically viable? Is it socially responsible? Is it environmentally sound?

Fundamentals

A set of 11 management guidelines to ensure focus on efficiency and alignment in business direction, customer focus, organisational development, cross-functional cooperation and product quality.

Follow-up methodology

Ongoing systematic and validated documentation of performance in al material areas of Novo Nordisk. Four components provide assurance to stakeholders of the quality of the company's processes and performance: financial and non-financial performance; facilitations; organisational audit including an assessment of „linking business and organisation" as well as succession managent; and quality audits.

Policies

In 13 selected areas greater mutual understanding and global standards are particularly helpful in guiding company operations: bioethics, business ethics, communication, environment, finance, global health, health and safety, information technology, legal, people, purchasing, quality and risk management.

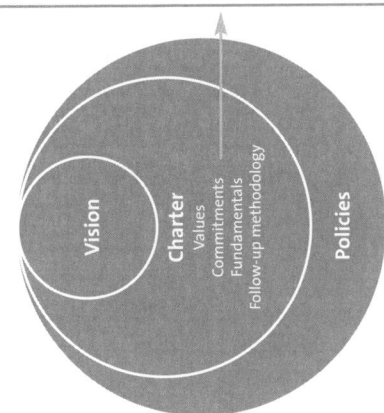

Figure 4: The Novo Nordisk Way of Management is the framework within which all employees work. It helps to grow the company's culture of empowerment and innovation; coaching and learning; and business and people. Based on sound business principles, the Novo Nordisk Way of Management ensures long-term growth and welfare.

report. The intent is to enhance shareholders' valuation of the company and demonstrate accountability to other stakeholders. The company was among the first to report voluntarily on environmental and bioethics issues. It was the first company in Denmark to publish an environmental report (1994), and since then the company has been a global leader in non-financial reporting. The annual report is backed by an online report providing additional information, background, context and data.

The trust deficit

The Novo Nordisk approach to corporate governance, transparency and accountability to multiple stakeholders has proven the best bulwark against one of the industry's major contemporary issues – increasing reputational degradation and lack of trust. The pharmaceutical industry suffers from a considerable trust deficit and is under intense scrutiny. Regulatory authorities, policy-makers, healthcare practitioners, end users and other stakeholders seek assurance that companies act with integrity and demonstrate consistency of words and actions. In addition, many stakeholders are voicing strong concerns regarding industry practices, from bioethics to business ethics, from Genetically Modified Organism (GMO) applications to carbon emissions, from animal rights to patients' rights and consumer safety.

Many of these challenges are driven by the accelerating globalisation of markets, corporations, communities and communication. And the pace of change and pressures to adapt are likely to accelerate. But it is also right to say that the pharmaceutical industry itself, in its traditional focus on healthcare practitioners and its aloof distance from consumers and citizens is seen to have been inattentive to society's expectations. As a result of these pressures, pharmaceutical companies have become more open to establishing partnerships with payers and healthcare providers based on agreed health outcomes. Such partnerships depend greatly on the existence of trust and transparency among all parties. Stakeholder dialogues, the adoption of more patient-focused activities and new alliances have become essential for pharmaceutical companies, providing better insight into and access to the emerging public agenda. Companies with a high trust index are more capable of weathering reputational storms, and recover faster from negative press.

A main theme with high impact on the pharmaceutical industry's reputation is the question of access to healthcare (availability, accessibility, affordability and quality) in the developing world and among poor people in the developed world. Health is a prerequisite for development, and so the pharmaceutical industry has a key role to play in bringing about more sustainable global development based on social and economic equity.

While non-governmental organisations (NGOs) focus on affordability as the key issue, Novo Nordisk seeks to convey a broader perspective. Building healthcare infrastructure and getting pandemic chronic diseases on the agenda of health decision-makers and allocating adequate resources to care and prevention are also important factors of success.

No place to hide

Demands for increased transparency from a range of stakeholders are constantly on the rise. There is no hiding in a world that is blogging, googling and twittering 24/7; in fact, the only way to influence the global buzz is to be part of it. Companies are being constantly scrutinised in a variety of forms. It is important not only to be aware of this global conversation but also to be part of it. In a connected world, stakeholders become experts in finding the information they need while ignoring the information they don't need, or trust. If the information doesn't come across as authentic, it is likely stakeholders will simply close their eyes and ears.

For Novo Nordisk, the ultimate test of transparency is that stakeholders find that their interactions with Novo Nordisk are consistent with what they have heard from others and what is expressed by the company in its communications.

Stakeholder engagement is the key

Seizing the opportunities inherent in a transparent approach requires open, two-way, strategic stakeholder engagement. For decades, Novo Nordisk has been systematically engaging with multiple stakeholders to address key areas of its business. The rationale for Novo Nordisk's stakeholder engagement is that collaborative efforts are the best way to co-create innovative solutions for the benefit of both parties involved. For instance, products and services are developed to satisfy customer and societal needs. Throughout the value chain, from discovery to distribution, engagement with stakeholders informs goal-setting and decision-making. It also helps in monitoring trends that can affect its future business.

Novo Nordisk's key stakeholders include people with diabetes and others who rely on the company's products, public healthcare providers and payers, employees, investors, suppliers and other business partners, neighbours and key publics.

For Novo Nordisk, the patient is at the centre – and hence the ultimate stakeholder to which the company must hold itself accountable. One other stakeholder group that is of paramount importance to Novo Nordisk is its employees, whose trust, loyalty and continued motivation and engagement are prerequisites for success. The company as an organisation may espouse transparency but it cannot solely be a top-level commitment; every employee must support and act on it on an individual level. When a company is open about its activities, positions, processes and goals, employees are more likely to have greater trust in each other and their employer. The result? Improved quality, more innovation and a high level of engagement. These are the key ingredients in unleashing employees' talent potential and the organisation's ability to innovate.

Ongoing interactions with stakeholders, trendspotting, business monitoring and the integrated systematic risk management process are tools to identify the issues that are material to Novo Nordisk's business. In turn, our response to current and emergent business and societal challenges is shaped in a closer dialogue with representatives of the stakeholders affected by the issue. As a result of this process, we can frame our strategic response and define targets. We regularly review key priorities to ensure that they reflect current agendas, and report on progress in relation to performance targets.

Effectively managing stakeholder relations became a strategic tool for Novo Nordisk and one that secured the company a valuable „trust capital" over the years. However, when in 2001 the company found itself under siege in the so-called „South African court case", together with some 40 other pharmaceutical companies, its reputation as a company that did listen to stakeholder concerns was severely challenged.

While Novo Nordisk joined the lawsuit to defend the principle of patent rights, in the eyes of the public it was seen as an accomplice in denying poor people access to life-saving medicines. The event became a turning point for the company's view of its role as an actor in society, and signalled a paradigm shift that acknowledged the company's interdependency on multiple players in a complex global community.

It became clear that the power to make changes in society is more potent when conducted in partnership between companies and influential stakeholder groups. Our approach to stakeholder engagement has been refined over time. Today it is highly defined, systematic and documented and builds on key principles that include staying attuned to stakeholders' views, being accountable to stakeholders, and co-creating new solutions with them.

Case study: Changing diabetes

A more transparent world is a more aware world. Novo Nordisk sees raising awareness about diabetes and its devastating impact on human health and economies around the world as part of its mission.

There are 3.8 million deaths attributed to diabetes each year, accounting for roughly 6 percent of total causes of mortality globally. Yet the disease still goes largely ignored. Of the estimated 246 million people worldwide who are affected by diabetes today, 50 percent do not even know they have it. Diabetes is a global issue and presents a significant challenge to both the individual and society. In low- and middle-income economies, governments lack the resources to provide the healthcare that their populations need, and in high-income economies, ageing populations – combined with increased treatment costs – are putting public health budgets under pressure.

That is why Novo Nordisk launched an ambitious corporate programme called Changing Diabetes® in 2005. It comprises both a business rationale and a social commitment to contribute to global socio-economic prosperity. Prevention, early diagnosis and optimal treatment improve the health of people with diabetes, and in turn help alleviate the unfolding burden of diabetes.

Three ambitions drive the efforts: giving priority to people with diabetes, improving treatment outcomes and breaking the curve of the diabetes pandemic. To improve the lives of people affected by diabetes, change needs to happen at every level – in science and research, in humanitarian and outreach efforts, in education, and in government and public policy worldwide. This ambition poses huge challenges that require collaborative actions.

Novo Nordisk engages with many stakeholders in order to focus attention and action on changing diabetes. Novo Nordisk was a strong partner with the International Diabetes Federation in the Unite for Diabetes campaign, which led to the adoption of the 2006 UN Resolution on diabetes. The resolution calls upon all nations to tackle the growing diabetes pandemic.

In addition, Novo Nordisk has organised or supported 16 Changing Diabetes® Leadership Forums around the world which aim to put diabetes on the health policy agenda and offer an opportunity to drive change on the ground through discussions about national diabetes strategies, improved diabetes prevention and early detection of diabetes.

The Changing Diabetes® Barometer – an initiative launched to measure the impact of the fight against diabetes – emerged from the first forum. The online Barometer provides a means of setting a baseline and measuring the progress of care around the world through a set of quality indicators defined by international guidelines (www.ChangingDiabetesBarometer.com). By creating more transparency, the Barometer aims to give healthcare policy-makers and healthcare providers the best possible basis for making informed decisions about improving health outcomes while bringing down total costs.

Figure 5: The Changing Diabetes® Barometer seeks to measure diabetes care and share information actively in order to encourage the adoption of best practices and improve outcomes for people with diabetes.

Transparency in policy development

As the pandemic growth of diabetes continues, the health divide is widening between regions, nations and population groups. We know this is a challenge that cannot be taken on by any single entity, and that the only way to work collaboratively is to be transparent about our activities, our goals and our means of achieving them – and to ask the same of our partners.

Novo Nordisk wants to change global access to diabetes care so that it becomes inclusive for all. We do this by targeting the most vulnerable and disadvantaged population groups, communities and nations with the lowest access to diabetes awareness and care. Through national Changing Diabetes® programmes, Novo Nordisk promotes better education of healthcare professionals, and wider availability of screening for diabetes symptoms to help save lives and bring down significant costs in the long term. By 2008, we had trained or educated a total of 380,000 healthcare professionals around the world through these programmes.

In a global perspective, Novo Nordisk is actively supporting the growing international advocacy platform to put chronic diseases on the political agenda and move towards sustainable healthcare policies that take a holistic approach to diabetes care and generate real value for patients and communities. Companies have long engaged in lobbying or advocacy to influence public policy as a legitimate business activity to promote their commercial interests and those of their shareholders. It is also in the interests of business to help solve today's main societal challenges and to take a progressive and significant role in the formulation of public policy. In doing so, industry's public policy activities can be a force for good and contribute to broader social, environmental or economic goals. However, in an increasingly complex policy environment and with society exercising greater scrutiny about the wider influence of businesses, openness, consistency and transparency of action are paramount.

Novo Nordisk is committed to conducting public affairs in ways that are transparent and consistent with our wider objectives and commitment to sustainability. In this way, we remain accountable while working to achieve our objectives. The overall aim of public affairs in Novo Nordisk is to rally adequate political support to tackle the diabetes pandemic. A cross-organisational External Affairs Board oversees areas of critical importance for Novo Nordisk, particularly in the realm of new regulatory demands. A range of other staff members are also actively engaged in government affairs or external affairs as part of their work. The company's largest government affairs units are in the US and Europe. They work to marshal health-economic evidence, mobilise stakeholders and organise activities towards development of sustainable health policies to improve outcomes and quality of life for people with diabetes.

At the Government Affairs office in Washington, DC, a team of full-time professional staff works with federal and state policy-makers. Their focus is to pursue the company's business goals of coverage and reimbursement of products as well as Novo Nordisk's Triple Bottom Line agenda. By working with policy-makers to improve diabetes prevention, detection, treatment and care, Novo Nordisk seeks to make a positive contribution to the evolving health reform, in the area of chronic disease treatment and management.

Of course there will always be the inherent tension between the demands of stakeholders for greater transparency and the reasonable needs of a company to maintain confidentiality. While this is a balancing act, we also see a transparent, engaged role in public policy as an area of competitive advantage.

Case study: Business ethics

Doing business globally brings many challenges, not least the difficulties of working in diverse cultures where appropriate business conduct can vary widely. As previously mentioned, the Novo Nordisk Way of Management provides a basic set of principles for everyone in the company to help us behave consistently and appropriately wherever we are and in any situation. To emphasise our commitment to transparent, ethical behaviour, Novo Nordisk has a Business Ethics Policy which states that we will conduct our business according to a high ethical standard, living our values and protecting Novo Nordisk's reputation. This means that we will:

• Adhere to the principles of the UN Convention against Corruption.

• Conduct business with integrity, honesty and professionalism.

• Work against bribery in any form.

To provide further guidance to employees, there are three standard operating procedures within our quality system providing employees with detailed guidance on business ethics, promotion of pharmaceutical products, and contracts with marketing consultants, agents and other third-party partners.

Novo Nordisk has a Business Ethics Compliance office to support and monitor the company's business ethics policy and procedures, and offer training in anti-corruption, managing conflicts of interest, promotion of pharmaceutical products and interaction with healthcare professionals, suppliers and intermediaries. All managers must be trained in business ethics, and sales and marketing employees undergo annual training. In 2008, 90 percent of sales and marketing employees were trained. Compliance is overseen by Group Internal Audit, which conducts reviews of business units worldwide and makes recommendations for action as necessary. The quality audits and facilitations of the Novo Nordisk Way of Management also play a role in bringing to light any violations of the Business Ethics Policy.

Case study: Bioethics

Pharmaceutical companies are expected to demonstrate transparency in bioethics, which includes the ethical aspects of the use of human biological material, animals and gene technology in research, and clinical trials. Novo Nordisk upholds high bioethics standards and applies these same standards to external partners such as contract research organisations and suppliers. Transparency, accountability and engagement with stakeholders characterise all our activities within bioethics. We report annually on our progress, including metrics, in all areas of bioethics.

Novo Nordisk actively supports the principles of the 3Rs: reduce the number of animals used to obtain the same results, refine the living conditions for the animals or replace the animals by using in vitro methods. A dedicated bioethics site on the company website provides a full overview of Novo Nordisk's approach and performance within bioethics. A separate company website reports results of phase 2, 3 and 4 trials, and describes the ethical standards applied to running clinical trials.

Case study: Human rights

From a human rights perspective, doing business around the globe involves risks as well as opportunities. The challenge is to ensure that potential human rights issues are identified and addressed at the right stage of relevant business processes.

In 1998, Novo Nordisk was among the first companies to publicly declare support for the UN Universal Declaration of Human Rights (UNDHR) and include respect for human rights in its principles and conduct of business. The company's performance on human rights is reported annually. In 2008, Novo Nordisk marked the 60th anniversary of the declaration with partners in the Business Leaders Initiative on Human Rights (BLIHR), chaired by Mary Robinson, president of Realizing Rights. Novo Nordisk is a founding and active member of BLIHR, a group of leading companies that came together in 2003 under the chair of former UN High Commissioner of Human Rights Mary Robinson. Its aim is to translate into practical terms the aspirations of the UNDHR and to develop management tools and guidance to help companies work with human rights.

Rising expectations: Looking ahead

We believe that our Triple Bottom Line approach, with transparency embedded at its heart, has played an enormous role in the success we enjoy today as a company and the relationships we have with our stakeholders. But trust is earned, and maintained, over time. That means staying true to the values that we set ourselves. Trust, the Novo Nordisk way, builds on the following principles:

- We earn our trust through our commitment to people who rely on our products and services.

- We strive to understand, respect, live up to and exceed stakeholders' needs and expectations.

- We are fully committed in our vision to defeat diabetes; it is our business to change diabetes.

- We are a trusted partner because we use our business to create sustainable value to the people we serve and the world we depend on.

Yet we realise we are on a constant learning curve. In view of rising expectations, in the future there will no doubt appear new areas within corporate transparency that will require our attention, consideration and action. The challenges of globalisation, and their link to the notion of corporate sustainability and good governance, are raising the bar for transparency. Stakeholder dialogue and new alliances are essential to understand and act on the emerging agenda.

Asking the right questions

We would never claim to have all the answers to some far-reaching questions: How far should a company's responsibility extend? How should it stand to account? How does a company exert economic and political power in a way that can stand up to public scrutiny at any point in time, but also in future?

But seen as a learning process, we can begin to illuminate some paths to take going forward, rooted in an ongoing commitment to transparency about how and why decisions are taken, coupled with personal integrity and adherence to a set of values lived by everyone in the company. This is the only way that one can hope to live up to the credibility test.

Over the years, Novo Nordisk has developed an approach to dealing with emergent issues on the sustainability agenda based on a learning process: from trendspotting and issue identification, to external review, stakeholder dialogue and integration into management, and – as this matures – to strategy revision and continuous improvement. Over time, the early topics have moved further up the learning curve, while new issues continue to appear at the bottom of the curve.

As will appear, the company's agenda has broadened, and with that also the approach to doing business. Today, with the Triple Bottom Line as a business principle, Novo Nordisk takes a holistic view, seeking to balance concerns for all stakeholder groups with considerations for the environment and a view to long-term profitability. In fact, this may well be a model for corporate sustainability worth promulgating throughout the world.

Notes

1   Prevalence, quality of care, cost of care, access to care, and national plans.

2   Clinical trials involving new drugs are commonly classified into four phases. Each phase of the drug approval process is treated as a separate clinical trial. The drug-development process will normally proceed through all four phases over many years. If the drug successfully passes through Phases 1, 2, and 3, it will usually be approved by the national regulatory authority for use in the general population. Phase 4 are „post-approval" studies (Source: Wikipedia).

Ohne Gesetze mehr Transparenz: Berichterstattung von Spendenorganisationen

Oliver Heieck

Während die Transparenz von Wirtschaftsunternehmen weitgehend durch gesetzliche Vorgaben geregelt ist, unterliegt die Berichterstattung von Spendenorganisationen keinerlei Normen. Noch im Jahr 2005 verzichteten zwölf der 50 größten deutschen Spendenorganisationen auf Informationen über die Verwendung der erhaltenen Spenden auf ihren Internetseiten, die Mehrzahl der zur Verfügung gestellten Texte ließ nur sehr eingeschränkte Vergleichsmöglichkeiten oder Einblicke zu. Und dies, obwohl fast 80 Prozent der in einer repräsentativen Studie befragten Bundesbürger äußern, dass Spendenorganisationen von sich aus die Öffentlichkeit über ihre Ziele und Projekte informieren sollten.[1] Vor diesem Hintergrund entwickelte PricewaterhouseCoopers (PwC) einen Transparenzpreis mit dem Ziel, mehr Transparenz in diesen Milliardenmarkt zu bringen – die neue gesetzliche Regelungen überflüssig machen. Der Transparenzpreis ist Teil des gesellschaftlichen Engagements von PwC Deutschland. Die Prüfung und Preisvergabe wird vollständig durch das Unternehmen finanziert und ist für alle Teilnehmer kostenlos. Das Unternehmen verknüpft damit wirkungsvoll sein Engagement mit seiner Unternehmenstätigkeit – der Wirtschaftprüfung. Die Auszeichnung bezieht sich seit Anbeginn ausschließlich auf die Jahresberichte der Spendenorganisationen, nicht auf die Verwendung der Mittel. PwC verbindet damit ausdrücklich keine Spendenempfehlung.

Der deutsche Spendenmarkt hat ein Volumen von 2 bis 2,5 Milliarden Euro für bundesweit tätige Organisationen und bis zu 4 Milliarden Euro, wenn man die lokal tätigen Organisationen aller Sparten hinzunimmt. Unmittelbarer als bei Kapitalmarkt-Unternehmen gibt es eine Beziehung zu den Hauptkunden, die als Spender im strengsten aller Sinne zumindest moralische Anteilseigner an der jeweiligen Organisation sind und entsprechende Informationen über die Verwendung ihrer zur Verfügung gestellten Gelder wünschen.

Um dem gesamten Markt Orientierungshilfe für eine transparente und umfängliche Berichterstattung der eigenen Tätigkeiten zu geben, entwickelte PricewaterhouseCoopers im Jahr 2005 gemeinsam mit dem Lehrstuhl für Rechnungslegung und Prüfung von Prof. Dr. Lothar Schruff, Georg-August-Universität Göttingen, einen Kriterienkatalog, der speziell auf die Beurteilung der Berichterstattung von Spendenorganisationen zugeschnitten ist. Der Transparenz-Gedanke dahinter:

Der Spender hat das Recht zu erfahren, wie sein Geld eingesetzt wird. Dabei entscheidet nicht die Menge der Information, sondern deren Aussagekraft.

Mit dieser Initiative überraschte PricewaterhouseCoopers die gesamte Szene: So war bereits der Versuch, verwertbare Daten zu erheben, von erheblichen Rückschlägen gekennzeichnet. Zwölf der 50 größten Organisationen konnten beispielsweise gar nicht beurteilt werden, weil keine Rückmeldung erfolgte und selbst auf den eigenen Internetseiten der Organisationen keine verwertbaren Angaben gemacht wurden. Fünf Organisationen stellten zwar Unterlagen zur Verfügung – diese konnten jedoch nicht für die Auswertung berücksichtigt werden, weil sie lückenhaft waren oder die Kriterien nicht erfüllten.

Transparenzpreis weist auf große Informationslücken hin

Konkrete Informationen über erbrachte und geplante Leistungen waren zu Beginn der Initiative der große Schwachpunkt nahezu aller Spendenberichte. Wozu die Gelder verwendet werden, blieb fast immer unkonkret, Zukunftspläne waren Mangelware. Aussagen wie „Wir bauen Brunnen" war häufig zu lesen. Wünschenswert wäre jedoch die Information gewesen, dass in Gomba und Baludien 100 Dörfer keinen Zugang zu Wasser haben und daher 60.000 Euro in den Bau von 40 Brunnen investiert werden, um die Versorgung von 10.000 Menschen zu ermöglichen. Positive Ausnahmen gab es aber auch: Die Deutsche Lepra- und Tuberkulosehilfe und Terre des hommes Deutschland gaben bereits im Jahr 2005 hervorragende Leistungsberichte ab. Bemerkenswerte Einblicke in die künftige Arbeit gewährte Renovabis, während Adveniat mit Aussagen zur Leistungsfähigkeit und zum Projektmonitoring über dem Durchschnitt lag.

Nur wenige Spendenorganisationen informierten in ihren Jahresberichten über interne Kontrollmechanismen, über ihre Leitungs- und Aufsichtsorgane oder die Zusammensetzung der Vergütungen. Auch Angaben zu den Zielsetzungen der Organisationen, ihren Satzungen oder Strategien waren keine Selbstverständlichkeit. Positiv fielen hier die Deutsche Welthungerhilfe, World Vision Deutschland und die Deutsche Lepra- und Tuberkulosehilfe auf.

Überwiegend positiv fielen die Bewertungen für die Finanzberichterstattung aus. Etwa zwei von drei Organisationen erfüllten schon 2005 in ihren Berichten Mindeststandards, fast alle machten in ihren Bilanzen den Finanzstatus, die Mittelherkunft und -verwendung transparent. Bestnoten erreichten hier die Ärzte ohne Grenzen und die Kindernothilfe. Viele Bilder und rein emotionale Texte blieben bei der Gestaltung der Berichte die Ausnahme, die meisten Organisatoren pflegen erfreulicherweise einen sachlichen und informativen Stil. Hier erzielte Adveniat hervorragende Noten, sehr gut schnitt auch Ärzte ohne Grenzen ab. Positive „Leuchttürme" in einer eher von Intransparenz geprägten Zeit waren die Hilfsorganisation Ärzte ohne Grenzen e.V., die Deutsche Welthungerhilfe und die Bischöfliche Aktion Adveniat, die 2005 die ersten drei Plätze des damals ins Leben gerufenen Transparenzpreises belegten.

Der Erfolg der Initiative ist beachtlich: Die Berichterstattung der großen deutschen Spendenorganisationen hat sich im Durchschnitt seit 2005 erheblich verbessert. Damit leistet der Transparenzpreis einen wertvollen Beitrag zur Verbesserung der Kommunikation zwischen Spendern und Spendenorganisationen. Die besten vier Organisationen des Transparenzpreises 2008 erfüllten mehr als 90 Prozent der Bewertungskriterien – der Erreichungsgrad des Siegers aus 2005 hätte 2008 nur zu einem Platz 20 ausgereicht.

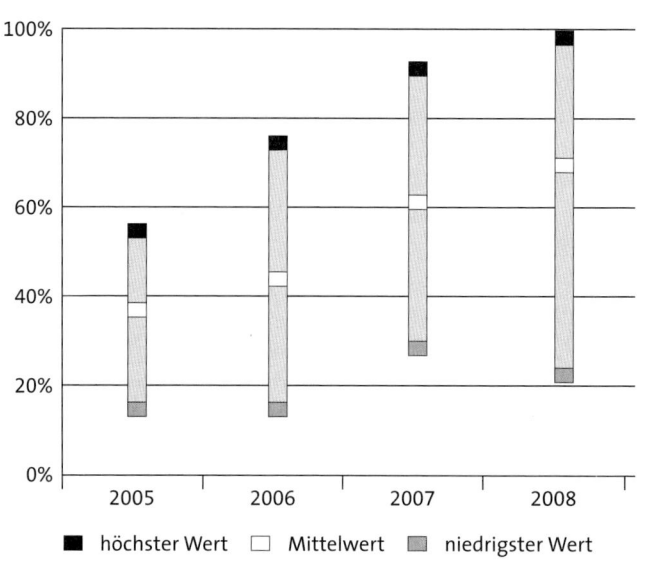

Abbildung 1: Berichterstattung von Spendenorganisationen stark verbessert. Erfüllungsgrad der Transparenzpreis-Kriterien im Durchschnitt und in der Spitze deutlich gestiegen. Reichten dem Sieger des Transparenzpreises 2005 noch weniger als 60 Prozent Erfüllungsgrad der Bewertungskriterien, benötigte der Beste 2008 97 Prozent.

Im November 2008 erhielten CARE Deutschland-Luxemburg e.V., Ärzte ohne Grenzen e.V. und die Deutsche Welthungerhilfe e.V. in Berlin den

Transparenzpreis 2008. Der Sonderpreis für kleinere Spendenorganisationen ging an die Deutsche Multiple Sklerose Gesellschaft Landesverband Hessen e.V. Am Wettbewerb beteiligten sich 55 Spendenorganisationen, gegenüber 43 Wettbewerbern im Jahr davor. Die 55 Teilnehmer repräsentierten ein Spendenvolumen von insgesamt rund 980 Millionen Euro.

Weiterer Optimierungsbedarf ist adressiert

Werden die Jahresberichte in ihre Bestandteile zerlegt, ergibt sich zwar ein tendenziell positives, in einzelnen Bereichen aber noch immer verbesserungsfähiges Bild: Die Tätigkeitsberichte der Spendenorganisationen bewertete die Transparenzpreis-Jury insgesamt mit der Note gut. So informieren 52 der 55 Organisationen über Ziele und Strategien, ebenso viele veröffentlichten auch einen Erfolgs- beziehungsweise Fortschrittsbericht. Allerdings gaben nur 44 Organisationen darüber Auskunft, wie viele Mittel in die durchgeführten Projekte geflossen sind.

Die Berichterstattung über die Vergütung der Führungskräfte bleibt – trotz einiger Vorreiter – ein Schwachpunkt. Nur zwölf der 55 Organisationen veröffentlichten die Gehälter ihrer Vorstände und Geschäftsführer, und die meisten gaben hierbei die Gesamtsumme der Bezüge an. Spendenorganisationen sind zur Offenlegung der Vorstandsgehälter nicht verpflichtet, diese Angaben sind freiwillig. Eine größtmögliche Transparenz in diesem Bereich würde Spender jedoch in ihrem Vertrauen bestärken, mit ihrem Geld Gutes zu tun.

Bei der Finanzberichterstattung insgesamt waren deutliche Fortschritte zu verzeichnen. So veröffentlichten 50 der 55 Spendenorganisationen eine Gewinn- und Verlustrechnung beziehungsweise Einnahmen-Ausgaben-Rechnung in ihrem Jahresbericht. Im Jahr 2006 hatten erst 30 von 41 Spendenorganisationen entsprechende Angaben gemacht. Von den 55 Teilnehmern veröffentlichten 44 eine Bilanz. Diese entspricht in allen Fällen den Vorgaben des HGB, allerdings findet sich nur bei 33 Organisationen eine Erläuterung einzelner Bilanzposten. Über Werbeausgaben informierten 39 der 55 Organisationen. Ihre Verwaltungsausgaben machten 45 Wettbewerber transparent.

Noch verbesserungswürdig sind insgesamt gesehen die Angaben der Spendenorganisationen über die reine Finanzberichterstattung hinaus: 2008 informierten 32 der 55 Organisationen und damit rund 60 Prozent der Teilnehmer über ihre Mechanismen zur Projektevaluierung und -überwachung. 2007 tat dies nur etwa jede zweite Organisation (21 von 43). Beispielhaft war hier wie schon 2007 die

Deutsche Welthungerhilfe e.V., die einen separaten Evaluationsbericht vorlegte. Als nach wie vor mangelhaft kritisiert das Analyseteam der Universität Göttingen bei der Mehrzahl der Teilnehmer die Informationen der Spendenorganisationen zu Perspektiven und Risiken ihrer Tätigkeit und hinsichtlich zukünftiger Projekte. Eine Jahresplanung für das nachfolgende Geschäftsjahr legten nur 19 Organisationen vor.

Insgesamt kann man eine positive Zwischenbilanz ziehen nach fünf Transparenzpreis-Jahren. Nach intensiven Diskussionen über die Legitimation der Initiative hat der Spendensektor inzwischen die Chance wahrgenommen, den Anreiz des Transparenzpreises als solchen aufzunehmen. Die gemeinsam mit der Universität Göttingen entwickelten Kriterien zu einer transparenten Berichterstattung über die Verwendung der Spendengelder sind inzwischen zum „Golden Standard" der Branche geworden und haben in der Breite zu einer dramatischen Qualitätssteigerung der Berichterstattung und zu mehr Transparenz im Spendenmarkt geführt.

Fußnoten

1   PricewaterhouseCoopers, Informationsbedarf und Vertrauen privater Spender, Studie, September 2008.

Die Autoren

Jörg E. Allgäuer, Dr., hat Wirtschaftswissenschaft und Politikwissenschaft in Deutschland, Großbritannien sowie den Vereinigten Staaten studiert. Seine Studien hat er mit Promotion und MBA abgeschlossen. Langjährige Erfahrung in der Unternehmenskommunikation erwarb er sich als Leiter Programm-Marketing beim Bayerischen Rundfunk, als Finanzsprecher der Allianz Group, als Leiter der Unternehmenskommunikation bei Fidelity Investments und als Leiter des Bereichs Kommunikation der HypoVereinsbank – UniCredit Group. Jörg Allgäuer lebt in einer festen Partnerschaft und hat zwei Kinder.
Kontakt: joerg.allgaeuer@unicreditgroup.de

Günter Bentele, Prof. Dr., übernahm 1994 den Lehrstuhl Öffentlichkeitsarbeit/PR an der Universität Leipzig. Er promovierte 1982 und habilitierte sich 1989 an der Freien Universität Berlin. Von 1989 bis 1994 war er Professor für Kommunikationswissenschaft mit Schwerpunkt Journalistik an der Otto-Friedrich-Universität Bamberg. In den vergangenen Jahren lehrte Bentele als Gastprofessor an den Universitäten Zürich, Lugano, Klagenfurt, Jyväskylä (Finnland), Sofia und Riga. Er ist Vorsitzender mehrerer Jurys und Mitglied im Deutschen Rat für Public Relations (DRPR). Bis heute hat er über 40 Bücher verfasst beziehungsweise herausgegeben und ist Autor von über 180 Aufsätzen und Artikeln. Bentele ist verheiratet und Vater zweier erwachsener Kinder.
Kontakt: bentele@rz.uni-leipzig.de

Rainer Brandt studierte Politikwissenschaften und Geschichte an der Universität Hamburg. Darüber hinaus ist er ausgebildeter Bankkaufmann und staatlich geprüfter Betriebswirt. Seit fast 20 Jahren arbeitet er in der Unternehmenskommunikation von Banken. Zunächst war er für die interne und externe Kommunikation einer Hypothekenbank verantwortlich, später war er als Pressesprecher für die Bank tätig. Seit 2001 schreibt er Reden und ist Autor von Fachartikeln in der Unternehmenskommunikation der HypoVereinsbank.
Kontakt: rainer.brandt@unicreditgroup.de

 Rainer Buchert, Dr., ist seit 1999 selbständiger Rechtsanwalt in Frankfurt am Main mit dem Arbeitsschwerpunkt Strafrecht/Wirtschaftstrafrecht. Er berät Unternehmen unter anderem bei der Prävention von Wirtschaftskriminalität und beim Aufbau von Compliance-Systemen. Zahlreiche Firmen haben ihn zum Ombudsmann für Korruptionsbekämpfung berufen. Vor seiner Tätigkeit als selbständiger Rechtsanwalt war er Polizeipräsident von Stadt und Kreis Offenbach, Landeskriminaldirektor in Sachsen-Anhalt und Kriminaldirektor im Bundeskriminalamt Wiesbaden. Er studierte Rechts- und Staatswissenschaften an der Universität Frankfurt am Main und ist Absolvent der Polizeiführungsakademie Hiltrup. Rainer Buchert ist verheiratet und hat drei Kinder.
Kontakt: dr-buchert@dr-buchert.de

 *Klaus Eck* ist PR-Blogger und Kommunikationsberater mit Spezialgebiet Online-Kommunikation. Zu seinen Kunden zählen unter anderem BASF, ERGO Versicherungsgruppe, Scout24, Sixt, Süddeutscher Verlag, MSD, WWF, Greenpeace und zahlreiche mittelständische Unternehmen. Eck hat sich mit seiner Unternehmensberatung Eck Kommunikation auf die Themen Corporate Blogs, Social Media Marketing sowie Online Reputation Management spezialisiert. Studiert hat er in Berlin, bevor es ihn beruflich nach München verschlug, wo er seit vierzehn Jahren lebt. In seinen Fachbüchern „Corporate Blogs" und „Karrierefalle Internet" sowie Vorträgen und Workshops geht er auf Social-Media-Strategien für Unternehmen und Personal Brands ein.
Kontakt: ke@eck-kommunikation.de

 *Peter Eigen* ist Jurist und Gründer der NGO Transparency International. Eigen studierte Rechtswissenschaft in Erlangen und Frankfurt am Main, wo er auch promoviert wurde. Von 1967 bis 1972 war er Anwalt in der Rechtsabteilung der Weltbank in Washington, D.C. Von 1973 bis 1974 fungierte er als juristischer Berater der Regierung von Botswana und war danach bis 1988 als Weltbank-Manager in Westafrika, Lateinamerika und ab 1988 als Direktor der Regionalmission für Ostafrika tätig. Darüber hinaus lehrt Eigen an Universitäten internationales Wirtschaftsrecht und Politikwissenschaften. Seit Januar 2004 ist er Honorarprofessor für Politikwissenschaften an der Freien Universität Berlin. Darüber hinaus hat er den Vorsitz der

Extractive Industries Transparency Initiative (EITI) inne. In seinem Buch „Das Netz der Korruption" erzählt er die Geschichte von Transparency International. Peter Eigen ist verheiratet.
Kontakt: PEigen@eitransparency.org

Charlotte Ersbøll ist Corporate Vice President bei Novo Nordisk A/S und verantwortet dort seit 2005 die weltweite Markenführung. Davor wirkte sie maßgeblich bei der Einführung von „Changing Diabetes®" mit, der strategischen Partnerschaftsplattform von Novo Nordisk. Dabei verantwortete sie die Entwicklung und Implementierung einer Reihe von Initiativen und Partnerschaften zur Unterstützung der UN-Resolutionen im Bereich Diabetes. Vor dem Eintritt bei Novo Nordisk war Ersbøll als Senior Executive in verschiedenen Beratungsagenturen tätig, darunter Burson-Marsteller, Manning Selvage & Lee und Biosector2, wo sie weltweit führende Healthcare-Unternehmen bei ihren internationalen Programmen, Produkteinführungen, Launch-Kampagnen und Stakeholderaktivitäten beriet.
Kontakt: cerb@novonordisk.com

Daniel J. Hanke ist Director und Mitglied des Managementteams bei Klenk & Hoursch und betreut aktuell unter anderem Coca-Cola und Jägermeister im Bereich Corporate Communications. Gemeinsam mit Dr. Volker Klenk entwickelte er in den vergangenen Jahren Kommunikationsstrategien zu den Themen Corporate Responsibility und Transparenz für Kunden aus unterschiedlichen Branchen (u.a. Bacardi Deutschland, Bitburger Braugruppe, comdirect Bank). Hanke ist Dozent am Institut für Marketing und Kommunikation in Wiesbaden und studierte an der Universität Leipzig Journalistik, Medienwissenschaften und Kulturmanagement. Er ist verheiratet und hat zwei Kinder.
Kontakt: daniel.hanke@klenkhoursch.de

Oliver Heieck startete seine Berufslaufbahn als Zeitschriftenredakteur in der Sportbranche, die er insgesamt neun Jahre lang journalistisch begleitete. Als stellvertretender Chefredakteur wechselte er Anfang der 90er Jahre die Seite des Schreibtischs und übernahm die externe Kommunikation und Rolle des Pressesprechers in der deutschen Zentrale von Nike, die er nach rund sechs Jahren als Direktor Public

Relations der inzwischen gebildeten D/A/CH-Organisation verließ. Kapitalmarkt-Kommunikation stand danach im Mittelpunkt seines Wirkens als Leiter der weltweiten Konzernkommunikation der Fresenius AG. Seit November 2004 kommuniziert Heieck in Deutschland für das Wirtschaftsprüfungs- und -beratungsunternehmen PricewaterhouseCoopers, zunächst als Pressesprecher, seit Mai 2005 als Leiter des Gesamtbereichs Marketing & Communications. Oliver Heieck ist verheiratet und hat zwei Kinder.

Kontakt: oliver.heieck@de.pwc.com

Herbert Heitmann, Dr., verantwortet als Chief Communications Officer für Global Communications der SAP AG seit 1999 die weltweiten Kommunikationsaktivitäten für SAP-Stakeholder und ist für den Aufbau und die Steuerung der Unternehmensreputation zuständig. In seiner Funktion berät Heitmann den Vorstandssprecher der SAP AG, Léo Apotheker, in allen Fragen der Kommunikationsstrategie. Heitmann besitzt weitreichende Erfahrungen im öffentlichen und privaten Sektor – von Forschung und Entwicklung in der Kernforschungsanlage Jülich, bei führenden Unternehmen wie Procter & Gamble und Henkel, bis hin zu einer politischen Beraterrolle im Deutschen Bundestag. Vor dieser Tätigkeit war Heitmann als Verfahrenstechniker mit der Designoptimierung von Papierprodukten bei P&G beauftragt, der Automatisierung von Verbrauchertests bei Henkel und den Effizienzsteigerungen in der Goldraffinierung bei Johannesburg Consolidated Investments. Herbert Heitmann promovierte in Chemischer Verfahrenstechnik an der Universität Dortmund.

Kontakt: herbert.heitmann@sap.com

Henning Herzog, Prof. Dr., spezialisierte sich nach seinem Studium der Volkswirtschaftslehre auf die Gebiete der Unternehmensführung und Unternehmensfinanzierung. Im Jahr 2000 promovierte er im Fachgebiet der Corporate Finance. Seit 2001 ist er unter anderem Lehrbeauftragter für Finanzmanagement und Business Planning. Darüber hinaus verantwortet er den Lehrstuhl für Betriebswirtschaftslehre und Governance, Risk & Compliance an der Steinbeis-Hochschule Berlin.

Kontakt: hherzog@school-grc.de

Tim Kitchin gründete gemeinsam mit James Thelluson die Corporate-Marketing-Agentur Glasshouse Partnership. Er ist Gesellschafter der ethischen Expertenkommission AccountAbility und verantwortet als Mitglied der Marken-Ideenschmiede „Medinge Group" den jährlichen „Brands with a Conscience"-Award. Neben einer Mitgliedschaft bei der „Talk the Walk"-Initiative des internationalen Beratungsgremiums des UN-Umweltprogramms brachte er im Rahmen seiner ersten Beschäftigung mit dem Thema CSR das Journal des Markenmanagements heraus. Außerdem wirkte er an den Publikationen „Managing Corporate Reputations" und „Beyond Branding" des Verlags Kogan Page mit.
Kontakt: timk@glasshousepartnership.com

Volker Klenk, Dr., gründete 2003 zusammen mit Stephan Hoursch in Frankfurt am Main die Agentur für methodische Unternehmenskommunikation Klenk & Hoursch. Zu den Kunden gehören zahlreiche Dax-30- und Fortune-500-Unternehmen. Davor war er Hauptgeschäftsführer der internationalen Netzwerkagentur Edelman. Von 1998 bis 2002 baute er gemeinsam mit Hoursch die Deutschland-Niederlassung von Cohn & Wolfe Public Relations auf. Seine Agenturkarriere startete er 1993 bei Burson-Marsteller. Klenk beschäftigt sich schon seit Jahren intensiv mit dem Erfolgsfaktor Transparenz für Unternehmen, entwickelte 2004 das Glashaus-Axiom und startete im Jahr 2005 die Themenwebsite transparenz.net. Er studierte Werbung, Journalismus, Kommunikationswissenschaft sowie Public Relations in Stuttgart, Hohenheim, Mainz und Stirling und promovierte 1997 an der Universität Leipzig. Volker Klenk ist verheiratet und Vater von drei Kindern.
Kontakt: volker.klenk@klenkhoursch.de

Matthias Mehlen verantwortet seit Januar 2009 als Director Corporate Affairs und Unternehmenssprecher die Kommunikation von McDonald's Deutschland. Dazu zählen die Bereiche Externe Kommunikation, Interne Kommunikation, Public Affairs und Customer Service. Zuvor hatte er für knapp drei Jahre die Leitung der Externen Kommunikation im Unternehmen inne. Vor seinem Start bei McDonald's im Jahr 2006 war Matthias Mehlen Mitglied der Geschäftsleitung des Zeitbild Verlages sowie als Public Affairs Manager in unterschiedlichen Agenturen tätig, darunter fünf Jahre lang bei Burson-Marsteller in Hamburg und Berlin. Matthias Mehlen hat Diplom-Journalistik studiert und vor seinem Einstieg in die PR-Arbeit als Journalist für verschiedene Tageszeitungen gearbeitet. Er ist verheiratet und hat zwei Kinder.

Kontakt: matthias.mehlen@de.mcd.com

Nadja Picard, Wirtschaftsprüferin und Steuerberaterin, ist seit 2005 Partnerin bei Pricewaterhouse-Coopers (PwC) Deutschland und verantwortet seit 2008 den Dienstleistungsbereich Reporting. Sie berät hierbei Unternehmen bei Fragen der Optimierung der internen und externen Berichterstattung, wozu insbesondere eine effiziente Ausrichtung an den Bedürfnissen der Adressaten zählt. Weiterhin leitet Nadja Picard die Capital Markets Group von PwC Deutschland und berät hier Unternehmen bei der Vorbereitung auf Börsengänge, aber auch bei sonstigen Kapitalmarkttransaktionen im Inland und Ausland. Zuvor betreute sie börsennotierte Unternehmen insbesondere bei der Berichterstattung an die US Wertpapieraufsicht (SEC) und prüfte Unternehmen verschiedener Branchen. Nadja Picard hat ihr Studium als Diplom-Kauffrau in Saarbrücken abgeschlossen und von 2000 bis 2003 einen Aufenthalt bei PwC in San Jose, USA, absolviert.

Kontakt: nadja.picard@de.pwc.com

Jan Runau ist seit August 2006 Leiter Unternehmenskommunikation der Adidas-Gruppe und ein echtes adidas-Eigengewächs. Nach abgeschlossener Journalistenausbildung beim DonauKurier Ingolstadt und dem Studium der Sportökonomie in Bayreuth begann er seine Kommunikations-Laufbahn 1991 als PR-Manager für adidas Deutschland in Herzogenaurach. Dem Unternehmen blieb er bis heute – abgesehen von einem kurzen Abstecher zu Hugo Boss und einer mehrmonatigen Elternzeit Ende der 90er Jahre – in verschiedenen PR- und Sportmarketing-Aufgaben auf lokaler, regionaler und globaler Ebene treu. Jan Runau ist passionierter Tennisspieler und Triathlet. Er ist verheiratet und hat zwei Töchter.

Kontakt: Jan.Runau@adidas-group.com

Elisabeth Schick ist seit Januar 2009 Leiterin der Abteilung „Communications & Government Relations BASF Group" und verantwortet in dieser Position die gesamte Kommunikation für das weltweit führende Chemieunternehmen. Sie ist seit 1993 bei der BASF. Nach einem Volontariat in der Unternehmenskommunikation war sie in verschiedenen Funktionen, auch außerhalb Deutschlands, im Unternehmen tätig. Von 2002 bis 2008 leitete sie die Unternehmenskommunikation Europa. Danach war sie zuständig für den Bereich Corporate & Government Relations. Elisabeth Schick hat Japanologie und Geschichte in Freiburg, Tokio und Marburg studiert.
Kontakt: elisabeth.schick@basf.com

Jens Seiffert studierte von 2001 bis 2007 an der Universität Leipzig Kommunikations- und Medienwissenschaft und Politikwissenschaft. Er arbeitet als Studiengangskoordinator für den Masterstudiengang Corporate Publishing an der Leipzig School of Media. Seit 2009 promoviert Jens Seiffert am Lehrstuhl Öffentlichkeitsarbeit/PR der Universität Leipzig über öffentliches Vertrauen.
Kontakt: seiffert@uni-leipzig.de

Nadine Stegemann studierte European Business in Deutschland und Großbritannien und sammelte bereits vielfältige journalistische und betriebswirtschaftliche Erfahrungen in den USA, Großbritannien, Panama und Uruguay. Bei der HypoVereinsbank arbeitete Frau Stegemann mehrere Jahre als Kreditanalystin – zunächst im gehobenen Firmenkundensegment, später in der Division Markets und Investment Banking. Seit 2007 ist Nadine Stegemann im Bereich Executive Communications für die öffentlichen Auftritte des Topmanagements mitverantwortlich.
Kontakt: nadine.stegemann@unicreditgroup.de

 *James Thelluson* ist neben Tim Kitchin Gründer der Corporate Marketing Agentur Glasshouse Partnership. Davor war er CEO der England-Niederlassung von Edelman und European Managing Director von Cohn & Wolfe, einer internationalen PR-Agentur aus dem WPP-Netzwerk. Für Kunden wie Barclays, Reebok, Carling und Coca-Cola hat er erfolgreiche und preisgekrönte PR- und Sponsoringkampagnen entwickelt.

Derzeit verantwortet er Kampagnen für die internationale Fußball-Interessenvereinigung G14 sowie den Profisport-Bereich der Ersten Rugby-Liga.

Kontakt: jamest@glasshousepartnership.com